晋唐时期

生态环境史

梁诸英　著

U0320023

全国百佳图书出版单位

时代出版传媒股份有限公司

黄山书社

图书在版编目（CIP）数据

晋唐时期生态环境史 / 梁诸英著. —合肥：黄山书社，2019.12
ISBN 978 – 7 – 5461 – 8910 – 9

Ⅰ.①晋…　Ⅱ.①梁…　Ⅲ.①生态环境 – 变迁 – 历史
研究 – 中国 – 晋代 – 唐代　Ⅳ.①X321.2

中国版本图书馆 CIP 数据核字（2020）第 002141 号

晋 唐 时 期 生 态 环 境 史
JINTANGSHIQI SHENGTAIHUANJINGSHI

梁诸英　著

出 品 人　贾兴权
责任编辑　代立媛
责任印制　李　磊
装帧设计　熙宇文化
出版发行　黄山书社（http://www.hspress.cn）
地址邮编　安徽省合肥市蜀山区翡翠路 1118 号出版传媒广场 7 层 230071
印　　制　永清县晔盛亚胶印有限公司
开　　本　710mm×1000mm　1/16
印　　张　17.25
字　　数　275 千
版　　次　2022 年 1 月第 1 版
印　　次　2022 年 1 月第 1 次印刷　2023 年 6 月第 2 次印刷
书　　号　978 – 7 – 5461 – 8910 – 9/01
定　　价　58.00 元

服务热线　0551 – 63533706

销售热线　0551 – 63533761

官方直营书店（https://hsss.tmall.com）

目　录

绪　论

一、相关研究现状及述评

当前,国家对生态文明建设越来越重视,如何分析中国历史上生态环境变迁状况并加以评价,吸取经验教训,不仅是重要学术问题,也具现实价值。生态环境史作为跨学科研究,涉及历史上社会经济变迁、农业开发、历史地理、灾害等多方面的内容,经济史、历史地理、农业史等多种分支学科的专家学者对中国生态环境史的相关内容都有或多或少的涉及。下面从社会经济史、历史地理、农业史、灾害史、生态史等方面对涉及晋唐时期生态环境变迁的一些研究状况作一介绍。

(一)与晋唐生态环境史相关的社会经济史著作

晋唐史领域的诸多专家在研究魏晋南北朝以及隋唐时期历史时,往往会注意到晋唐时期社会经济的某一方面。虽然此类论述不是专门讨论生态环境问题的,但对研究晋唐时期生态环境无疑具有重要启发意义。

早在民国时期,晋唐史的相关经典著作就对晋唐时期的社会经济颇为注意,代表性的著作有民国国立中山大学 1936 年刊印的陈啸江的《三国经济史》,商务印书馆 1936 年出版的陶希圣、武仙卿的《南北朝经济史》,开明书店 1948年印刷的吕思勉的《两晋南北朝史》等。这些著作关注到了相应时期的农工商业等经济问题。

新中国成立后改革开放以前,一些论述晋唐经济史的经典作品也对晋唐时期社会经济问题作了研究,比如唐长孺、韩国磐、贺昌群、李剑农、李亚农等的作品①。20 世纪 80 年代以后出版的晋唐史著作也是研究晋唐生态环境史可以参考的重要文献。比如,唐长孺的史学名著《魏晋南北朝隋唐史三论——中国封建社会的形成和前期的变化》在第一篇第一章专门论述了魏晋时期社会经济的变化;在第二篇第一章分析了南北朝南北社会经济结构的差异;在第三篇第一章论述了唐代社会经济的变化②。唐长孺史学名著《魏晋南北朝史论丛》也专门对西晋田制作了考释,对魏晋玄学的产生和发展作了深入阐述③。韩国磐的《魏晋南北朝史纲》对研究魏晋史的后学影响很大,曾被国内高校作为教材普遍使用④。高敏主编的《中国经济通史·魏晋南北朝经济卷》对魏晋南北朝时期人口、土地、赋役制度作了论述⑤。宁可主编的《中国经济通史·隋唐五代经济卷》对隋唐五代时期农业、土地关系、手工业、商业、货币与物价、城市与交通、区域经济、财政等问题分章作了论述⑥。《剑桥中国隋唐史(589—906 年)》由多位学者合作写成,也对此时期社会经济有涉及⑦。朱大渭等的《魏晋南北朝社会生活史》分章介绍了魏晋南北朝时期的日常服饰、饮食习俗、城市、宫苑与园宅、车船舆乘与交通、婚姻与丧葬、宗教信仰与鬼神崇拜、节日与娱乐、教育与医学等情况⑧。李斌城等的《隋唐五代社会生活史》从衣食住行、婚丧、社会风俗、精神生活、文娱活动、医药保健、宗教生活、行第、避讳、休假、节日等多个方面作了总结和分析⑨。庄华峰的《魏晋南北朝史新编》对两晋南北朝的屯田、水利建设作

①比如,唐长孺的《三至六世纪江南大土地所有制的发展》(上海人民出版社,1957 年),韩国磐的《北朝经济试探》(上海人民出版社,1958 年)和《南朝经济试探》(上海人民出版社,1963 年),贺昌群的《汉唐间封建的国有土地制与均田制》(上海人民出版社,1958 年),李剑农的《魏晋南北朝隋唐经济史稿》(生活·读书·新知三联书店,1959 年),李亚农的《周族的氏族制与拓跋族的前封建制》(华东人民出版社,1954 年)等。

②参见唐长孺:《魏晋南北朝隋唐史三论——中国封建社会的形成和前期的变化》,武汉大学出版社,1992 年。

③参见唐长孺:《魏晋南北朝史论丛》,河北教育出版社,2000 年。

④参见韩国磐:《魏晋南北朝史纲》,人民出版社,1983 年。

⑤参见高敏主编:《中国经济通史·魏晋南北朝经济卷》,经济日报出版社,1998 年。

⑥参见宁可主编:《中国经济通史·隋唐五代经济卷》,经济日报出版社,2000 年。

⑦参见(英)崔瑞德主编:《剑桥中国隋唐史(589—906 年)》,中国社会科学出版社,1990 年。

⑧参见朱大渭、刘驰、梁满仓、陈勇:《魏晋南北朝社会生活史》,中国社会科学出版社,1998 年。

⑨参见李斌城、李锦绣、张泽咸、吴丽娱、冻国栋、黄正建著:《隋唐五代社会生活史》,中国社会科学出版社,1998 年。

了专题研究①。白翠琴的《魏晋南北朝民族史》对此时期民族迁徙作了专门探讨②。高明士主编的《中国史研究指南2:魏晋南北朝史·隋唐五代史》对魏晋、隋唐史方面海外研究状况的介绍很详细③。王寿南的《隋唐史》主要论述隋唐时期的政治、教育及对外关系,但也有专节论述隋唐的农业开发④。高敏的《魏晋南北朝史发微》一书探讨了屯田经济、农业生产等问题⑤。黎虎的《魏晋南北朝史论》对魏晋南北朝时期的农业、粮食作物、北方旱田作物等专门作了探讨⑥。孟宪实的《汉唐文化与高昌历史》对高昌政治制度、文化史作了专题研究,并对汉代的西域经营、高昌屯田作了专门考察⑦。林梅村的《汉唐西域与中国文明》深入考察了西域早期文明,洛阳到罗马的海上交通等问题,并对塔克拉玛干沙漠作了考古学研究⑧。丁煌的《汉唐道教论集》收集了作者的六篇道教论文⑨。齐涛的《魏晋隋唐乡村社会研究》考察了坞壁、村落、邻保等乡村社会组织,并在第四章专门考察了此时期的农业生产和农田水利建设⑩。

此外,一些中国社会经济史著作对晋唐时期的社会经济也有专门探讨。比如吴忱等的《华北平原古河道研究》一书采用了地形图判读法、影像图判读法、历史地理资料分析法、野外实测与调查访问法、地面电法、钻孔资料分析法、航空电磁法、计算机计算法、地名地物法等多种方法作研究,探讨了华北平原古河道的形成机制、条件及其与地貌发育、平原形成过程、地理环境演变的关系⑪。程民生的《中国北方经济史——以经济重心的转移为主线》不仅对中国经济重心南移的各种观点作了总结并提出自己的看法,还以时间为顺序考察了各时期

①参见庄华峰:《魏晋南北朝史新编》,中国社会科学出版社,2016年。
②参见白翠琴:《魏晋南北朝民族史》,四川民族出版社,1996年。
③参见高明士主编:《中国史研究指南2:魏晋南北朝史·隋唐五代史》,台湾联经出版事业公司,1990年。
④参见王寿南:《隋唐史》,台湾三民书局,1986年。
⑤参见高敏:《魏晋南北朝史发微》,中华书局,2005年。
⑥参见黎虎:《魏晋南北朝史论》,学苑出版社,1999年。
⑦参见孟宪实:《汉唐文化与高昌历史》,齐鲁书社,2004年。
⑧参见林梅村:《汉唐西域与中国文明》,文物出版社,1998年。
⑨参见丁煌:《汉唐道教论集》,中华书局,2009年。
⑩参见齐涛:《魏晋隋唐乡村社会研究》,山东人民出版社,1995年。
⑪参见吴忱等:《华北平原古河道研究》,中国科学技术出版社,1991年。

中国北方经济发展的状况①。

（二）与晋唐生态环境史相关的农业史、历史地理、灾害史等著作

关于晋唐时期的农业史著作，最值得一提的是张泽咸的《汉晋唐时期农业》，此著主要研究中国中古时期的农业。关于汉、晋、唐时期的农业发展状况，全书分黄土高原区、黄淮海平原区、东南区、荆楚丘陵区、岭南丘陵区、巴蜀盆地区、云贵高原区、青藏高原区、河西及西域区、蒙古高原区、东北平原区等十一大区域予以论述，指出了其各自独特之处②。

中国农业史著作对晋唐时期的农业开发也有关注。比如，梁家勉主编的《中国农业科学技术史稿》对晋唐农业技术体系作了开创性研究，指出："《齐民要术》详细记载了以耕、耙、耱为中心，以防旱保墒为目的的旱地耕作技术体系，阐述了轮作倒茬、种植绿肥、选育良种等项技术措施，标志着中国北方旱地农业精耕细作技术在这一时期已臻成熟。"③农业通史性著作也对晋唐时期农业开发问题有所论述④。李根蟠的《中国农业史》的论述范围从农业起源起，直至明清时期，对中国古代的农业开垦、农业技术、农具、农业结构、农牧分区等多方面作了系统性论述和阐发，把传统农业的特点高度概括为"多元交汇、精耕细作"，该书第三章对战国秦汉魏晋南北朝的农业作了专论⑤。李根蟠等人编的《中国经济史上的天人关系》对探讨中国古代人与自然的关系有重要启发⑥。先师张芳的《中国古代灌溉工程技术史》反映了中国古代灌溉工程技术的发展进程，分析了其历史成就⑦。汪家伦、张芳所著《中国农田水利史》的第四、第五章分别对三国两晋南北朝、隋唐五代时期的农田水利的发展状况作了详尽的论述⑧。李令福的《关中水利开发与环境》探讨了关中传统水利的演变状况，分章节论述了

①参见程民生：《中国北方经济史——以经济重心的转移为主线》，人民出版社，2004年。

②参见张泽咸：《汉晋唐时期农业》，中国社会科学出版社，2003年。

③梁家勉主编：《中国农业科学技术史稿》，农业出版社，1989年，第243页。

④参见王利华主编：《中国农业通史（魏晋南北朝卷）》，中国农业出版社，2009年。

⑤参见李根蟠：《中国农业史》，文津出版社（台北），1997年。

⑥参见李根蟠、（日）原宗子、曹幸穗编：《中国经济史上的天人关系》，中国农业出版社，2002年。

⑦参见张芳：《中国古代灌溉工程技术史》，山西教育出版社，2009年。

⑧参见汪家伦、张芳：《中国农田水利史》，农业出版社，1990年。

战国至清代关中水利变迁、时空特征,并分析了其内在成因①。

环境史与历史地理学有相似和重叠之处,正如环境史专家王利华所指出的,"只要稍微浏览一下现有环境史研究综述和论著索引,心怀创立环境史学科宏愿的人们多少会感到有些沮丧:眼下在中国环境史研究方面较有成就的学者,大多出身于历史地理学,我们归类为'环境史'的研究课题,有很多是由他们率先提出并开展研究的,中国环境史的学术空间似乎已经被历史地理学抢先占领了"②。史念海的诸多著作对中国北方的历史农业地理及自然地理等多方面问题作了深入的研究,比如《河山集·二集》对泾渭清浊问题作了开创性研究③。邹逸麟主编的《黄淮海平原历史地理》,是研究黄淮海平原历史时期自然地理和人文地理问题的必读之书④。张伟然的《历史与现代的对接:中国历史地理学最新研究进展》特别突出了历史地理学的中国特色⑤。苏北海的《西域历史地理》研究了楼兰城的兴衰问题⑥。其他历史地理方面的著作也多有涉及晋唐时期自然生态环境以及经济地理问题的情况⑦。

灾害史方面的著作大都密切关注生态环境的变迁。邓拓的《中国救荒史》是中国灾荒史研究的经典之作。该书根据事后救济、事先预防的区别,把灾荒救济概括为消极救济论和积极预防论这两大方面⑧。卜风贤的《周秦汉晋时期农业灾害和农业减灾方略研究》论述了周秦汉晋时期的农业灾害、防灾抗灾技术、荒政制度、减灾思想⑨。张美莉等人著有《中国灾害通史(魏晋南北朝卷)》,该书分为魏晋篇和南北朝篇,从自然灾害总论、自然灾害分论和自然灾害原因

①参见李令福:《关中水利开发与环境》,人民出版社,2004年。

②王利华:《生态环境史的学术界域与学科定位》,见唐大为主编:《中国环境史研究(第1辑):理论与方法》,中国环境科学出版社,2009年,第25页。

③参见史念海:《河山集·二集》,生活·读书·新知三联书店,1981年。

④·邹逸麟主编:《黄淮海平原历史地理》,安徽教育出版社,1997年。

⑤参见张伟然:《历史与现代的对接:中国历史地理学最新研究进展》,商务印书馆,2016年。

⑥参见苏北海:《西域历史地理》,新疆大学出版社,2000年。

⑦参见施和金:《中国历史地理研究》,南京师范大学出版社,2000年;张步天:《中国历史地理》,湖南大学出版社,1988年。

⑧参见邓拓:《中国救荒史》,武汉大学出版社,2012年,第139页。

⑨参见卜风贤:《周秦汉晋时期农业灾害和农业减灾方略研究》,中国社会科学出版社,2006年。

这三方面依次展开论述①。闵祥鹏的《中国灾害通史(隋唐五代卷)》除了对隋唐时期灾害总体特征、社会背景作了考察外,还对灾害种类作了探讨,并分析了各种防灾救灾技术和思想②。赫治清主编的《中国古代灾害史研究》一书,收录了王培真的《简论中国古代自然灾火和防火措施》,其指出古代发生自然灾火的原因包括由雷电引起,由自燃引起,由大风引起,由地震引起,由陨石、流星雨引起③。

(三)生态环境史方面的相关研究

可喜的是,对环境史作理论阐发的佳作不断涌现。侯文蕙被学界称为中国"环境史学的拓荒者",1987 年《美国研究》季刊第三期刊发了她的第一篇环境史研究论文《美国环境史观的演变》④。梅雪芹的《环境史研究叙论》对环境史研究的学科问题作了广泛的探讨,内容包括环境史研究的兴起,环境史兴起的学术意义,马克思主义与环境史研究,世界史视野下的环境史研究,从水利、霍乱等看环境史的主题等⑤。包茂红的著作《环境史学的起源和发展》对美国、英国以及拉丁美洲各国环境史学的研究状况作了系统介绍和评价,分析了世界环境史学的兴起原因、发展历程、存在的问题和未来发展趋势⑥。钞晓鸿的《环境史研究的理论与实践》涉及国内外环境史研究的理论、动态、史料、方法以及相关的典型实证研究,对促进国内环境史研究具有重要作用⑦。王利华先生主编的《中国历史上的环境与社会》收入了 33 篇论文,从环境史研究的理论、经济活动对环境的影响、水利与国计民生、灾病与环境等多个方面,论述了中国历史上环境对社会与人类的影响⑧。《中国环境史研究》专辑已出版四辑,分别为唐大

①参见袁祖亮主编,张美莉、刘继宪、焦培民著:《中国灾害通史(魏晋南北朝卷)》,郑州大学出版社,2009 年。

②参见袁祖亮主编,闵祥鹏著:《中国灾害通史(隋唐五代卷)》,郑州大学出版社,2008年。

③参见赫治清主编:《中国古代灾害史研究》,中国社会科学出版社,2007 年,第 431—437页。

④参见侯文蕙:《美国环境史观的演变》,《美国研究》1987 年第 3 期。

⑤参见梅雪芹:《环境史研究叙论》,中国环境科学出版社,2011 年。

⑥参见包茂红:《环境史学的起源和发展》,北京大学出版社,2012 年。

⑦钞晓鸿:《环境史研究的理论与实践》,人民出版社,2016 年。

⑧参见王利华主编:《中国历史上的环境与社会》,生活·读书·新知三联书店,2007 年。

为主编的《中国环境史研究（第 1 辑）：理论与方法》，王利华主编的《中国环境史研究（第 2 辑）：理论与探索》，侯甬坚、曹志红、张洁、李冀编著的《中国环境史研究（第 3 辑）：历史动物研究》，杨朝飞主编的《中国环境史研究（第 4 辑）：理论与研究》。此外，夏明方、侯深主编的《生态史研究（第一辑）》推动了国内生态史研究工作的进一步发展，并为我国的生态文明建设提供了历史层面的借鉴[1]。

　　生态环境变迁涉及动植物分布、环境保护、环境卫生、森林生态等诸多方面的问题。相关著作虽然各有侧重，但大多紧扣生态史主题。在动植物变迁方面，最值得一提的是文焕然的《中国历史时期植物与动物变迁研究》[2]，该书在学界颇有影响。以环境保护为主题的研究也有代表性作品。比如，罗桂环等主编的《中国环境保护史稿》从环境保护思想、环境保护法制、生物资源利用及物种保护、森林保护及植树造林、农业开发模式、水旱灾害防治、水土保持实践、沙漠化治理、手工业及工业的环境问题、都市规划、土地开发等多个方面予以论述，其中在环境保护思想和环境保护法制部分，对晋唐时期有专门的探讨[3]。袁清林编著的《中国环境保护史话》考察了我国历史时期的森林变迁、水土流失、沙漠化、湖泊湮废、河道变迁、物种灭绝、气候变化等生态环境方面问题，同时对我国古代的环境保护意识和环境保护实践作了论述[4]。李丙寅等编著的《中国古代环境保护》一书，分先秦、秦汉、魏晋南北朝、隋唐五代、宋元、明清等六大历史时期，论述了古代环境保护的诸多方面，包括对环境的认识和改造，朴素的生态学思想，土地资源、水资源、植树和林木保护，物种的变异与传播，宫苑园林、社会风尚对环境的影响，自然灾害与对策等[5]。李景雄的《中国古代环境卫生》一书，内容包括古代环境卫生的起源，环境卫生与预防疾病，饮水卫生与水源保护，住宅卫生，厕所卫生，箕帚与清扫，洒水与洒水车，垃圾、粪便的处理与利用，下水道与污水处理，环境卫生法规，尚洁风尚，卫生习俗，灭鼠，灭害虫等，是研

①参见夏明方、侯深：《生态史研究（第一辑）》，商务印书馆，2016 年。

②参见文焕然等：《中国历史时期植物与动物变迁研究》，重庆出版社，2006 年。

③参见罗桂环等主编：《中国环境保护史稿》，中国环境科学出版社，1995 年。

④参见袁清林编著：《中国环境保护史话》，中国环境科学出版社，1989 年。

⑤参见李丙寅、朱红、杨建军编著：《中国古代环境保护》，河南大学出版社，2001 年。

究古代环境卫生学的重要参考资料①。樊宝敏、李智勇的《中国森林生态史引论》一书,内容涉及历史时期的森林资源、森林覆盖率、森林变迁与水旱灾害、森林生态思想、古代森林生态实践、现代森林生态建设等方面的问题②。

跨时段生态环境史方面研究成果丰硕,佳作不断问世。王星光的《中国农史与环境史研究》汇集了作者研究中国农业史和环境史方面的部分论文28篇,论述颇深入③。赵冈的《中国历史上生态环境之变迁》对中国历史上木材消耗、围湖造田、土地垦殖及生态环境恶化问题作了专门考察④。王玉德、张全明等的《中华五千年生态文化》,从生态与文化关系的角度,探讨了我国五千年的生态文化,是阐释中国古代生态文明的一部力作⑤。从文化角度出发进行考察的著作还有赵安启、胡柱志主编的《中国古代环境文化概论》一书⑥。王利华的《人竹共生的环境与文明》探讨了竹类文化及与生态的关系⑦。陈吉余等的《中国海岸发育过程和演变规律》是自然科学导向的环境史力作⑧。

区域性环境变迁史的创意之作也层出不穷。比如,王星光等的《生态环境变迁与社会嬗变互动——以夏代至北宋时期黄河中下游地区为中心》,对夏至北宋黄河中下游地区生态环境变迁进行了审视考察,指出这一地区相对优越的生态环境条件,促其成为早期中华文明的中心⑨。研究城市生态环境变迁的著作有孙冬虎的《北京近千年生态环境变迁研究》。该著在介绍了北京作为都城的地理形势后,从气候、水资源、森林植被角度探讨了自辽金至清朝时段的环境演变状况,并对北京的能源供应、土地利用、园林建设、环境保护、生态破坏、城市生态学等问题加以论述⑩。程遂营的《唐宋开封生态环境研究》选取史学界

①参见李景雄:《中国古代环境卫生》,浙江古籍出版社,1994年。

②参见樊宝敏、李智勇:《中国森林生态史引论》,科学出版社,2008年。

③参见王星光:《中国农史与环境史研究》,大象出版社,2012年。

④参见赵冈:《中国历史上生态环境之变迁》,中国环境科学出版社,1996年。

⑤参见王玉德、张全明等:《中华五千年生态文化》,华中师范大学出版社,1999年。

⑥参见赵安启、胡柱志主编:《中国古代环境文化概论》,中国环境科学出版社,2008年。

⑦参见王利华:《人竹共生的环境与文明》,三联书店,2013年。

⑧参见陈吉余、王宝灿、虞志英等:《中国海岸发育过程和演变规律》,上海科学技术出版社,1989年。

⑨参见王星光等:《生态环境变迁与社会嬗变互动——以夏代至北宋时期黄河中下游地区为中心》,人民出版社,2016年。

⑩参见孙冬虎:《北京近千年生态环境变迁研究》,北京燕山出版社,2007年。

所谓"唐宋变革"为研究时段,探讨了唐宋时期开封的生态环境状况①。韩昭庆的《荒漠水系三角洲:中国环境史的区域研究》分别选取西北毛乌素沙地和青海省、西南贵州省、中部淮北平原以及东部黄河三角洲和长江口作为研究对象,以荒漠、水系、三角洲等地貌形态为出发点探讨了中国区域环境史问题②。周琼的《清代云南瘴气与生态变迁研究》深入分析了清代云南瘴气的分布、变迁及其特点等问题③。业师衣保中等的著作运用区域开发的理论考释和评价了近代以来东北环境变迁问题④。王建革的《江南环境史研究》江南的水环境变迁为中心,对江南区域生态变迁与人文互动的历史展开多层次的探讨⑤。吴俊范的《水乡聚落:太湖以东家园生态史研究》揭示了江南水乡人类家园环境变化的历史⑥。其他相关作品还有董学荣等的《滇池沧桑:千年环境史的视野》分为三篇,上篇反映滇池水环境形成的历史意象,中篇勾勒滇池水环境改造的认知轨迹,下篇描绘滇池水环境利用与保护的现代图景⑦。张家炎的《克服灾难:华中地区的环境变迁与农民反应(1736—1949)》,主要探讨了清代民国时期频繁水灾对江汉平原农村经济的影响⑧。

（四）海外生态环境史研究概况

海外学者关于中国环境变迁的研究成果受到了学界广泛关注。在研究中国生态环境史的外国学者中,最重要的先驱学者当推伊懋可。伊懋可(Mark Elvin)著有《大象的退却:一部中国环境史》,讲述了中国4000年来的经济、社会、政治制度、观念,与所在的自然环境中的气候、土壤、水、植物、动物之间既互

---

①参见程遂营:《唐宋开封生态环境研究》,中国社会科学出版社,2002年。

②参见韩昭庆:《荒漠水系三角洲:中国环境史的区域研究》,上海科学技术文献出版社,2010年。

③参见周琼:《清代云南瘴气与生态变迁研究》,中国社会科学出版社,2007年。

④参见衣保中等著:《区域开发与可持续发展:近代以来中国东北区域开发与生态环境变迁的研究》,吉林大学出版社,2004年。

⑤参见王建革:《江南环境史研究》,科学出版社,2016年。

⑥参见吴俊范:《水乡聚落:太湖以东家园生态史研究》,上海古籍出版社,2016年。

⑦参见董学荣、吴瑛:《滇池沧桑:千年环境史的视野》,知识产权出版社,2013年。

⑧参见张家炎:《克服灾难:华中地区的环境变迁与农民反应(1736—1949)》,法律出版社,2016年。

利共生又竞争冲突的状况,被誉为西方学者撰写中国环境史的奠基之作①。美国学者马立博(Robert B. Marks)的《中国环境史:从史前到现代》是由西方学者撰写的第一部中国环境通史,对中国的人与环境互动关系进行了全景式的动态考察②。上田信的《森林与绿色的中国史》以森林与地域人群的关系为中心,考察了数千年中国文明史③。

　　海外学者对中国生态环境演变的断代考察也有代表性成果。比如美国波士顿学院历史系张玲的《河流、平原、政权:北宋中国的一出环境戏剧,1048—1128》,被美国环境史学会授予2017年度最佳环境史图书奖。西方对明清以来生态环境变迁状况较为关注,研究成果比较丰硕。比如,普度的《耗尽土地:1500—1850年湖南的政府和农民》,马立博的《虎、米、丝、泥:帝制晚期华南的环境与经济》④,李中清、郭松义合编的《清代皇族人口行为和社会环境》⑤。此外,李明珠(Lillian M. Li)的《华北的饥荒:国家、市场与环境退化(1690—1949)》考察了直隶及其周边地区清代以来环境的变迁与灾害的关系,以及对经济社会的长期影响⑥。孟泽思(Nicholas K. Menzies)的《清代森林与土地管理》是海外学人对清代森林、生态进行研究的一部力作⑦。穆盛博的著作考察了抗日战争期间河南省战争与生态环境之间的关系;他还著有《近代中国的渔业战争和环境变化》,对舟山海洋区域内人类活动、海洋生态系统变化、社会应对等

---

　　①参见伊懋可著,梅雪芹、毛利霞、王玉山译:《大象的退却:一部中国环境史》,江苏人民出版社,2014年。

　　②参见马立博著,关永强、高丽洁译:《中国环境史:从史前到现代》,中国人民大学出版社,2015年。

　　③参见(日)上田信著,朱海滨译,王振忠审校:《森林与绿色的中国史》,山东画报出版社,2013年。

　　④参见(美)马立博著,王玉茹、关永强译:《虎、米、丝、泥:帝制晚期华南的环境与经济》,江苏人民出版社,2011年。

　　⑤参见(美)李中清、郭松义主编:《清代皇族人口行为和社会环境》,北京大学出版社,1994年。

　　⑥参见(美)李明珠著,石涛、李军、马国英译:《华北的饥荒:国家、市场与环境退化(1690—1949)》,人民出版社,2016年。

　　⑦参见(美)孟泽思著,赵珍译,曹荣湘审校:《清代森林与土地管理》,中国人民大学出版社,2009年。

问题作了论述①。此外,还有一些涉及中国古代经济史和环境史的作品,可以借鉴。比如,《四千年农夫》第九章记录了中国"废物利用"的生态智慧②。何汉威的《光绪初年(1876—1879)华北的大旱灾》对光绪初年华北大旱灾的发生背景、破坏性、受灾省份以及中央政府赈济措施、成效等问题,作了详细论述③。

总体而言,海外学者的研究注意到,资源可能会被明智地开发利用,也可能会被不负责任地滥用,但相关成果大多忽视了对环境破坏的整治措施及中国传统文化因素对环境破坏的制约作用,有些没有注意到晋唐时期人们生活方式对生态环境变迁的影响。实际上,晋唐时期的民风习俗对生态环境的破坏有重要影响,这显示出移风易俗的重要性。并且,古代对自然的敬畏心理以及宗教文化也是晋唐时期生态变迁不可忽视的影响因素。这些问题也是笔者在本书中较为重点探讨的内容。

(五)相关研究现状述评

据上述研究概况可知,虽然有不少晋唐史著作涉及晋唐时期社会经济状况,但专门论述晋唐时期生态环境变迁问题的著作尚缺乏。与生态环境变迁有关的学术领域是历史地理、农业史、灾害史方面,这些领域的专家在通史性著作中对各自领域的学术问题有论述,但美中不足的是,都没有对晋唐生态环境变迁的整体概况作出综合性分析和阐发。

若从研究时段方面作对比,也可以发现对晋唐时期生态环境变迁的较综合性、全面性的研究呈现出较为薄弱的情况。

对晋唐之前的历史时段而言,已有三部标志性著作。王星光的《生态环境变迁与夏代的兴起探索》对黄河中下游地区远古时期的生态环境变迁进行了深入而系统的探索,是一部跨学科的综合性研究论著④。王子今的《秦汉时期生态环境研究》考察了秦汉时期的气候变迁、水资源、野生动物分布、植被、屯田、森林砍伐、护林育林制度等问题,并从文化的角度专论了该时段的生态环境观,分

---

①参见(美)穆盛博著,胡文亮译:《近代中国的渔业战争和环境变化》,江苏人民出版社,2015年。

②参见(美)富兰克林·H.金(F.H.King)著,程存旺、石嫣译:《四千年农夫:中国、朝鲜和日本的永续农业》,东方出版社,2011年。

③参见何汉威:《光绪初年(1876—1879)华北的大旱灾》,香港:中文大學出版社,1980年。

④参见王星光:《生态环境变迁与夏代的兴起探索》,科学出版社,2004年。

析了生态环境与秦汉时期社会历史的关系。该著通过专题性的深入考察提出了诸多新认识,可以说是研究秦汉时期生态环境问题的必读书之一[①]。王飞的《先秦两汉时期森林生态文明研究》在系统梳理先秦两汉时期森林生态思想的基础上,从政府行为、社会经济行为等方面较为全面地考证了造成生态恶化的具体因素[②]。

晋唐之后环境史也有诸多卓越研究及代表性的作品。比如,张全明在2014年10月已完成了国家社科基金后期资助项目"两宋生态环境变迁史",其著作《两宋生态环境变迁史》是研究宋代生态环境史的经典之作[③]。关于明清时期生态环境变迁的经典作品也有不少[④]。陈曦的《宋代长江中游的环境与社会研究:以水利、民间信仰、族群为中心》着重从水利工程、信仰变迁、羁縻州治理诸方面探讨宋代长江中游环境与社会变迁的历史[⑤]。夏明方著有《近世棘途:生态变迁中的中国现代化进程》,该书力图从一个新的角度探讨中国早期现代化进程的性质、特点与规律,揭示其失败原因,总结数百年来中国救灾防灾的经验教训[⑥]。赵玉田的《环境与民生:明代灾区社会研究》运用环境史理论与方法,深入解析了明代"灾区化""三荒现象""灾害型社会"等历史问题,探究了明代灾区社会与明代社会变迁的关系[⑦]。

所以,从时段来看,晋唐史之前及之后都有较为系统的生态环境变迁方面的作品问世,但较系统考察晋唐时段这一中古时期生态环境变迁史的著作尚难见到。

二、研究意义及创新之处

(一)研究意义

鉴于以上所述可知,学界对晋唐时期的生态环境问题尚缺乏较为系统、全

---

①参见王子今:《秦汉时期生态环境研究》,北京大学出版社,2007年。

②参见王飞:《先秦两汉时期森林生态文明研究》,中国社会科学出版社,2015年。

③参见张全明:《两宋生态环境变迁史》,中华书局,2016年。

④参见杨伟兵:《云贵高原的土地利用与生态变迁(1659—1912)》,上海人民出版社,2008年。

⑤参见陈曦:《宋代长江中游的环境与社会研究:以水利、民间信仰、族群为中心》,科学出版社,2016年。

⑥参见夏明方:《近世棘途:生态变迁中的中国现代化进程》,中国人民大学出版社,2012年。

⑦比如赵玉田:《环境与民生:明代灾区社会研究》,社会科学文献出版社,2016年。

面的研究。本书拟对晋唐时期这一中古历史阶段的生态环境变迁作较为全面、系统的考察。研究这一课题具有多方面的意义。

学术意义：晋唐阶段上承秦汉，生态环境变迁呈现出与秦汉阶段诸多不一样的特征，并且与此后宋明清时期生态环境恶化加剧的状况也有区别。对晋唐阶段生态环境变迁史作多方面的考察，有利于生态环境史的学科建设。希望这一研究能为中国生态环境史领域的研究者提供一些文献资料和有益的启示。

现实价值：本书从原始资料出发，从自然生态环境，经济开发与生态环境的互动，人类活动对生态环境的影响，人类对生态变迁的应对实践及生态文化等诸多方面，考察晋唐时期生态环境变迁的状况、成因、结果及与社会的互动等问题。

党的十八大报告将建设中国特色社会主义事业总体布局由经济建设、政治建设、文化建设、社会建设"四位一体"拓展为包括生态文明建设的"五位一体"，将生态文明建设提升到中国特色社会主义"五位一体"总体布局的战略位置。十八届五中全会提出了创新、协调、绿色、开放、共享"五大发展"理念，首次把"绿色发展"作为五大发展理念之一。绿色发展理念与"五位一体"中的生态文明建设是一脉相承的。2013 年，联合国环境规划署第 27 次理事会通过推广中国生态文明理念的决定草案；2016 年，联合国环境规划署发布《绿水青山就是金山银山：中国生态文明战略与行动》报告，标志着国际社会对生态文明建设的认同和支持。在这样的时代背景下，阐释中国古代生态环境变迁的成败得失无疑具有现实价值。

所以，传承中国传统优秀文化尤其是传统优秀生态文化，对历史时期生态环境的演变规律进行总结，借鉴其合理成分，对当前深入贯彻绿色发展理念、加强生态文明建设具有现实意义。

（二）创新之处

本研究力求在研究内容、研究视角方面做突破。

从研究内容来看，本书努力拓展中国生态环境史领域。如前所述，从时段来看，晋唐史之前及之后都有较为系统的生态环境变迁方面的著作问世，但对晋唐时段这一中古时期生态环境变迁史的综合性研究作品尚缺乏。本书注重从原始材料入手，提炼观点，同时关注学界对相关问题的已有观点，加以借鉴和评析;对晋唐时期生态环境变迁状况以及与人类社会的互动等问题进行梳理和阐释,以充实中国生态环境史的相关研究。

在研究角度方面,力求体现生态史与农业史、社会史的结合。在研究的各个专题中,大多注意到"地理—开发—生态—社会"四者互动的角度对晋唐时期生态环境变迁的前因后果做考察。研究不仅关注农业开发对生态环境变迁的影响,还注重社会因素的作用。我们注意到,自然生态环境制约着当地人民的资源利用方式以及农业生产活动;与此同时,人们对资源的开发利用会直接影响生态环境,不合理的农业开发还会加剧生态环境的恶化。生态环境的恶化是导致农业自然灾害的原因之一,另一方面,自然灾害往往又会给生态环境带来沉重的破坏。自然灾害与生态环境形成恶性循环的过程,显示了传统社会在生态环境破坏的应对方面存在某种不足。即使这样,不可否认的是,官方政策、社会应对以及思想文化等方面均是抑制生态环境破坏的不可忽视的因素,这有助于更好地认识中国传统社会的运行机制。

三、研究内容、存在的不足

(一)研究内容确定的理论出发点

需要指出的是,生态环境史作为一个新生学科,由于跨学科研究的特征,其研究所涵括的内容相当广泛。正如王利华在对生态环境史的学科定位作出思考指出的:"环境史家可从不同的角度和层面入手,讨论难以数计的问题,比如既可从某个特定时代、地域入手,亦可从经济、社会、文化的某个侧面入手,森林植被、野生动物、河流湖泊、气候、土地、污染、人口、饮食、疾病、灾害、社会组织、制度规范、宗教信仰、文学艺术、性别、观念乃至政治事件、战争动乱……凡是人类与环境彼此发生过历史关联的方面,都可以设题立项进行探讨,最终目标是认识'人类生态系统'的形成和演变。"[①]

在如此广阔的研究领域中,生态环境史研究者需要注意的问题是,研究重点是生态环境的自然变迁还是人类活动所导致的生态因子的改变? 杨庭硕归纳了生态史研究的五个误区,其中之一便是"将生态系统的自然改性混同于人为的生态改性,或者将生态灾变的成因含混其词地说成是自然与社会因素共同

---

①王利华:《生态环境史的学术界域与学科定位》,见唐大为主编:《中国环境史研究(第1辑):理论与方法》,中国环境科学出版社,2009年,第21页。

作用产生的结果",进而指出,"事实上,自然因素导致的生态改性十分缓慢,对民族文化的正常运行都不会造成明显的影响,这样的生态改性,应当由地质史去进行研究,而不是社会生态史研究的范畴。生态史研究应当聚焦于社会因素导致的生态快速改性与生态灾变"①。笔者认同这种观点,所以在对晋唐时期生态环境变迁史的探索过程中,将重点放在由社会因素导致的生态改变这一方面。具体而言,将晋唐时期人类经济生产、日常生活等社会因素对生态环境变迁的影响,作为研究重点之一。

生态环境的破坏受到人类活动的影响,同时,我们还要注意到,人类在生态环境破坏的过程中并不是无能为力的,人类在这个过程会有诸多应对措施,并对生态环境的思想认识有所深化。也就是说,人类活动与生态环境的关系不是单方面的关系,而是彼此依存和互相作用的互动关系②。

王利华对环境史作出了如下定义:"环境史运用现代生态学思想理论,并借鉴多学科方法处理史料,考察一定时空条件下人类生态系统产生、成长和演变的过程。它将人类社会和自然环境视为一个互相依存的动态整体,致力于揭示两者之间双向互动(彼此作用、互相反馈)和协同演变的历史关系和动力机制。"③正是基于这样的理论起点,笔者在本书中颇为关注晋唐时期生态环境变迁与人类社会之间复杂的互动关系。

(二)研究内容

本书的内容安排正是在上述学科理论探讨的基础上进行的。所以,本书主

①杨庭硕:《目前生态环境史研究中的陷阱和误区》,见王利华主编:《中国环境史研究(第2辑):理论与探索》,中国环境出版社,2013年,第201页。

②这里,我赞同王利华对生态环境史研究所作深刻理论分析。他指出:"因此,环境史既不仅仅是人的历史,也不仅仅是非人类事物的历史,而是以人类为主导、由人类及其生存环境中的众多事物(因素)共同塑造的历史。尽管环境史学者的个人研究可以侧重于'自然'或'社会'中的任一方面,但以'人类生态系统'为研究对象的环境史作为一个学科,则应将'自然''社会'视为彼此依存和互相作用的统一整体。很显然,这样的历史,无论就学术指向、理论方法、话语体系,还是就编纂叙事方式来说,都不仅仅是一种专门史,更不仅仅是一些零散的研究课题,它是人类认识历史的一套新思维和新范式。"见王利华:《生态环境史的学术界域与学科定位》,见唐大为主编:《中国环境史研究(第1辑):理论与方法》,中国环境科学出版社,2009年,第27页。

③王利华:《生态环境史的学术界域与学科定位》,见唐大为主编:《中国环境史研究(第1辑):理论与方法》,中国环境科学出版社,2009年,第23页。

要研究晋唐时期生态环境变迁的主要表现及生态环境演变的内在机制,从自然因素、经济开发因素、人类日常活动因素等多个方面探讨晋唐时期生态环境变迁问题,并从社会史的角度思考晋唐生态环境变迁的社会应对问题,同时关注晋唐时期生态文化因素。在内容选择方面,本书考察的内容,一方面注重研究的综合性,会吸纳学界先贤的相关研究成果和观点;另一方面也注意到针对某些问题作较为深入的专门性研究,比如生态环境变迁过程中宗教文化因素、晋唐时期的虎患及生态解读等问题,以推进已有专题研究。需要说明的是,本书虽然以《晋唐时期生态环境史》为题,但讨论的时段有时上限涉及三国时期,下限涉及五代时期。

本书分为六大部分作探讨,各部分探讨的内容如下。

第一部分:考察晋唐时期自然生态环境。内容包括晋唐时期气候状况、晋唐时期水土环境、晋唐时期动植物分布状况。

第二部分:探讨晋唐北方农牧业开发与生态环境变迁。内容包括生态环境变化与西域文明兴衰、晋唐时期北方农牧民族的迁徙及其生态影响、魏晋黄土高原农牧活动与生态变化、隋唐黄土高原农牧活动扩大与生态变化、晋唐黄河清浊变化与河患。

第三部分:考察晋唐南方农业开发与生态环境变迁。内容包括魏晋南方农业开发的背景、魏晋南方农业开发及生态影响、隋唐南方经济开发与生态变化、经济重心南移问题。

第四部分:阐释人类日常活动与生态变迁的关系。内容包括唐长安城薪炭消耗与环境变迁、晋唐时期帝王狩猎与生态影响、晋唐战争与生态影响。

第五部分:探究晋唐生态环境变迁的社会应对问题。内容包括以晋唐时期虎患及应对问题为中心,探讨官民等群体对自然灾害的理解和应对;以僧侣生态实践为切入视角,考察宗教力量对生态环境问题的响应及在其中发挥的作用;关于在技术及制度层面应对生态环境变迁,阐述晋唐生产技术及环境保护措施,涉及晋唐北方旱作农业技术体系的生态意义、隋唐生态环境保护思想及措施。

第六部分:分析晋唐思想与生态文化的关系。内容包括晋唐时期佛教的生态思想、晋唐时期道教的生态思想、魏晋玄学的生态思想。

最后是结语,对全书主要内容进行总结和评述。

（三）存在的不足

生态环境史研究的涉及面非常广,而与此相关的资料也浩如烟海,限于篇幅和研究的最初设计,本书资料利用还有拓展的空间。比如,本书对近年来国内外晋唐史领域的考古发现的成果吸收不够,对晋唐时期大量存在的碑刻、壁画、墓志、敦煌文书等资料的应用还不够。

在研究内容方面,生态环境史作为一种典型的跨学科研究,所需探讨的历史问题比较复杂。因此,本书对晋唐生态环境变迁一些方面的论述还有不充分的地方,甚至对某些方面和某些区域还没有涉及。

第一章　晋唐时期自然生态环境

第一节　晋唐时期气候状况

中国属于典型的季风气候区,气候特征一般表现为温暖与湿润同期、寒冷与干燥同期,历史时期的气候也是如此。著名气象学家和地理学家竺可桢在1972年撰有《中国近五千年来气候变迁的初步研究》一文,它是中外学者研究中国气候史必读的文章,在学界影响很大,迄今被引次数已达1540次。该文对中国五千年来的气候作了分期研究,把公元前1100年至公元1400年划分为物候时期;指出自东汉开始,历魏晋而至南北朝,是我国历史上第二个寒冷期,隋唐处于温暖期[①]。

一、魏晋南北朝气候寒冷之特征

魏晋南北朝时期气候的基本特征是寒冷干旱。魏晋气候异常的表现之一,是严寒灾害发生次数的增多。据张敏对《三国志》和《晋书·五行志》相关记载的考察:"从三国初年到两晋的200年时间内,出现严寒灾害的次数就有46次之多。而且其中最寒冷的气候条件出现在西晋武帝咸宁年间和太康年间,每年都会爆发严寒灾害。"[②]

魏晋南北朝气候寒冷不仅表现在寒冷天气发生频率高这一方面,还表现为极端寒冷事件的发生。历史资料对魏晋南北朝时期极端寒冷气候多有记载。魏黄初六年(225年),魏文帝曹丕组织10万大军进行军事演习,"旌旗数百里",由于天寒地冻、淮河结冰不得不取消[③]。晋代也是如此,多次在春夏秋时节

---

①参见竺可桢:《中国近五千年来气候变迁的初步研究》,《考古学报》1972年第1期。
②张敏:《自然环境变迁与十六国政权割据局面的出现》,《史学月刊》2003年第5期。
③[晋]陈寿:《三国志》卷二《文帝纪》,中华书局香港分局,1971年,第85页。

出现雪霜的异常气象。西晋咸宁三年(277 年)八月,"河间暴风寒冰"导致"陨霜伤谷"的结果①。又如,咸宁五年(279 年)"七月丙申,魏郡又雨雹"②。在太康五年(284 年)九月,"南安大雪,折木"③。在东晋穆帝永和二年(346 年)八月,"冀方大雪,人马多冻死"④。北魏太平真君八年(447 年)五月,"北镇寒雪,人畜冻死"⑤。高祖太和四年(480 年)九月,"京师大风,雨雪三尺"⑥。

北魏孝文帝将都城由平城(今山西大同地区)迁往洛阳,与自然环境以及气候因素密切关联:"魏主以平城地寒,六月雨雪,风沙常起(风沙,大风扬沙也),将迁都洛阳;恐群臣不从,乃议大举伐齐,欲以胁众。"⑦

江淮流域的气候寒冷情况也不例外。《宋书·孝武帝本纪》记载:刘宋大明六年(462 年)五月"置凌室,修藏冰之礼"⑧。凌室是古代藏冰之室。现代南京一带的河湖即使存在结冰情况,冰块也比较薄,不能用来储藏。如果认为南京所置凌室的冰块来自南京附近的湖泊,则可以推测南京附近的气温比现在低。魏晋时期淮河流域也有结冰现象。梁武帝天监十四年(515 年)的冬天,天气异常寒冷,"淮、泗尽冻,士卒死者十七八,高祖复遣赐以衣袴"⑨。在淮河流域,河水封冻现象可折射出当时天气的寒冷。

物候学的记载也表明了魏晋时期气候转向寒冷。《齐民要术》在谈到种谷时节时指出,二月上旬为上时,"三月上旬及清明节桃始花为中时,四月上旬及枣叶生、桑花落为下时"⑩。在魏晋时期,农历三月桃树才开始开花,一个月之后枣树才开始长出叶子。若与现在对比,则推迟了半个月左右的时间。

因为气候寒冷,霜雪降落的时间会提前。这会使正处于成熟期或生长发育

①[唐]房玄龄等:《晋书》卷二十九《五行下》,中华书局,1974 年,第 873 页。
②[唐]房玄龄等:《晋书》卷二十九《五行下》,中华书局,1974 年,第 873 页。
③[唐]房玄龄等:《晋书》卷二十九《五行下》,中华书局,1974 年,第 874 页。
④[唐]房玄龄等:《晋书》卷二十九《五行下》,中华书局,1974 年,第 875 页。
⑤[北齐]魏收:《魏书》卷一百一十二上《灵征志》,中华书局,1974 年,第 2905 页。
⑥[北齐]魏收:《魏书》卷一百一十二上《灵征志》,中华书局,1974 年,第 2905 页。
⑦[宋]司马光编著,[元]胡三省音注:《资治通鉴》卷一百三十八《齐纪四》,中华书局,1956 年,第 4329 页。
⑧[南朝梁]沈约:《宋书》卷六《孝武帝本纪》,中华书局,1974 年,第 129 页。
⑨[唐]姚思廉:《梁书》卷十八《康绚传》,中华书局,1973 年,第 291—292 页。
⑩[后魏]贾思勰著,缪启愉校释:《齐民要术校释》卷一《种谷》,中国农业出版社,1982 年,第 43 页。

期的作物受到影响,由此作物的产量会减低①。史料对八九月间出现霜雪而导致作物减产的记载并不偶见。比如,孙吴嘉禾三年(234年)九月"陨霜伤谷"②;西晋咸宁三年(277年)八月,"平原、安平、上党、泰山四郡霜,害三豆"③。

魏晋时期夏秋期间下冰雹对农业生产也有减产作用。《晋书·五行志》记载,西晋武帝咸宁五年(279年),"六月,庚戌,汲郡、广平、陈留、荥阳雨雹。丙辰,又雨雹,陨霜,伤秋麦千三百余顷,坏屋百二十余间"④。可见该年的雹灾波及范围广,不仅冲击了农业生产,还损坏了120余间房屋。另,《魏书》也记载了严重冰雹灾害的情况,北魏延兴四年(474年),"四月庚午,泾州大雹,伤稼"⑤。承明元年(476年),"青、齐、徐、兖,大风,雹"⑥。

二、魏晋干旱等自然灾害之状况

气候的另一大要素即湿度。魏晋时期寒冷往往导致旱灾,在古代防治作物害虫技术不发达的情况下,当旱灾发生的时候,又往往会导致蝗灾等情况的出现。据邓拓的统计和研究,三国、两晋的时候,总计两百年中,遇灾304次,其中旱灾60次,在各种灾害中发生次数最多⑦。由此可见,魏晋南北朝时期的自然灾害,不仅发生频繁,灾害种类多,而且旱灾次数多。

旱灾的发生对当时的农业生产冲击很大。据研究,在北部影响农业生产的自然灾害里,以干旱灾害对农业收成的影响最大,也就是说,干旱与饥荒的发生关系最为密切⑧。西晋太康六年(285年)六月,"济阴、武陵旱,伤麦";太康九年

①马立博指出,"气候冲击的确造成了粮食减产,随后又抬升了谷物价格,有时也造成了死亡率的上升"。见(美)马立博著,王玉茹、关永强译:《虎、米、丝、泥:帝制晚期华南的环境与经济》,江苏人民出版社,2011年,第335页。

②[唐]房玄龄等:《晋书》卷二十九《五行下》,中华书局,1974年,第872页。

③[唐]房玄龄等:《晋书》卷二十九《五行下》,中华书局,1974年,第873页。

④[唐]房玄龄等:《晋书》卷二十九《五行下》,中华书局,1974年,第873页。

⑤[北齐]魏收:《魏书》卷一百一十二上《灵征志》,中华书局,1974年,第2904页。

⑥[北齐]魏收:《魏书》卷一百一十二上《灵征志》,中华书局,1974年,第2904页。

⑦参见邓拓:《中国救荒史》,武汉大学出版社,2012年,第14页。

⑧仇立慧、黄春长研究指出:"在黄河中游的古代饥荒中,由于干旱或包含干旱在内的多种灾害而引发的饥荒达到了饥荒总次数的55.5%,而水涝、雹灾等其他灾害引起的饥荒占13.6%。可见,旱灾是引发饥荒最主要的原因。"见仇立慧,黄春长:《古代黄河中游饥荒与环境变化关系及其影响》,《干旱区研究》2008年第1期。

(288年)夏，"郡国三十三旱，扶风、始平、京兆、安定旱，伤麦"①。永嘉三年
(309年)，"五月，大旱，襄平县梁水淡池竭，河、洛、江、汉皆可涉"②，该年数条河
流都可步行通过，可见旱灾灾情的严重。类似这样的记载不胜枚举。

　　严重的干旱则会造成社会饥荒甚至民变，比如惠帝元康七年(297年)，
"秦、雍二州大旱，疾疫，关中饥，米斛万钱，因此氐、羌反叛，雍州刺史解系败
绩"③。刘宋孝武帝大明七年、八年(463年、464年)，东部诸郡连续发生干旱，
"民饥死者十六七"④。

　　由此可见，魏晋南北朝总体上可以被认为是一个寒冷干燥的时期。布雷特
·辛斯基(Bret Hinsch)综合考察中国其他地区和北半球其他地区的资料，也认
为整个南北朝时期中国气候都是持续寒冷的⑤。关中地区的情况也是如此，研
究认为："这些史实证实曹魏、西晋、十六国、北朝时期与西汉后期、东汉时期一
样，关中地区均属凉干气候。"⑥

　　需要指出的是，寒冷期并不是指这个时期内所有的年份都特别寒冷，而只
是指某些年份特别寒冷以及总体趋势方面的相对寒冷。张步天指出，三国两晋
南北朝时期处于公元初至公元600年的第二次寒冷期，"气温变化总的趋势是
继东汉气候走向寒冷之后直到4世纪前半期达到低温顶点，以后又逐渐
回暖"⑦。

　　即使魏晋南北朝时期气候总的趋势是寒冷，也不排除部分区域相对温暖个
案的存在。区域性研究指出了魏晋南北朝时期一些地方存在气候温暖湿润的
情况，比如蓝勇指出："汉晋时期四川地区气候普遍比现在温暖湿润"⑧。但即

---

①[唐]房玄龄等：《晋书》卷二十八《五行中》，中华书局，1974年，第839页。
②[唐]房玄龄等：《晋书》卷二十八《五行中》，中华书局，1974年，第839页。
③[唐]房玄龄等：《晋书》卷二十八《五行中》，中华书局，1974年，第839页。
④[南朝梁]沈约：《宋书》卷三十一《五行二》，中华书局，1974年，第912页。
⑤布雷特·辛斯基还指出："南北朝时期(420—589年)中国北方处于入侵的游牧民族统
治之下，这一时期也是中国北部和周边游牧民族世居地气候急剧恶化的时期。"见(美)布雷
特·辛斯基著，蓝勇、刘建、钟春来、严奇岩译：《气候变迁和中国历史》，《中国历史地理论
丛》2003年第2期。
⑥朱士光：《黄土高原地区环境变迁及其治理》，黄河水利出版社，1999年，第160页。
⑦张步天：《中国历史地理(上)》，湖南大学出版社，1987年，第404页。
⑧蓝勇：《历史时期西南经济开发与生态变迁》，云南教育出版社，1992年，第191页。

使是四川地区,气候在某个时间节点转为寒冷也是客观事实,"东晋时期四川盆地估计有一个转寒时期,成都在公元319年和公元334年大雪甚寒"①。

也有学者对魏晋南北朝时期的气候寒冷特征提出不同看法。民国时期有人提出唐代以前北方气候呈现温暖湿润的观点②。当代学者牟重行对《中国近五千年来气候变迁的初步研究》的观点提出了不同看法。他考证指出,竺可桢在提出东晋寒冷的证据时提到的昌黎,是指河北省秦皇岛市昌黎县,而实际上,东晋时期的昌黎是在辽宁省锦州市,不是现今的河北省秦皇岛市昌黎县。"因此,有关中国4世纪气候寒冷到极点的证据就很有问题了,从现代冰情观测来看,可以进一步得出否定结论"③。他还认为竺可桢以渤海结冰论证东晋气候寒冷,主要是由地名误解所致④。对于南朝时期气候,竺可桢指出,南朝时期的南京覆舟山建立了冰房,该冰房的冰不可能来自黄淮以北,而是来自南京附近河湖,由此推测出当时南京冬天气温比现今要冷大约2摄氏度。针对这种观点,牟重行在书中考证指出:"在刘宋王朝有关藏冰的一些礼数制度中,使我们感兴趣的是当时冰块来源实际上极成问题,那种在隆冬由冰室长带领舆隶仆役,跟随山林官辗转深山阴谷的采冰情景,不难推知南京附近河湖无天然稳定冰冻现象,正是当时南京冬季不比今天寒冷的反映。"⑤牟重行还提出自己的看法:"笔者以为,使用《齐民要术》证明6世纪气候寒冷,实际上也只是对古代农业技术的一种误解,故不能成立。"⑥他甚至认为《中国近五千年来气候变迁的初步研究》中列举《齐民要术》的两个物候证据,也均不足以说明6世纪中国存在寒冷期⑦。

---

① 蓝勇:《历史时期西南经济开发与生态变迁》,云南教育出版社,1992年,第193页。
② 姚宝猷详细考证出,象和鳄鱼两种动物在历史上分布呈现由北向南变迁的状况,由此提出一个假定:"就是大抵在唐代以前(七世纪以前),我国北方气候,尚很湿润和温暖。到了唐代,便渐渐地起了变化。到了宋代,更加干燥化。"见姚宝猷:《中国历史上气候变迁之另一研究——象和鳄鱼产地变迁的考证》,《国立中山大学研究院文科研究所历史学部史学专刊》1935年第1卷第1期。
③ 牟重行:《中国五千年气候变迁的再考证》,气象出版社,1996年,第25页。
④ 参见牟重行:《中国五千年气候变迁的再考证》,气象出版社,1996年,第28页。
⑤ 牟重行:《中国五千年气候变迁的再考证》,气象出版社,1996年,第30页。
⑥ 牟重行:《中国五千年气候变迁的再考证》,气象出版社,1996年,第34页。
⑦ 参见牟重行:《中国五千年气候变迁的再考证》,气象出版社,1996年,第38页。

三、隋唐气候变迁特征

中国是典型的季风气候区,气候特征一般表现为温暖与湿润同期、寒冷与干燥同期。竺可桢指出,从 600 年到 900 年属"隋唐暖期"。

对于隋唐时期温暖气候总体趋势的看法,学界一般是认同的。吴宏岐指出:"综合上述研究成果来看,大致可得出这样的结论:如与现代气候的情况相比较,则隋唐时期年平均温度高 1℃左右,气候带的纬度北移 1°左右。"[①]对于黄淮海平原来说,6 世纪 20 年代以后,直到唐朝中叶,气候略为偏暖,"这一阶段中也许最明显的特点是寒冷记载较为稀少,亦很少有不见于现代气候条件下的寒冷现象"[②]。吴松弟也指出:"梅树只能抵抗 −14℃的最低温度,据此推论 8—9世纪气候较今稍为温和,湿润时期持续时间长,旱期持续时间短。"[③]还有研究指出,"唐五代北宋时期,四川盆地气候也比现在温暖湿润"[④]。

即便唐前中期气候大的趋势是温暖湿润,也不排除个别极端寒冷天气的出现。比如神龙二年(706 年),郭元振改任左骁卫将军、检校安西大都护,"时西突厥首领乌质勒部落强盛,款塞通和,元振就其牙帐计会军事",当时天下大雪,郭元振立于帐前,与乌质勒部落谈论议和之事;"须臾,雪深风冻,元振未尝移足,乌质勒年老,不胜寒苦,会罢而死"[⑤],郭元振在帐外与西突厥年老的首领乌质勒议和,致乌质勒因此冻死,可见天气的寒冷。另如,开元二十七年(739年),"春正月乙巳,大雨雪"[⑥];开元二十九年(741 年),"九月,大雨雪,稻禾偃折,又霖雨月余,道途阻滞"[⑦]。

随着研究的深入和细化,一些学者提出了唐代中期以后气温有所转低的观点,注意到了 800 年后气候有一个转寒的情况。对关中地区而言,"在唐代前期和中期,即唐德宗贞元年间以前之 7 世纪、8 世纪,气候是以暖冬为主,气温偏高。而在唐代后期,即贞元年间之后的 9 世纪,则以寒冬为主,也有春、秋出现

①吴宏岐:《西安历史地理研究》,西安地图出版社,2006 年,第 88 页。
②邹逸麟主编:《黄淮海平原历史地理》,安徽教育出版社,1997 年,第 25 页。
③吴松弟:《中国移民史·第三卷·隋唐五代时期》,福建人民出版社,1997 年,第 9 页。
④蓝勇:《历史时期西南经济开发与生态变迁》,云南教育出版社,1992 年,第 194 页。
⑤[后晋]刘昫等:《旧唐书》卷九十七《郭元振传》,中华书局,1975 年,第 3045 页。
⑥[后晋]刘昫等:《旧唐书》卷九《玄宗本纪》,中华书局,1975 年,第 210 页。
⑦[后晋]刘昫等:《旧唐书》卷九《玄宗本纪》,中华书局,1975 年,第 214 页。

霜雪害稼的现象。这表明到唐代后期,气候又一次转寒,且延至五代时期"①。一些学者主要以正史中关于气候寒冷的记载为依据,把天宝时期作为转寒的分界点,"唐朝天宝以后,黄淮海平原转入新的寒冷阶段"②。吴宏岐在认可隋唐总体温暖的情况下,也指出,"550—800 年为第 1 个温暖期,持续时间约 250 年;950—1050 年为第 2 个温暖期,持续时间约 100 年",而在以上两个温暖期之间的 800 年—950 年,则为相对寒冷期,持续时间约 150 年③。

隋唐 8 世纪后期及以后气候寒冷的记载比较多。比如唐永泰元年(765 年)春正月癸巳"是日雪盈尺"④;永泰二年(766 年)"春正月丁巳朔,大雪平地二尺"⑤。中和二年(882 年)七月,尚让与唐军相战,当时天气寒冷,部队"冻死者十二三"⑥。又如,光启二年(886 年),"是冬苦寒,九衢积雪,兵入之夜,寒冽尤剧,民吏剽剥之后,僵冻而死蔽地"⑦。

白居易的诗文也对唐代中期后天气寒冷的情况有记载。白居易于元和十年(815 年)被贬为江州(今九江一带)司马,其在任上所作的诗中多次提到这一带河湖结冰的状况。在《放旅雁(元和十年冬作)》中,白居易写道:"九江十年冬大雪,江水生冰树枝折。百鸟无食东西飞,中有旅雁声最饥。雪中啄草冰上宿,翅冷腾空飞动迟。"⑧白居易在《南浦岁暮对酒送王十五归京》还写道:"腊后冰生覆溢水,夜来云暗失庐山。"⑨在《花楼望雪命宴赋诗》,白居易又云:"冰铺湖水银为面,风卷汀沙玉作堆。"⑩孟郊的诗中也有类似记载,孟郊在《寒江吟》中写道:"冬至日光白,始知阴气凝。寒江波浪冻,千里无平冰。"⑪

从这些例子可以看到,唐代中后期河流湖泊冰冻情况并不鲜见。大雪数

①朱士光:《黄土高原地区环境变迁及其治理》,黄河水利出版社,1999 年,第 162 页。

②邹逸麟主编:《黄淮海平原历史地理》,安徽教育出版社,1997 年,第 25 页。

③吴宏岐:《西安历史地理研究》,西安地图出版社,2006 年,第 91 页。

④[后晋]刘昫等:《旧唐书》卷十一《代宗本纪》,中华书局,1975 年,第 278 页。

⑤[后晋]刘昫等:《旧唐书》卷十一《代宗本纪》,中华书局,1975 年,第 281 页。

⑥《旧唐书·僖宗本纪》记载"贼将尚让攻宜君砦,雨雪盈尺,甚寒,贼兵冻死者十二三",见[后晋]刘昫等:《旧唐书》卷十九下《僖宗本纪》,中华书局,1975 年,第 712 页。

⑦[后晋]刘昫等:《旧唐书》卷十九下《僖宗本纪》,中华书局,1975 年,第 725 页。

⑧《全唐诗》卷四百三十四,中华书局,1999 年,第 4825 页。

⑨《全唐诗》卷四百三十九,中华书局,1999 年,第 4903 页。

⑩《全唐诗》卷四百四十三,中华书局,1999 年,第 4975 页。

⑪《全唐诗》卷三百七十三,中华书局,1999 年,第 4203 页。

尺、河湖冰冻等历史记载可以看作气候寒冷的重要表征之一。

针对竺可桢《中国近五千年来气候变迁的初步研究》对隋唐气候温暖的论证，当代也有学者提出了质疑①。

第二节　晋唐时期水土环境

一、魏晋南北朝时期水土环境

（一）河流及湖泊变迁

先来看黄河。史念海按近 4000 年以来黄河河患情况把时间划分为两个安流期和两个泛滥期。长期相对安流的时期大致包括两个时期，第一个时期为商周至秦代，为一千年以上；第二个安流期为东汉王景治河之后至唐代后期，为八百年左右。至于频繁的河患，也有两个时期：一是西汉初年到东汉初年，有二百多年，二是唐后期到新中国成立以前，有一千多年②。这种看法阐述了黄河由古到今河道变迁的总的特征。

黄河自古以多泥沙著称，1 世纪初就有"河水重浊"的说法。此"河水重浊"说，系王莽时期张戎所言。张戎早在两千年前就从水流、泥沙角度对黄河河患成因进行了分析。张戎言："水性就下，行疾则自刮除成空而稍深。河水重浊，号为一石水而六斗泥。"③由此可见，西汉末期黄河的泥沙含量甚为可观。东汉永平十二年至十三年（69 年—70 年），朝廷征调几十万军队，派王景和王吴修筑渠道和河堤。王景依靠此大量人力，修筑了从濮阳城南到渤海千乘的千余里黄河大堤，还整治汴渠渠道，疏通阻塞积聚的水流，新建汴渠水门。这样就减轻了溃决之害。

---

①比如，牟重行指出："唐王朝是中国封建史上最辉煌时期之一，关于唐代气候状况，在《五千年气候》中推断为温暖期，著名论据有秦岭北侧的长安在唐代能种植柑橘，而现代柑橘种植线限于秦岭南麓。许多学者都赞同并引证《五千年气候》的这个结论，笔者认为唐代长安种橘主要属于人为因素，历史上类似例子可以说比比皆是，均不能简单当成证据来论证气候温暖。"见牟重行：《中国五千年气候变迁的再考证》，气象出版社，1996 年，第 48 页。

②参见史念海：《由历史时期黄河的变迁探讨今后治理黄河的方略》，见史念海主编：《中国历史地理论丛（第一辑）》，陕西人民出版社，1981 年，第 270 页。

③[汉]班固：《汉书》卷二十九《沟洫志》，中华书局，1962 年，第 1697 页。

魏晋南北朝时期的黄河,仍沿着东汉王景治理后所固定的河道行进,黄河下游河道呈现出相对稳定的局面。这个时期,虽然偶尔有决溢,但没有酿成大灾,更没有发生过大的改道。

此时期黄河安流的原因是多方面的。首先,主要是自东汉开始,大量北方游牧民族入居黄河中游的黄土高原,大片土地退耕还牧,水土流失状况相对来说好转一些,下游河道的泥沙也相对减少了。其次,是当时黄河下游河道的两岸存在不少分流,这些分流或独流入海,或连接其他河流,沿途还有许多湖泊和沼泽洼地起着分洪排沙和调节流量的作用,从而减轻了干流的负担。最后是王景整治过的河道,流路顺直,有利于泥沙的冲刷,同时还有水门可调节水沙,延缓了泥沙堆积的速度①。

再来看淮河。魏晋南北朝时期的淮河,干流相对稳定,独流入海。淮河是一条多支流的河流。《水经注·淮水》记载的淮北平原,有大小19条支流,自西北向东南流注入淮河。淮北的支流有汝、颍、泗等水。相对而言,淮河以南由于山地丘陵逼近淮河干流,平原狭窄,支流相对较少且多数为短小河流②。

至于长江水系,魏晋南朝时荆江三角洲塑造出了"首尾七百里"的"夏洲"。关于此由于分沙激增而出现"夏洲"的情况,史籍是如此记载的:"江津东十余里有中夏洲……又二十余里有涌口……二水之间,谓之夏洲,首尾七百里。"③这一现象"说明了荆江三角洲在不断扩大,从而迫使原来华容县的云梦泽主体向下游方向的东部移动"④。

在此时期,有些原本通流的水道已变得不复通流,这里试举出几个这方面的例子。在黄河流域,"河水又北与枝津合",此枝津河道在北魏已不通流⑤。对于黄河支流屯氏别河,"屯氏别河北渎又东入阳信县,今无水",屯氏别河已经是不再通流⑥。据北魏郦道元的《水经注》记载,在汾水、济水、伊水、清河这些水系,都存在不复通流的支流。在汾水水系,"汾水又西与古水合,水出临汾县

---

① 参见邹逸麟编著:《中国历史地理概述》,上海教育出版社,2005年,第31—32页。
② 参见胡阿祥:《魏晋南北朝时期的生态环境》,《南京晓庄学院学报》2001年第3期。
③ [宋]李昉等:《太平御览》卷六十九《地部三四》,中华书局,1960年,第327页。
④ 邹逸麟编著:《中国历史地理概述》,上海教育出版社,2005年,第43页。
⑤ [北魏]郦道元著,陈桥驿注释:《水经注》卷三《河水》,浙江古籍出版社,2001年,第36页。
⑥ [北魏]郦道元著,陈桥驿注释:《水经注》卷五《河水》,浙江古籍出版社,2001年,第79页。

故城西黄阜下,东注于汾,今无水"①。在济水水系,"荥渎又东南流,注于济,今无水。次东得宿须水口,水受大河,渠侧有扈亭水,自亭东南流,注于济,今无水"②。在伊水流域,伊水"又东北至洛阳县南,北入于洛。伊水自阙东北流,枝津右出焉,东北引湜,东会合水,同注公路涧,入于洛。今无水";"伊水又东北,枝渠左出焉。水积成湖,北流注于洛。今无水"③。清河的支流浮水,在魏晋时已经"无复有水也"④。

也有一些原本没有水流的河道在魏晋时期又重新通流了。景水便是这种情况。"涞水又与景水合。水出景山北谷。……按《经》不言有水,今有水焉。西北流,注于涞水也"⑤。据《山海经》所言,景水原本不通水流,但在北魏时期,景水已通流,并与涞水汇合。原本不通水流的河道在魏晋时期又重新通流的情况不多。

魏晋南北朝时期湖泊也有变迁。三国两晋南北朝时期,记载湖泊资料最丰富的《水经注》共记有湖泊五百余个,包括海、泽、薮、湖、淀、陂、池等各种名称⑥。一些湖泊面积有扩大。比如洞庭湖在先秦时期只是一个小湖泊,到魏晋时期,已大大得到扩展。《水经注》称它"湖水广圆五百余里,日月若出没于其中"⑦。魏晋时期,在长江下游一带,陆续出现了一些围垦湖沼浅滩的围田,但规模不大。总体而言,魏晋南北朝南方区域的河流湖泊,大部分保持着原始面貌。

（二）海岸推移、土地沙化、河道淤塞及盐碱化

魏晋南北朝时期的基岩海岸变化不大,而一些沙质海岸,受河流、波浪、潮汐等动力作用的影响,岸线较此前此后有所不同。渤海湾西部岸线在魏晋南北

---

① [北魏]郦道元著,陈桥驿注释:《水经注》卷六《汾水》,浙江古籍出版社,2001年,第97页。

② [北魏]郦道元著,陈桥驿注释:《水经注》卷七《济水》,浙江古籍出版社,2001年,第114页。

③ [北魏]郦道元著,陈桥驿注释:《水经注》卷十五《伊水》,浙江古籍出版社,2001年,第251页。

④ [北魏]郦道元著,陈桥驿注释:《水经注》卷九《淇水》,浙江古籍出版社,2001年,第158页。

⑤ [北魏]郦道元著,陈桥驿注释:《水经注》卷六《涞水》,浙江古籍出版社,2001年,第101页。

⑥ 参见胡阿祥:《魏晋南北朝时期的生态环境》,《南京晓庄学院学报》2001年第3期。

⑦ [北魏]郦道元著,陈桥驿注释:《水经注》卷三十八《湘水》,浙江古籍出版社,2001年,第594页。

朝时期较为稳定,这缘于黄河入海口的南撤。魏晋南北朝时期的黄河尾闾长期稳定在今黄河口附近。当时黄河口是一个扇形三角洲,三角洲南沿的海岸线与现代相近,三角洲北沿则远在今海岸以内。魏晋南北朝时期苏北海岸线较为稳定,其原因仍是黄河安流于山东半岛北部及在苏北入海的河流含沙量较少。至于长江口南岸沙嘴,从 4 世纪起,开始向东推进。这是因为自孙吴征服山越和晋室东渡以后,大量山地得到开发,森林植被遭到破坏,导致水土流失,加大了固体径流,泥沙逐渐在河水沉积①。

魏晋南北朝时期,北方一些平原地区出现了土地沙化的现象,一些沙漠地带的绿洲分布区也开始出现沙化现象。

比如乌兰布和沙漠,原是黄河冲积平原上的一片草原。秦汉时期,为了抵御匈奴的入侵,从内地迁来大量汉民安置在河套一带进行屯田戍边,并设置了郡县。东汉以后,在乌兰布和沙漠北部,"匈奴南进,边民内迁,垦区废弃,已被耕作过农田的表土,受干旱气候和强烈风蚀,遂成流沙,并逐渐蔓延"②。又比如,在甘肃河西石羊河下游,有一片自北向南长约 135 千米,宽约 20—30 千米,面积三千余平方千米的沙漠化地带,俗称"西沙窝"。从考古所发现的汉代城址来看,"可以推定城址的废弃及其周围垦区的沙漠化发生的时间应在汉代大规模开发的后期"③。由此可见,这些沙漠并不是自古有之。

有些地区在沙漠中间和边缘地带原本存在着自然条件较好的绿洲,但至魏晋南北朝时期,这些地区受人类活动以及气候变干的影响,沙区不断扩大,中间和边缘地带也逐渐沙漠化。比如毛乌素沙漠就是这种情况。魏晋南北朝时期,毛乌素沙漠的沙地逐渐扩大。据《水经注》记载,今无定河流域分布着"赤沙阜"、"沙陵"(沙丘)、"沙流"(流沙),至 9 世纪,唐人记载夏洲的地理环境时,就指出该地区周围"皆流沙""风沙满眼"④。

《汉书》对阴山以北的沙漠作了记载。在汉元帝把王昭君赏赐给呼韩邪单于而出现和亲后,针对呼韩邪单于提出汉朝撤销边境防务和撤回守塞官吏士卒

---

① 参见胡阿祥:《魏晋南北朝时期的生态环境》,《南京晓庄学院学报》2001 年第 3 期。

② 邹逸麟编著:《中国历史地理概述》,上海教育出版社,2005 年,第 86 页。

③ 邹逸麟编著:《中国历史地理概述》,上海教育出版社,2005 年,第 87 页。

④ 邹逸麟编著:《中国历史地理概述》,上海教育出版社,2005 年,第 88 页。

的请求,熟悉边疆事务的侯应表示反对。他指出"幕北地平,少草木,多大沙,匈奴来寇,少所蔽隐,从塞以南,径深山谷,往来差难。边长老言匈奴失阴山之后,过之未尝不哭也"①。

据查阅资料,一些河流在此时期出现了因泥沙堆积而淤塞的情况。比如在泗水流域,"泗水冬春浅涩,常排沙通道,是以行者多从此溪。即陆极《行思赋》所云乘丁水之捷岸,排泗川之积沙者也"②。在黄河支流,"商河首受河水,亦漯水及泽水所潭也。渊而不流,世谓之清水。自此虽沙涨填塞,厥迹尚存"③。西晋时,"由于人口增多,土地开垦加速,落后的烧荒和不适当的筑陂使植被破坏。结果土壤侵蚀,人工水利设施亦遭泥沙淤积的破坏"④。

对于魏晋时期土地的盐碱化,史籍也多有记载。比如,据《晋书》载:"青龙元年,开成国渠,自陈仓至槐里筑临晋陂,引汧洛溉舄卤之地三千余顷,国以充实焉。"⑤西晋时期束晳在向皇帝提出政策建议时,曾提到土地盐碱化的情况:"又如汲郡之吴泽,良田数千顷,泞水停洿,人不垦植。闻其国人,皆谓通泄之功不足为难,舄卤成原,其利甚重。"⑥江统在著名的《徙戎论》中,也指出关中的盐碱地受到泾水、渭水灌溉的情况:"夫关中土沃物丰,厥田上上,加以泾、渭之流溉其舄卤,郑国、白渠灌浸相通,黍稷之饶,亩号一钟,百姓谣咏其殷实,帝王之都每以为居,未闻戎狄宜在此土也。"⑦

南朝梁文学家徐勉曾经写有著名的"诫子书"。在此"诫子书"中,徐勉告诫其子徐崧要看轻财物的价值时,提及姑孰地带田地盐碱化的情况:"且释氏之教,以财物谓之外命……闻汝所买姑孰田地,甚为舄卤,弥复何安?"⑧这说明在南北朝时期,长江南岸的当涂县附近存在盐碱地。北魏世祖拓跋焘曾大集群臣

①[汉]班固:《汉书》卷九十四下《匈奴传》,中华书局,1962年,第3803页。
②[北魏]郦道元著,陈桥驿注释:《水经注》卷二十五《泗水》,浙江古籍出版社,2001年,第404页。
③[北魏]郦道元著,陈桥驿注释:《水经注》卷五《河水》,浙江古籍出版社,2001年,第86页。
④罗桂环、舒俭民编著:《中国历史时期的人口变迁与环境保护》,冶金工业出版社,1995年,第141页。
⑤[唐]房玄龄等:《晋书》卷二十六《食货》,中华书局,1974年,第785页。
⑥[唐]房玄龄等:《晋书》卷五十一《列传第二十一》,中华书局,1974年,第1431—1432页。
⑦[唐]房玄龄等:《晋书》卷五十六《列传第二十六》,中华书局,1974年,第1531页。
⑧[唐]姚思廉:《梁书》卷二十五《列传第十九》,中华书局,1973年,第385页。

于西堂,讨论攻打凉州的战略,将领奚斤等三十余人议曰:"其地卤薄,略无水草,大军既到,不得久停。彼闻军来,必婴城固守。攻则难拔,野无所掠,终无克获。"①可最后拓跋焘没有听从奚斤的建议。但此史料说明,今甘肃省西北部的武威地带在魏晋时期存在盐碱地的状况。另如,北齐时期的房豹素有美政的赞誉,他在任职乐陵太守的时候,有一段特别的经历:"郡濒海,水味多咸苦。豹命凿一井,遂得甘泉,邑人以为政化所致。豹罢归后,井味复咸。"②

（三）运河变化

关于汉代运河,总的情况是:"两汉时期在黄淮海平原没有开凿较大的运河。主要工程有东汉明帝时王景为治理黄河,同时也对鸿沟水系进行了一番整理,水系面貌又有所改变。"③到了魏晋南北朝时期,北方众多河流的水量丰富且较为稳定。当时许多河流都可以作航运之用,由此使得北方运输较顺畅。

此时期的运河有一些发展。三国两晋南北朝时期,对于江淮之间的水道也有改造,"晋代以后,对于邗沟航道继续进行改造,使其逐渐河渠化。主要措施是建造堰坝,经过改建,邗沟南段完全可用人工控制"④。这时候也开凿了联系黄河与海河两大水系的几段运河,形成了河北平原水运网,"这些工程自南向北是枋头堰、白沟、利漕渠、白马渠、鲁国渠、平虏渠、泉州渠、新渠等"⑤。

史料记载了人工开凿河渠的情况。比如,"汉献帝建安十八年,魏太祖凿渠,引漳水东入清、洹,以通河漕,名曰利漕渠"⑥。另如,"晋太和中,桓温北伐,将通之,不果而还。义熙十三年,刘公西征,又命宁朔将军刘遵考仍此渠而漕之,始有激湍东注,而终山崩壅塞,刘公于北十里,更凿故渠通之"⑦。潘镛研究指出,"魏晋南北朝时期运河的开凿和利用运河漕粮,虽不如两汉之盛,但地方

---

① [北齐]魏收:《魏书》卷二十九《列传第十七》,中华书局,1974 年,第 700 页。

② [唐]李延寿:《北史》卷三十九《列传第二十七》,中华书局,1974 年,第 1416 页。

③ 邹逸麟主编:《黄淮海平原历史地理》,安徽教育出版社,1997 年,第 150 页。

④ 张步天:《中国历史地理(上)》,湖南大学出版社,1987 年,第 396 页。

⑤ 张步天:《中国历史地理(上)》,湖南大学出版社,1987 年,第 396 页。

⑥ [北魏]郦道元著,陈桥驿注释:《水经注》卷十《浊漳水》,浙江古籍出版社,2001 年,第 170 页。

⑦ [北魏]郦道元著,陈桥驿注释:《水经注》卷七《济水》,浙江古籍出版社,2001 年,第 114 页。

性运河的开凿却不少,对中原水路交通是具有积极意义的"①。

也有少量魏晋之前所穿凿的河渠在魏晋时期反而不再通流的情况。比如在汾水流域,"汾水又西迳皮氏县南。……汉河东太守潘系穿渠引汾水以溉皮氏县。故渠尚存,今无水也"②。

二、隋唐时期水土环境

(一)黄渭洛河道变迁

王景治河以后直到唐代后期,黄河进入 800 年左右的安流时期;唐后期、五代则又到了频繁河患的时期③。通过黄河河道河患发生情况的纵向对比,专家指出,"唐代三百年,河患较前增多。河溢 7 次,决 5 次(其中人为决河二次),冲毁城垣二次,中段与尾闾段改道各一次,共 16 次,平均每 18 年一次。比后来五代、北宋要轻得多"④。唐末五代时期黄河下游决口与土壤、降水、人类活动等多方面因素都有关系。黄河流域的土壤结构疏松,降水多集中在夏季和夏秋之交,黄河河道的坡度大,都是造成其下游经常决口和改道的自然因素。但此时期黄河下游决口主要是人为的原因。从唐代后期开始,人们对黄河上中游的大片原始森林加以盲目滥伐,广大牧场被垦为耕地,北方植被破坏引起严重的水土流失,一些河流由此出现泥沙淤积的情况。对于渭河来说,"渭河河道已沙多流浅,隋初利用渭河漕运,其艰辛可想而知",后虽修广通渠加以利用,却"掊沙而进","舟船行难"。对于洛河来说,其下游也"沙碛相次",水浅竟难负舟,洛河在隋唐两代都入渭河。王元林对隋唐五代时期黄渭洛三河变迁作了研究,指出,总体来说,隋唐五代时期,"黄渭洛时有涨溢,间有摆动侵蚀,但河道较为安稳"⑤。

隋唐时期一些河道支流出现了淤塞或干涸的现象,比如在开封县,沙海是其中的一个地名,"沙海在县西北十二里。……至隋文疏凿旧迹,引汴水注之,

①潘镛:《隋唐时期的运河和漕运》,三秦出版社,1987 年,第 14 页。

②[北魏]郦道元著,陈桥驿注释:《水经注》卷六《汾水》,浙江古籍出版社,2001 年,第 98 页。

③参见史念海:《由历史时期黄河的变迁探讨今后治黄河的方略》,见史念海主编:《中国历史地理论丛(第一辑)》,陕西人民出版社,1981 年,第 270 页。

④邹逸麟主编:《黄淮海平原历史地理》,安徽教育出版社,1997 年,第 91 页。

⑤王元林:《隋唐五代时期黄渭洛汇流区河道变迁》,《陕西师范大学学报(哲学社会科学版)》1997 年第 2 期。

习舟师,以伐陈。陈平之后,立碑其侧,以纪功德焉。今无水"[1]。

隋唐时期灞河河道也有泥沙淤积的情况。灞河是西安市东部渭河支流,是古都长安重要的天然屏障。《水经注》卷十九《渭水》记载:"霸者,水上地名也。古曰滋水矣,秦穆公霸世,更名滋水为霸水,以显霸功。"[2]学者对灞河河道变迁有研究:"历史上灞河下游河道变迁主要表现为河床淤积抬高,隋初至元代淤积量为 2 米左右,元代至清代淤积量为 2.68 米。"[3]灞河河道泥沙淤积使河床抬高,不仅会减弱河道的泄洪能力,也使下游更容易遭到洪水灾害的威胁。比如,唐贞元四年(788 年)四月八日"灞水暴溢,杀百余人"[4],"乾宁三年四月,河圮于滑州,朱全忠决其堤,因为二河,散漫千余里"[5]。

(二)淮河、海河等河道变迁[6]

南宋初年以前,独流入海的淮河水系相对稳定。邹逸麟指出:"先秦至北宋时期,黄河下游东北流注渤海。其河道迁徙,主要发生在今黄河以北地区,其间虽有南泛入淮过程,但对整个淮河水系尚未构成严重影响。所以在这一长时段之内,淮河水系相对稳定、干流独自入海。"[7]南宋初年以前的淮河,"在上中游与今淮河流路基本一致,唯下游自今盱眙以下,与今流路完全不同,它穿过今洪泽湖,东北至今清江市,沿废黄河流路至今涟水县东境入海"[8]。

海河是我国河北平原上的主要水系。东汉末年海河水系形成,海河南北水系连成一体,隋炀帝大业四年(608 年)开凿永济渠,海河水系各大河在天津附近汇流入海局面由此得以形成。

隋朝十分重视漕运事业。隋王朝在利用黄河、渭河进行漕运的同时,还修

①乐史:《宋本太平寰宇记》卷一《开封府》,中华书局,2000 年,第 15 页。

②[北魏]郦道元著,陈桥驿注释:《水经注》卷十九《渭水》,浙江古籍出版社,2001 年,第 299 页。

③桑广书、陈雄:《灞河中下游河道历史变迁及其环境影响》,《中国历史地理论丛》2007 年第 2 期。

④[宋]欧阳修、宋祁:《新唐书》卷三十六《五行志》,中华书局,1975 年,第 932 页。

⑤[宋]欧阳修、宋祁:《新唐书》卷三十六《五行志》,中华书局,1975 年,第 935 页。

⑥此部分写作参考了邹逸麟编著的《中国历史地理概述》内容,上海教育出版社,2005 年,第 41—63 页。

⑦邹逸麟主编:《黄淮海平原历史地理》,安徽教育出版社,1997 年,第 108 页。

⑧邹逸麟主编:《黄淮海平原历史地理》,安徽教育出版社,1997 年,第 110 页。

筑了人工河道以资漕运。开皇三年（583 年），隋文帝为了解决京师仓廪空虚的问题，下令在黄河沿岸的蒲、陕、虢、熊、伊、洛、郑、怀、邵、卫、汴、许、汝等 13 个州，"置募运米丁"专门利用黄河之水从事漕运事宜，并在卫州置黎阳仓、在洛州置河阳仓、在陕州置常平仓、在华州置广通仓，"漕关东及汾、晋之粟，以给京师"，之后，"以渭水多沙，流有深浅，漕者苦之"①。

（三）长江流域的湖泊变迁

隋唐五代时期，"与黄河流域相比较，南方河流的变迁程度很轻，对人类生产生活尚未构成威胁。环境的变迁主要表现在长江中游湖泊和太湖的变迁"②。

隋唐时期长江流域变化较显著的湖泊，有云梦泽区、洞庭湖、鄱阳湖、太湖等。先秦时代数百里的云梦泽，至唐宋时代已不复存在，代之而起的是太白湖、马骨湖、大浐湖、船官湖等星罗棋布的小湖群③。洞庭湖是我国第二大淡水湖泊。魏晋南北朝时期大量洪水排入洞庭湖平原，使缓慢下沉的洞庭湖区逐渐沼泽化而演变为浩渺的大湖。唐宋时期洞庭湖进一步扩大，东部洞庭湖主体已西吞赤沙、南连青草，方圆八百里，故有"八百里洞庭"之称④。鄱阳湖古称"彭蠡泽"，汉晋时期彭蠡泽与今鄱阳北湖大致相当；在 5 世纪 50 年代以前，鄱阳南湖地区并不存在庞大的水体，而是地势低平、河网切割的湖积平原，而唐末五代至北宋初年彭蠡泽迅速向东南方向扩展，其时鄱阳南湖仍为吞吐型时令湖，洪水时茫茫一片，枯水时萎缩，水束如带⑤。至于太湖水系，五六千年前太湖地区仍为湖陆相间的低洼平原，随着新构造运动的作用，太湖周围地区不断下沉，而沿海地区泥沙的堆积，又使太湖平原逐渐向碟形洼地发展，最终形成了水面辽阔的大型湖泊。太湖水源主要来自发源于茅山和宜溧南部丘陵的荆溪和导源于天目山的苕溪。古时太湖由淞江（吴淞江）、娄江和东江分泄入海，它们被合称"三江"；到了唐代，娄、东二江即已淤废，但三条分道入海的局面没有改变，其中以吴淞江为主干⑥。此外，长江流域也有一些湖泊出现泥沙淤积的情况。比如，

① [唐]魏征等：《隋书》卷二十四《食货志》，中华书局，1973 年，第 683 页。
② 吴松弟：《中国移民史·第三卷·隋唐五代时期》，福建人民出版社，1997 年，第 9 页。
③ 参见邹逸麟编著：《中国历史地理概述》，上海教育出版社，2005 年，第 44 页。
④ 参见邹逸麟编著：《中国历史地理概述》，上海教育出版社，2005 年，第 48 页。
⑤ 参见邹逸麟编著：《中国历史地理概述》，上海教育出版社，2005 年，第 50—52 页。
⑥ 参见邹逸麟编著：《中国历史地理概述》，上海教育出版社，2005 年，第 53 页。

在唐代的江苏地带,"炭渚桥,吴时海渚通源,后沙涨为陆,基址见存"①。

隋唐五代时期北方湖泊的变化情况则是趋于减少、缩小,"从北方湖泊数量的减少来看,今山西省内的情况最为严重"②。同时,隋唐五代时期北方地区少量湖泊也有扩展的现象,比如位于今河南中牟的圃田泽,在南北朝时期东西四十里许,南北二十里许,到唐代已扩至东西五十里,南北二十余里③。

(四)土地沙化及盐碱化

隋唐时期黄土高原的植被与环境发生了明显的变化,突出表现在鄂尔多斯高原南部和黄土高原北部,"在这里,毛乌素沙地所在地区的环境表现恶化,沙漠化发展,草原带的南界也明显地向南移动。这一变化,从绝对时间来说,大致处于公元7—10世纪"④。

隋唐时期土地的盐碱化在当时史籍中多有记载。比如,隋朝官员元晖的事迹为:"开皇初,拜都官尚书,兼领太仆。奉诏决杜阳水灌三畤原,溉舄卤之地数千顷,人赖其利。"⑤舄卤之地多达数千顷,可见面积之广阔。还有其他官员灌溉舄卤之地的事迹。隋朝卢贲的事迹为:"后迁怀州刺史,决沁水东注,名曰利民渠,又派入温县,名曰温润渠,以溉舄卤,民赖其利。"⑥581年,杨坚建立隋朝,隋朝建立之时,仍承袭北周以长安城为京都。长安城始建于汉代,已有近八百年的历史,至隋代城市已显得过于狭小,宫宇多有朽蠹,加上供水、排水系统严重不畅,污水往往汇聚难以排泄,生活用水受到严重污染,已经不适合居住。因此,隋文帝决定在汉长安城的东南面另建新都,这就是隋大兴城(唐长安城)。隋代天文学家庾季才曾经提到汉长安城"水皆咸卤"的情况:"且汉营此城,经今将八百岁,水皆咸卤,不甚宜人。愿陛下协天人之心,为迁徙之计。"⑦唐代的赵

①[唐]陆广微撰,曹林娣校注:《吴地记》,江苏古籍出版社,1986年,第88页。

②参见王玉德、张全明等:《中华五千年生态文化(上)》,华中师范大学出版社,1999年,第340页。

③参见王玉德、张全明等:《中华五千年生态文化(上)》,华中师范大学出版社,1999年,第341页。

④吴祥定、钮仲勋、王守春等:《历史时期黄河流域环境变迁与水沙变化》,气象出版社,1994年,第76页。

⑤[唐]李延寿:《北史》卷十五《列传第三》,中华书局,1974年,第576页。

⑥[唐]魏征等:《隋书》卷三十八《列传第三》,中华书局,1973年,第1143页。

⑦[唐]魏征等:《隋书》卷七十八《列传第四十三》,中华书局,1973年,第1766页。

州也出现了"地旱卤"的情况:"地旱卤。西南有新渠,上元中,令程处默引浟水入城以溉田,经十余里,地用丰润,民食乃甘。"①对于福州长乐郡来说,"东五里有海堤,大和二年令李茸筑。先是,每六月潮水咸卤,禾苗多死,堤成,潴溪水殖稻,其地三百户皆良田"②。这是改良盐碱地为农田的又一例证。另如,唐朝中期的将领高霞寓,是幽州范阳人,曾经"浚金河,溉卤地数千顷"③。

第三节 晋唐时期动植物分布状况

一、魏晋南北朝时期动植物分布状况

魏晋南北朝时期的动植物资源,"受自然条件(特别是其中的气候因素)与人为活动的影响,已不及秦汉时期丰富,但是较之今日,还是远远胜出"④。

就魏晋南北朝时期森林资源分布来说,存在地区差异。直到南北朝时期,黄土高原西北部的森林资源仍比较丰富。《魏书·世祖纪》载北魏曾经"就阴山伐木,大造攻具",由此可知当时阴山一带森林比较茂密⑤。青海地区直到唐代还有茂密的山地针叶林⑥。就长江流域而言,由于六朝大规模开发,平原丘陵地区的森林植被开始受到破坏,但若与唐宋明清时期相比,森林资源则仍比较丰富。

再来看一下动物分布的大致状况。魏晋南北朝时期,动物种类丰富,一些珍稀动物分布的范围比现在广阔。关于野象,我国现在的野生亚洲象仅限于云南西南部,但在魏晋时期,安徽砀山和皖南、四川盆地、广西全州、湖北鄂州、江苏南京和扬州、广东韶关、湖南长沙等地都有野象出没的记载。6世纪,长江流域的野象仍不少,在北宋以后才趋于灭绝。皖南地区的野象从6世纪50年代

---

①［宋］欧阳修、宋祁:《新唐书》卷三十九《志第二十九》,中华书局,1975年,第1017页。

②［宋］欧阳修、宋祁:《新唐书》卷四十一《志第三十一》,中华书局,1975年,第1064页。

③［宋］欧阳修、宋祁:《新唐书》卷一百四十一《列传第六十六》,中华书局,1975年,第4662页。

④胡阿祥:《魏晋南北朝时期的生态环境》,《南京晓庄学院学报》2001年第3期。

⑤［齐］魏收:《魏书》卷四上《世祖纪》,中华书局,1974年,第72页。

⑥参见文焕然等著:《中国历史时期植物与动物变迁研究》,重庆出版社,2006年,第35、41页。

以后就不见于文献记载。魏晋时期的犀牛也分布较广,比如四川盆地、湖南湘西流域都有犀牛出没的记载。现今扬子鳄仅残存于苏皖浙交界地区,历史时期扬子鳄分布范围包括河北、山西、内蒙古、上海、江西、山东、河南、湖北、湖南、陕西等地,如今这些地区都不存在扬子鳄了①。

现今孔雀仅存在于云南西南部,历史时期孔雀广泛分布于长江流域及其以南的广大地区。魏晋时期的四川盆地、云南、广东、广西等地,唐代的广东、广西、云南等地,都有孔雀分布②。北方也有孔雀③。长臂猿现在分布于云南省和海南省,但魏晋时期不是如此,"约从 4 世纪的晋朝开始,当时分布的北界为长江三峡地区,甚至包括湖南省西北部,以后,长臂猿的分布北界逐渐南移至广东、广西省(区)的十万大山和云开大山一带",四川一带当时也有长臂猿的记载④。三国两晋南北朝时期,"鹦鹉是一种名贵的观赏鸟。现代仅活动于滇南、海南岛、桂西和港澳一带。据研究,历史时期鹦鹉的分布北界曾经在北纬 39 度一线"⑤。再来看虎的分布:"虎的分布地区变化也很大,目前,东北虎、华南虎只局于东北西南范围很小的地方。据《水经注》记载,当时华北、东北、华南均有分布。"⑥

若以区域论,不同地域的动植物分布各有特色。关于大兴安岭北段的寒温带林,小兴安岭和长白山的温带林,"本区气候寒湿而多积雪,拥有多量的鹿、貂等野生动物"⑦。在秦岭地区,从战国到秦汉南北朝,虽然人类经济活动比以前增加,但是"秦岭之生态环境仍无大破坏……野生兽类仍保持着繁衍生息的自然状态"⑧。在华北暖温带落叶阔叶林地带,魏晋时期由于人类活动影响,森林

---

① 参见文焕然等:《中国历史时期植物与动物变迁研究》,重庆出版社,2006 年,第 186—199 页,152 页,216—224 页,269 页。

② 参见文焕然等:《中国历史时期植物与动物变迁研究》,重庆出版社,2006 年,第 166—175 页。

③ 比如龟兹国"土多孔雀,群飞山谷间,人取而食之,孳乳如鸡鹜,其王家恒有千余只云"。见[唐]李延寿:《北史》卷九十七《西域传》,中华书局,1974 年,第 3218 页。

④ 文焕然等:《中国历史时期植物与动物变迁研究》,重庆出版社,2006 年,第 262 页。

⑤ 张步天:《中国历史地理(上)》,湖南大学出版社,1987 年,第 410 页。

⑥ 张步天:《中国历史地理(上)》,湖南大学出版社,1987 年,第 411 页。

⑦ 文焕然等:《中国历史时期植物与动物变迁研究》,重庆出版社,2006 年,第 35 页。

⑧ 李健超:《汉唐两京及丝绸之路历史地理论集》,三秦出版社,2007 年,第 580 页。

迅速减少,但大部分山区及一些相对僻远的平原,仍分布着茂密的森林。依赖森林环境的动物,如猕猴、鹦鹉、虎等,在华北也广为分布[1]。以华东论,北部沿长江淮河一带,主要是次生林,而东部宁绍地区,虽经人类的大肆采伐,原始林木仍多有留存[2]。在江西地带,"赣水东西四十里,清潭远涨,绿波凝净",这有利于动植物资源的保护[3]。西南地区,秦岭巴山一带山地仍是茂密的北亚热带森林和竹林,处于"林高木茂"的状态[4]。

二、隋唐时期动植物分布状况

隋唐时期,北方农牧业发展破坏了森林资源,对动植物分布产生了影响;同时,唐代,尤其是安史之乱后,南方得到大力开发,南方山地森林由此受到破坏,也导致南方物种分布发生了一些变化。

隋唐时期森林资源主要分布在我国的东部和南部地区,尤其集中在东北的平原、山地,华北深山区,黄河流域的深山区,西南地区及长江以南的广大地区。据专家研究,江南、云南、两广地区及闽浙山地在宋代以前森林很茂密[5]。

隋唐时期,多种珍贵野生动物广为分布,尤其在南方地区。其中有些动物在宋代或明清以后趋于灭绝,这与宋代以后南方开发范围的扩展及开发力度的加大有关。现在以一些动物为例作介绍。

在晋代以前,野象还可以在长江以北长期栖息,以后则限于江南。唐代南方大象的情况是,"楚、越之间,象皆青黑"[6]。在唐代,云南地区犀牛、大象等野生动物种类繁多,史载"其地有稷及陆稻,多盐井,饶犀象,有弓矢,革铠,以赤猱猴皮、垂锡珠、翡翠为冠帻"[7]。唐代岭南地区也有犀牛存在:"岭表所产犀牛,大约似牛而猪头,脚似象,蹄有三甲,首有二角。"[8]

---

[1]参见胡阿祥:《魏晋南北朝时期的生态环境》,《南京晓庄学院学报》2001年第3期,第47页。

[2]参见胡阿祥:《魏晋南北朝时期的生态环境》,《南京晓庄学院学报》2001年第3期,第47页。

[3][北魏]郦道元著,陈桥驿注释:《水经注》卷三十九《赣水》,浙江古籍出版社,2001年,第612页。

[4]胡阿祥:《魏晋南北朝时期的生态环境》,《南京晓庄学院学报》2001年第3期,第47页。

[5]参见文焕然等:《中国历史时期植物与动物变迁研究》,重庆出版社,2006年,第3—13页。

[6][唐]刘恂著,鲁迅校勘:《岭表录异》卷下,广东人民出版社,1983年,第87页。

[7][唐]杜佑:《通典》卷第一百八十七《边防三》,中华书局,1984年,第1002页。

[8][唐]刘恂著:鲁迅校勘:《岭表录异》卷中,广东人民出版社,1983年,第28页。

现今扬子鳄仅残存于苏皖浙交界地区，其栖息地的缩小与气候转冷趋势、对河湖沼泽的围垦、人类的捕杀有关。魏晋以后，扬子鳄生存于长江中下游的广大地区，并不仅仅限于苏皖浙交界地区。在唐代，江西、湖南、湖北仍然分布有扬子鳄①。唐代岭南的鳄鱼较多，《岭表录异》对鳄鱼捕鹿的情况作了如此生动的记载："南中鹿多，最惧此物。鹿走崖岸之上，群鳄嗥叫其下，鹿怖惧落崖，多为鳄鱼所得，亦物之相摄伏也。故李太尉德裕贬官潮州，经鳄鱼滩，损坏舟船，平生宝玩、古书图画一时沉失，遂召舶上昆仑取之，但见鳄鱼极多，不敢辄近，乃是鳄鱼之窟宅也。"②岭南鳄鱼众多与该区域人类开发不太深入有关。韩愈因谏迎佛骨被贬为潮州刺史，曾作《祭鳄鱼文》，劝诫鳄鱼搬迁到其他地方，这也说明当地鳄鱼数量较多。云南丽水在唐代也有鳄鱼，史载"水中有蛟龙、鳄鱼、乌鲗鱼"③。

长臂猿对森林也有很大的依赖性，长臂猿分布的变迁主要与原始森林逐步受到破坏有关。唐代，由于森林破坏程度远没有其后严重，长臂猿分布仍很广泛，当时的湖北、湖南、广东、广西、海南、云南等地都有长臂猿分布④。

珍贵鸟类在唐代分布仍很广泛。当时岭南地区有孔雀存在，"孔雀翠尾，自累其身。比夫雄鸡，自断其尾，无所称焉"⑤。在冈州（现广东新会）也有孔雀："有桂山，山出翡翠、孔雀、元猿。"⑥

人口分布密度是影响珍稀动物分布的重要因素，人口因素直接关系到森林面积的大小以及对动物的捕杀、售卖的严重程度。比如春秋至战国时期，犀牛分布在黄河中上游至长江中下游一线，呈西北东南走向；至唐代，犀牛分布移至闽粤交界，经湖南、贵州至四川西部一线⑦。至于唐代的犀牛分布与人口密度的

①参见文焕然等：《中国历史时期植物与动物变迁研究》，重庆出版社，2006年，第190页、186—199页、200页、191页、152页、153页、164—165页。

②[唐]刘恂著，鲁迅校勘：《岭表录异》卷下，广东人民出版社，1983年，第27页。

③[唐]樊绰撰，向达原校，木芹补注：《云南志补注》，云南人民出版社，1995年，第27页。

④参见文焕然等：《中国历史时期植物与动物变迁研究》，重庆出版社，2006年，第175—181页、256—262页。

⑤[唐]刘恂著，鲁迅校勘：《岭表录异》卷中，广东人民出版社，1983年，第28页。

⑥[唐]杜佑：《通典》卷第一百八十四《州郡十四》，中华书局，1984年，第978页。

⑦参见宋榆钧、王振堂、吴卓：《珍稀动植物资源在我国大地上消退与消逝的过程》，见王振堂、盛连喜等：《中国生态环境变迁与人口压力》，中国环境科学出版社，1994年，第32页。

关系,据研究,唐代部分文献记录所标明的出产犀或犀角,上贡犀或犀角的 34 个州郡中,有 94.1% 的州郡人口密度都小于 3.0 人/km²,因而盛产犀牛,表明犀牛生存与人口密度有着直接关系①。野生动物的分布与人口分布密度关系密切,实际上,"在以往有犀牛生存的地区,当人口密度超过 4.0 人/km² 以后,就不再见有犀牛的踪影"②。

---

①参见宋榆钧、王振堂、吴卓:《珍稀动植物资源在我国大地上消退与消逝的过程》,见王振堂、盛连喜等:《中国生态环境变迁与人口压力》,中国环境科学出版社,1994 年,第 38 页。

②宋榆钧、王振堂、吴卓:《珍稀动植物资源在我国大地上消退与消逝的过程》,见王振堂、盛连喜等:《中国生态环境变迁与人口压力》,中国环境科学出版社,1994 年,第 39—40 页。

第二章　晋唐北方农牧业开发与生态环境变迁

第一节　生态环境变化与西域文明兴衰

一、西域概况及西域文明兴衰

西域有广义、狭义之说，"狭义专指葱岭以东、巴尔喀什湖以南而言；广义则指凡通过狭义的西域所能到达的地区，包括亚洲中部与西部、印度半岛、欧洲东部和非洲北部地区"[①]。这里所指的主要是狭义西域的概念。

"西域"一词的彰显，是张骞的功绩。据《史记》卷一百二十三《大宛列传》记载，自张骞出使西域以后，汉朝和西域的交流日益增多："天子好宛马，使者相望于道"，"诸使外国一辈大者数百，少者百余人"，"汉率一岁中使多者十余，少者五六辈"。

在西域地带，不得不提的是楼兰国。张骞出使西域以后，由于汉朝出使西域的使者有时候言辞轻重不实，使其怀恨在心，再加上汉朝部队相隔遥远，沟通不变，这些西域小国时常断绝汉朝使者的食物供应，汉朝对西域的积怨由此产生。之后，甚至出现西域攻掠汉朝使者的情况。当时楼兰、姑苏虽是小国，也攻劫汉朝使者[②]。在此情况下，汉朝采取军事措施予以应对[③]。

在制服了楼兰后，汉朝与匈奴为争夺楼兰这一重要地点又进行了多次较

---

①白翠琴：《魏晋南北朝民族史》，四川民族出版社，1996 年，第 368 页。另，孟宪实对西域的定义为："狭义西域指中国新疆天山以南地区，广义西域则泛指包括新疆在内的广大中亚地区"。见孟宪实：《汉唐文化与高昌历史》，齐鲁书社，2004 年，第 22 页。

②《史记》卷一百二十三《大宛列传》记载："而楼兰、姑师小国耳，当空道，攻劫汉使王恢等尤甚。"

③《史记》卷一百二十三《大宛列传》记载："其明年，击姑师，破奴与轻骑七百余先至，虏楼兰王，遂破姑师。因举兵威以困乌孙、大宛之属。"

量。公元前 108 年,楼兰国王内附汉朝,并把次子尉屠耆送到长安为人质,以取得信任。但至公元前 92 年,楼兰王安归即位,又杀死汉使,归附匈奴。公元前 77 年,汉朝使者傅介子利用计谋刺杀了楼兰王安归,改立其亲近汉朝的弟弟尉屠耆为王,改国号鄯善,汉昭帝并且赐宫女为尉屠耆的夫人,派人护送其回国①。在尉屠耆为鄯善国王时期,"它的新都迁往罗布诺尔以南,其地今称米兰"②。

早在汉代,西域地区就是联结东方和西方的通道"丝绸之路"的枢纽。最初经过西域的丝绸之路有两条。《汉书》卷九十六上《西域传》记载了西汉时期丝绸之路的具体路线,"自玉门、阳关出西域有两道。从鄯善傍南山北,波河西行至莎车,为南道,南道西逾葱岭则出大月氏、安息",而北道的情况是,"自车师前王庭随北山,波河西行至疏勒,为北道"。这里南道经鄯善(今若羌县)、且末、于阗、莎车,越帕米尔高原西行;北道出玉门关,经焉耆、龟兹(库车)、疏勒(喀什)。到魏晋时期,又多了一条新道③。新开的这条道路是到高昌(今吐鲁番),再到龟兹与中道会合。

两汉时期,西域地带的一些绿洲得到大力开发,但种种原因导致这些绿洲有些在魏晋时期逐渐被废弃,包括孔雀河遗址、克里雅河遗址、尼雅遗址等。

楼兰位于孔雀河下游三角洲。斯文·赫定于 1900 年在楼兰遗址发现了大量汉文木简和其他文物,该遗址立即引起世人的注意。斯坦因经过考证分析,认为楼兰古国是在 4 世纪被废弃的。斯坦因指出:"楼兰古国是罗布泊地区的一个小国,它的城郭——楼兰城,曾是中国在公元前 2 世纪下半叶,即西汉时期所开辟的古丝绸之路上,商业兴旺的一座重要的交通枢纽城市,是到塔里木盆

①《汉书》卷九十六上《西域传》载:元凤四年(前 77 年)"乃立尉屠耆为王,更名其国为鄯善,为刻印章,赐以宫女为夫人",但尉屠耆向汉朝天子说,"身在汉久,今归,单弱,而前王有子在,恐为所杀。国中有伊循城,其地肥美,愿汉遣将屯田积谷,令臣得依其威重",汉朝应允。

②(日)前岛信次著,胡德芬译:《丝绸之路的 99 个谜》,天津人民出版社,1981 年,第 41 页。

③《三国志》卷三十《魏书》记载:"从敦煌玉门关入西域,前有二道,今有三道。从玉门关西出,经婼羌转西,越葱领,经县度,入大月氏,为南道。从玉门关西出,发都护井,回三陇沙北头,经居卢仓,从沙西井转西北,过龙堆,到故楼兰,转西诣龟兹,至葱领,为中道。从玉门关西北出,经横坑,辟三陇沙及龙堆,出五船北,到车师界戊己校尉所治高昌,转西与中道合龟兹,为新道。"

地路上的重要一站,大约废弃于四世纪。"①王守春研究认为,"楼兰城及其所在的塔里木河下游地区的诸多遗址是在公元 330 年—400 年期间废弃的"②。

克里雅河是中国新疆维吾尔自治区塔里木盆地南部河流。克里雅河下游曾经存在的古老文明是从 1896 年开始被发现的。在古老的克里雅老河床附近,瑞典人斯文·赫定发现了唐代的丹丹乌里克遗址和汉晋的喀拉墩遗址。喀拉墩遗址位于于田县北 200 余千米,克里雅河下游西部三角洲干河附近,又名喀拉墩古城,为汉至南北朝遗址,是中国最早的佛寺遗迹。遗址有城堡寺院等,据对古城房屋胡杨木建材的碳 14 分析,其年代为距今 2100 年左右,即西汉时期,该古城从 5 世纪左右逐渐被废弃。

尼雅遗址在 4 世纪前后沦为沙漠。唐代时期,尼雅遗址周边环境险恶,史料如此记载:"入大流沙。沙则流漫,聚散随风,人行无迹,遂多迷路。四远茫茫,莫知所指,是以往来者聚遗骸以记之。乏水草,多热风。"③

二、自然环境与西域文明

西域文明兴衰与自然环境有密切关系。西域文明的出现离不开其适宜人类活动的自然环境的存在,同样,其文明衰落也说明了存在严重不适宜人类生活和生产的自然生态因素。

可以说,强调自然因素对文明兴衰的作用是非常必要的。以楼兰古城为例,任重总结了学界认为楼兰古城消失的三个原因:第一,也是最早提出的"自然环境变化说",主要论据是冰山退缩导致河流流量减小,土地沙漠化,楼兰被废弃;第二个原因是"政治、经济中心转移说",主要论据是丝绸之路改道,楼兰失去优势,衰败,最终被废弃;第三个原因是"人类活动破坏自然和谐"说,主要论据是人类在创造高度文明的同时,也以惊人速度创造沙漠,楼兰与世界古文明消失的悲剧一样,因沙漠的扩大而遭废弃④。

这里对西域自然环境作一探讨。西域自然环境的主要因素是寒冷、干旱、

---

① (英)斯坦因著,海涛编译:《斯坦因西域盗宝记》,西苑出版社,2009 年,第 110 页。

② 王守春:《历史上塔里木河下游地区环境变迁与政治经济地位的变化》,《中国历史地理论丛》1996 年第 3 期。

③ [唐]玄奘著,芮传明译注:《大唐西域记全译》,贵州人民出版社,2008 年,第 549 页。

④ 任重:《绿洲楼兰古城迅速消失现象的思考——试说毁于异常特大的沙尘暴气候》,《农业考古》2003 年第 3 期。

多风沙。

魏晋是气候变冷的时期,冰雪融水会相应减少,这直接关系到河流水量。处在河流下游的一些绿洲会出现水源补给不足的情况,植被也会因此而有所退缩。并且,西域处亚洲内陆腹地,北面有阿尔泰山,中间是天山横贯,南境有昆仑山,邻近大漠,气候极端干旱,是我国最干旱的地区。气候干旱也会使位于罗布泊地区的楼兰水源补给减少,从而更容易衰落。实际上,"在有文字记载的历史时期,塔里木盆地一直是干旱荒漠气候"①。

楼兰古城被废弃与自然因素有紧密的关系。楼兰位于罗布泊西岸,孔雀河的下游。塔里木河北河注入孔雀河,而孔雀河注入罗布泊;塔里木河南河注入台特马湖,然后多余的水再注入罗布泊。所以,楼兰实际上处在塔里木河两条支流的最下游。如果塔里木河、孔雀河水量减小,楼兰将是最容易受到影响的地方。可以说,干旱气候对西域绿洲的生产和生活有重要影响。

王守春也强调要重视自然环境对文明兴衰的影响。关于楼兰古城,他指出,"许多研究者认为楼兰城市的废弃和该地区地位的衰落,主要是由于丝绸之路的改道,或由于战争等社会原因,而不承认是由于自然原因导致的结果",认为"最根本原因是环境的变化",孔雀河下游河道断流改道应该是主要原因,"河流改道是楼兰城废弃,丝绸之路改道以及塔里木下游地区地位衰落的主要原因"②。

另外,西域的气候特点是多风沙,这也加剧了水土流失。这种气候在汉代就已形成。1980 年 4 月,新疆考古研究所等单位在孔雀河下游发现死亡年代为3880±95 年的女性干尸,女尸肺内含有大量粉尘,这说明死者生前吸入大量沙尘。由此可见,3800 年前,这里已是极端干旱和多风沙的环境。人们还发现2000 年前的古墓葬群,墓葬四周围绕着胡杨木桩,这些胡杨木桩用来防止墓地被沙尘埋没③。这说明,汉代罗布泊地区总体上呈现极端干旱和多风沙的特征。

对于楼兰古城的衰落,诸多学者特别强调自然环境的因素。任重提出"绿

---

①樊自立主编:《新疆土地开发对生态与环境的影响及对策研究》,气象出版社,1996 年,第 46 页。

②王守春:《历史上塔里木河下游地区环境变迁与政治经济地位的变化》,《中国历史地理论丛》1996 年第 3 期。

③参见夏训诚等编著:《新疆沙漠化与风沙灾害治理》,科学出版社,1991 年,第 15 页。

洲楼兰古城毁于沙尘暴"新说,指出,"楼兰所在地干旱生态、风沙、高温高寒,从本质上说是地壳运动形成的自然现象,无人为痕迹,并非始于两汉对这个地区的农业开发。因此说楼兰迅速消失,实质应归咎于自然,但绝不否定人类不科学的开发活动推波助澜作用"①。

所以,在如此恶劣的自然环境下,人类生存原本就很不容易,这个时候,水源及绿洲的存在非常关键。诸多学者对西域文明的兴衰问题作了出色的研究。比如黄盛璋指出:"塔里木河下游存在新疆最早的绿洲,史前时代就有人类活动的遗物、遗址分布,著名的楼兰王国就是经历人类长期活动,逐渐开发,建立在塔里木河下游的古楼兰绿洲与绿洲王国,并选择水利与土壤等自然与人文条件最优越的今楼兰遗址作为楼兰国都,成为最大的聚落,环绕它的周围还有一些聚落,分布在楼兰古绿洲之上。……楼兰王国虽数经兴衰,疆域变化非一,但塔里木河下游楼兰古绿洲是它立国根本之地。"②苏北海指出:在魏晋时期的楼兰地区,对于官吏以及兵士,常有减少口粮的命令,当地存在粮食不能自给的困难,"由此可见,楼兰地区的粮食供应已十分紧张,为什么会造成这种情况呢?根本原因是孔雀河下游水源日益枯竭,最终迫使西域长史府只能迁出楼兰城,移往海头"③。

三、人类开发、生态环境变化与西域文明兴衰

诸多学者注意到魏晋时期西域自然环境的恶劣,比如河流改道、风沙气候、干旱缺水等自然环境的变化。

重视土地沙化、干旱缺水是非常正确的。同时要注意的是,西域文明兴盛和衰落的整个过程中,土地沙化、干旱缺水问题都是存在的。事实上,在汉代,汉政权与匈奴频繁地争夺对天山南北的控制权,说明当时这里有适合人类居住的条件,即水的来源是有保障的。而对于其衰落阶段,若没有足以导致文明消失的更极端干旱等气候的状况,注意人类活动的因素也是必要的。

这里考察一下两汉魏晋隋唐时期人类对西域进行开发的状况。

---

① 任重:《绿洲楼兰古城迅速消失现象的思考——试说毁于异常特大的沙尘暴气候》,《农业考古》2003 年第 3 期。

② 黄盛璋:《塔里木河下游聚落与古楼兰绿洲环境历史变迁初探》,见尹泽生、杨逸畴等主编:《西北干旱地区全新世环境变迁与人类文明兴衰》,地质出版社,1992 年,第 179 页。

③ 苏北海:《西域历史地理(第 2 卷)》,新疆大学出版社,2000 年,第 28 页。

（一）两汉魏晋隋唐的农业开垦情况

畜牧业是西域的主要产业之一。与此同时，农业开垦活动也是此时期不可忽视的内容，尤其是天山南路地区与中原政权接触较多，农耕文化特征较为突出。

1. 两汉时期农业开发

秦汉之际，天山南北虽已有了简单的农业，但主要从事畜牧和狩猎。西汉时期，天山北路的生活方式是逐水草而居。比如史载，乌孙"在大宛东北可二千里，行国，随畜，与匈奴同俗"①；鄯善国，"本名楼兰"，"地沙卤，少田，寄田仰谷旁国。国出玉，多葭苇、柽柳、胡桐、白草。民随畜牧逐水草，有驴马，多橐它"②。

天山南路的畜牧业很重要。据敦煌文书 P·T·1124 号《一份关于牧放范围的通知》，当地对放牧已制订了管理规定，如下：

> 付与兖江之都噶、甘西、浦西诸人牒状：
>
> 秋季到来，马匹需长时牧放，要依照以往惯例，狠抓放牧哨规定，全部羊羔，一头也不能留在堡塞之外。此次一去就前往放牧场（不得稽延）。若不从命，将给都噶、甘西、浦西以惩罚。③

虽然西域地带人们习惯于畜牧生产活动，但在汉代以后，农业开发成为影响西域经济社会变迁的重要活动。两汉时期，西域的屯田农业发展成效甚为显著。

西汉时期，朝廷在西域采取了屯田的举措。比如，《汉书》载乌孙"不田作种树，随畜牧水草"，但在汉宣帝时，乌孙与西汉的联盟被确立，朝廷已派人去屯田，乌孙国农业由此有所发展。史载朝廷曾立元贵靡为大昆弥，立乌就屠为小昆弥，"后乌就屠不尽归诸翕侯民众，汉复遣长罗侯惠将三校屯赤谷，因为分别其人民地界，大昆弥户六万余，小昆弥户四万余，然众心皆附小昆弥"④。西汉时期的常惠率领"三校"的士卒屯田赤谷，垦荒种田，发展生产。

东汉建初三年（78 年），班超上疏指出："臣见莎车、疏勒田地肥广，草牧饶

---

①［汉］司马迁：《史记》卷一百二十三《大宛列传》，中华书局，1959 年，第 3161 页。

②［汉］班固：《汉书》卷九十六上《西域列传》，中华书局，1962 年，第 3876 页。

③王尧、陈践：《敦煌吐蕃文献选》，四川民族出版社，1983 年，第 56 页。

④［汉］班固：《汉书》卷九十六下《西域列传》，中华书局，1962 年，第 3901、3907 页。

衍，不比敦煌、鄯善间也，兵可不费中国而粮食自足。"①班超上疏指出了东汉屯田之成效。

班超之子班勇提出在西域屯田的建议，其上疏提道："旧敦煌郡有营兵三百人，今宜复之，复置护西域副校尉，居于敦煌，如永元故事。又宜遣西域长史将五百人屯楼兰，西当焉耆、龟兹径路，南强鄯善、于窴心胆，北扞匈奴，东近敦煌。"②从此史料我们发现，两汉时期在西域的屯田举措与朝廷的军事战略有密切的关系，由此也可见政治军事活动对西域生态环境的影响。

另据《后汉书》所载，东汉章帝建初元年（76 年）杨终提到在伊吾、楼兰、车师等地屯田存在的弊端，这同时也说明了当地屯田规模之大。他指出"建初元年，大旱谷贵，终以为广陵、楚、淮阳、济南之狱，徙者万数，又远屯绝域，吏民怨旷"，于是上疏请求废除移民屯边之法："加以北征匈奴，西开三十六国，频年服役，转输烦费。又远屯伊吾，楼兰、车师、戊己，民怀土思，怨结边域。"③

塔里木河下游地区是西汉在西域进行屯田的主要地区。楼兰国迁都婼羌，改名"鄯善"后，楼兰城就成为西汉在西域的军事基地和屯田重地。考古资料证实了这一点，"考古学家黄文弼于 1930 年和 1933 年曾两次到罗布泊地区考古，在罗布泊北岸及孔雀河下游发现了汉军屯垦的沟渠、堤防和兵营住宅，以及西汉古烽燧亭的遗址。于这些遗址中，还发现汉简数十枚"④。延至东汉时期，由于匈奴势力的抬头，楼兰地区的屯垦已不如西汉，"再加上西汉政府对西域实行积极进取的政策，而东汉政府重内轻外，对西域实行消极防御，甚至动摇退让的政策。也是促成东汉在西域的屯田规模较小，屯田军人数也较少的重要原因"⑤。

2. 魏晋隋唐时期的农业开发

曹魏政权建立后，继续在西域设置戊己校尉和西域长史，"楼兰一直是西域长史府驻在地，是当时西域地区的政治和军事中心，成为西域最主要的屯戍

---

① [南朝宋]范晔：《后汉书》卷四十七《班超传》，中华书局，1965 年，第 1576 页。
② [南朝宋]范晔：《后汉书》卷四十七《班超传》，中华书局，1965 年，第 1587—1588 页。
③ [南朝宋]范晔：《后汉书》卷四十八《杨终传》，中华书局，1965 年，第 1597 页。
④ 苏北海：《西域历史地理（第 2 卷）》，新疆大学出版社，2000 年，第 17 页。
⑤ 苏北海：《西域历史地理（第 2 卷）》，新疆大学出版社，2000 年，第 21 页。

基地"①。

魏晋南北朝时期西域的农业开发范围较大,"两晋南北朝时,西域以务农为主的大国有鄯善、于阗、车师、焉耆、龟兹、疏勒、高昌等"②。这种情况的出现与北方劳动人口向西域的迁徙有关联,这时就不再是军屯,而是民屯,"至魏晋十六国时,中原秦陇战乱频繁,一部分农民逃向河西,进而徙往敦煌以西,尤其是高昌地区成为汉族移民聚居之地。后又逐渐扩展到天山南北,与西域诸族杂居共处,安家落户,开荒种地"③。

魏晋时期,大量汉人迁移到塔里木盆地,塔里木盆地农业由此得到开发。相关记载较多,比如疏勒国"土多稻、粟、麻、麦"④;于阗国"土宜五谷并桑、麻"⑤;高昌"地多石碛,气候温暖,厥土良沃,谷麦一岁再熟,宜蚕,多五果,又饶漆。有草名羊刺,其上生蜜,而味甚佳。引水溉田。出赤盐,其味甚美"⑥;焉耆国"土田良沃,谷有稻、粟、菽、麦,畜有驼、马"⑦;且末"种五谷,其俗略与汉同"⑧。

魏晋时期,农田水利对于西域诸国农业生产发展至关重要。西域降水量较小,塔里木盆地及其东南,尤其是哈密、吐鲁番等地区,年降水量仅 10 毫米左右,很难进行农业生产。当地人民利用融化的高山雪水,"引水灌田","决水种麦",发展了人工灌溉;而且种植业最发达的高昌国突出水曹、田曹的建制,以便有效地发展当地的农田水利事业⑨。

《水经注》卷二记载了魏晋之际索劢在楼兰兴建水利工程的情况⑩。索劢,字彦义,有才略,曾率军屯田,保卫、造福边疆,其"将酒泉、敦煌兵千人,至楼兰

①苏北海:《西域历史地理(第 2 卷)》,新疆大学出版社,2000 年,第 25 页。

②王利华主编:《中国农业通史(魏晋南北朝卷)》,中国农业出版社,2009 年,第 198 页。

③白翠琴:《魏晋南北朝民族史》,四川民族出版社,1996 年,第 395 页。

④[唐]李延寿:《北史》卷九十七《西域传》,中华书局,1974 年,第 3219 页。

⑤[唐]李延寿:《北史》卷九十七《西域传》,中华书局,1974 年,第 3209 页。

⑥[唐]李延寿:《北史》卷九十七《西域传》,中华书局,1974 年,第 3212 页。

⑦[唐]李延寿:《北史》卷九十七《西域传》,中华书局,1974 年,第 3216 页。

⑧[北魏]郦道元著,陈桥驿注释:《水经注》卷二,浙江古籍出版社,2001 年,第 17 页。

⑨参见王利华主编:《中国农业通史(魏晋南北朝卷)》,中国农业出版社,2009 年,第 200 页。

⑩关于索劢楼兰屯田,究竟发生在哪个历史阶段,学术界长期以来存在分歧。本文采用李宝通认为其屯田于魏晋之际的观点。见李宝通:《敦煌索劢楼兰屯田时限探赜》,《敦煌研究》2002 年第 1 期。

屯田"。屯田过程中"横断注滨河",导致"水奋势激,波陵冒堤",索劢于是躬身祈祷祭祀,经过三天,终于"水乃回减,灌浸沃衍",由此"胡人称神",其后"积粟百万,威服外国"①。

隋唐时期,西域的水稻种植仍然存在。法国的童丕分析了10世纪敦煌种植粮食的种类。

> 阅读附录3,人们首先发现借贷得最频繁的是粟和麦(78份借贷中有69份)。如果我们对敦煌写本从总体上加以研究,而不只是局限于借贷契约,在寺院账簿中所能碰到的所有粮食账目中最经常提到的就是这两种谷物,在其他经济类文献中也是这样。跟随其后的,作为借贷对象的其他粮食是豆和黄麻。在10世纪的便物历中,人们也可以发现这两种产品;但前两者还是比豆和黄麻稍更重要。这四种粮食代表了基本的食物:两种谷物,提供蛋白质的豆及提供油的植物。②

童丕还分析了敦煌稻米种植的动因,"因此,稻米在敦煌确实有种植,但我们发现稻米被大量提及的文献的性质说明了其用途只限于上层:宗教界和地方政府要人,即向寺户课征徭役的受益者"③。

隋唐时期西域的农业开发仍然面临着水源紧张的情况。《沙州都督府图经》对唐代沙州(今甘肃省敦煌市地带)的情况作了记载,据《沙州都督府图经》(伯2005号),"独利河水"流到沙州敦煌县的东南,"雨多即流,无雨竭涸"④。

沙州地区人民为了发展农业,积极兴修水利。《沙州都督府图经》对唐代沙州水利状况作了记载。比如,据《沙州都督府图经》(伯2005号),对于长二十里的"都乡渠","造堰拥水七里,高八尺,阔四尺,诸乡共造,因号'都乡渠'"⑤;对于长二十里的"宜秋渠","两岸修堰十里,高一丈,下阔一丈五尺,其渠下地宜

---

①[北魏]郦道元著,陈桥驿注释:《水经注》卷二,浙江古籍出版社,2001年,第18页。

②(法)童丕著,余欣、陈建伟译:《敦煌的借贷:中国中古时代的物质生活与社会》,中华书局,2003年,第31页。

③(法)童丕著,余欣、陈建伟译:《敦煌的借贷:中国中古时代的物质生活与社会》,中华书局,2003年,第36页。

④郑炳林:《敦煌地理文书汇辑校注》,甘肃教育出版社,1989年,第6页。

⑤郑炳林:《敦煌地理文书汇辑校注》,甘肃教育出版社,1989年,第7页。

晚禾"①。

（二）人类活动与生态环境变迁

两汉时期西域大规模屯田垦殖，说明了当时的气候和自然环境比较适宜人们生产与居住。比如罗布泊地区，在 4 世纪以前的数百年或者更长时期，是适宜人类生存和发展的。早期塔里木河经由孔雀河下注罗布泊，因此罗布泊水域广阔。据《水经注·河水二》记载，罗布泊两岸曾一度"东去玉门阳关千三百里，广轮四百里。其水澄渟，冬夏不减"②。这说明当时罗布泊含沙量还比较小，水质比较清澄和稳定。

但经过两汉大量屯垦以后，关于西域沙漠的记载则多了起来，一些绿洲被废为沙地。魏晋时期风沙气候的记载很多。比如，沮渠牧犍陪同北魏太武帝到西域，途中已有流沙："初，太武每遣使西域，常诏河西王沮渠牧犍，令护送。至姑臧，牧犍恒发使导路，出于流沙。"③还有如此记载："鄯善国，都扞泥城，古楼兰国也。去代七千六百里。所都城方一里。地多沙卤，少水草。"④焉耆国的情况是，"东去高昌九百里，西去龟兹九百里，皆沙碛"⑤。

前期的屯垦总是选择最适宜开垦的土地，开垦若能够持续，会有一层人工植被起着阻挡风沙的作用。但是，在当地干旱多风的气候情况下，如果原有开垦土地的耕垦条件不太适宜时，就会另换一块更适宜的土地开垦；再有，有时会遇到战乱，人们也会废弃原来的开垦地。这些都会使已有垦地出现撂荒现象。在当地特定极端干旱的条件下，已有耕地撂荒现象极容易导致土壤沙化，沙石横飞，促使沙漠面积扩大。比如，"且末国，都且末城，在鄯善西，去代八千三百二十里。真君三年，鄯善王比龙避沮渠安周之难，率国人之半奔且末。后役属鄯善。且末西北有流沙数百里，夏日有热风，为行旅之患。风之所至，唯老驼预知之，即嗔而聚立，埋其口鼻于沙中。人每以为候，亦即将毡拥蔽鼻口。其风迅驶，斯须过尽，若不防者，必至危毙"⑥。这段记载生动地描绘了当时西域多风沙

①郑炳林：《敦煌地理文书汇辑校注》，甘肃教育出版社，1989 年，第 6 页。

②[北魏]郦道元著，陈桥驿注释：《水经注》卷二，浙江古籍出版社，2001 年，第 21 页。

③[唐]李延寿：《北史》卷九十七《西域传》，中华书局，1974 年，第 3206 页。

④[唐]李延寿：《北史》卷九十七《西域传》，中华书局，1974 年，第 3208 页。

⑤[唐]李延寿：《北史》卷九十七《西域传》，中华书局，1974 年，第 3216 页。

⑥[唐]李延寿：《北史》卷九十七《西域传》，中华书局，1974 年，第 3208—3209 页。

的状况。

西域生态环境的破坏与农业开垦规模的扩大应该不无关系。先来看一下两汉魏晋农业开发的规模。在西汉末人口鼎盛时，天山以南各绿洲城国有252710人，新疆境内有571061人，其农业生产"略与汉同"，若以每人15亩计算，加上牧区少量零星的耕地，则新疆境内约有耕地380万市亩①。由此可见农业开发规模之大。在西汉末，人们对适宜农业开发的肥沃土地已进行了大量开垦。

若以军屯的开垦来看，规模也不小，"据有关资料推测，魏晋在新疆的屯军大约有二千多人，其中楼兰有一千多人，高昌有一千多人，尼雅百人左右。按当时平均每人垦田二十亩计算，总共垦田约四万多亩"②。据研究，魏晋在新疆的屯田地点，可能还有伊吾、且末等地③。

一直到十六国时期和北朝时期，"高昌地区的屯田仍然始终不断，楼兰、海头、鄯善、焉耆等地也举办过屯田"④。延至唐朝，在新疆的屯垦，有三大部分：北疆地区包括伊吾、庭州、轮台和清海四地，南疆地区包括西州、焉耆、乌垒、龟兹、疏勒、于阗六地，中亚地区主要有碎叶一地⑤。

晋唐时期西域农业开垦促进了当地粮食产量的增加。在唐代，屯田军民在新疆开垦了大量荒地，兴修了大批水利工程，每年收获几十万石粮食⑥。但人类屯垦和林木砍伐若超过一定限度，则会严重破坏森林和草原，使其更易受到风沙的侵袭。并且，人类活动对有限的水资源消耗过多，也会加剧水资源的紧张，导致一些绿洲被废为沙地。

以史为鉴，我们应该注意到，魏晋隋唐时期人类对西域的不合理开发，对土地沙化、干旱缺水等生态环境恶化有加剧作用。人类活动是生态环境变迁的重要原因，加速了西域古城的消亡。

①参见殷晴：《丝绸之路与西域经济——十二世纪前新疆开发史稿》，中华书局，2007年，第71页。

②方英楷：《新疆屯垦史》，新疆青少年出版社，1989年，第218页。

③参见方英楷：《新疆屯垦史》，新疆青少年出版社，1989年，第221页。

④方英楷：《新疆屯垦史》，新疆青少年出版社，1989年，第229页。

⑤参见方英楷：《新疆屯垦史》，新疆青少年出版社，1989年，第307页。

⑥参见方英楷：《新疆屯垦史》，新疆青少年出版社，1989年，第339页。

第二节　晋唐时期北方农牧民族的迁徙及其动因分析

一、北方农牧民族迁徙概况

东汉末年以来,我国北方地区大迁徙的主要民族有匈奴、鲜卑、羯、氐、羌族。北方少数民族内徙的人口众多。《晋书》对当时北方少数民族内迁者的数量作过估计,记载称从"九服之外,绝域之氓"所迁至者达八百七十余万口①。高敏倾向于认为这个数字是可信的。他认为:"总而计之,魏晋南北朝北方的内徙少数民族人口,虽无八百七十余万口之多,却也不会相差太远。"②也有认为迁徙人口的数量是五六百万③。

1. 匈奴族的内迁

匈奴内迁大约始于汉代。面对匈奴的不断内迁,"议者恐其户口滋蔓,浸难禁制,宜豫为之防"④。晋武帝在位时,塞外匈奴所居之地发生大水,"塞泥、黑难等二万余落归化,帝复纳之,使居河西故宜阳城下",这些匈奴人迁往中原后与晋人杂居,"由是平阳、西河、太原、新兴、上党、乐平诸郡靡不有焉"⑤。太康年间有十几万匈奴人内迁:"至太康五年,复有匈奴胡太阿厚率其部落二万九千三百人归化。七年,又有匈奴胡都大博及萎莎胡等各率种类大小凡十万余口,诣雍州刺史扶风王骏降附。明年,匈奴都督大豆得一育鞠等复率种落大小万一千五百口,牛二万二千头,羊十万五千口,车庐什物不可胜纪,来降,并贡其方物,帝并抚纳之。"⑥

面对匈奴南迁,江统当时提出了让匈奴分散居住的建议。江统在《徙戎论》

---

①参见[唐]房玄龄等:《晋书》卷二《文帝纪》,中华书局,1974年,第40页。

②高敏主编:《魏晋南北朝经济史(上册)》,上海人民出版社,1996年,第3页。

③蒋福亚指出:"粗略统计,汉晋间,西北边缘地区少数民族内徙的不下五六百万。其中匈奴在50万—60万人之间,羯超过20万人,氐不会低于15万户,羌大致和氐相同,乌丸在20万—30万人之间,鲜卑人数最多,达300万人。"见蒋福亚:《魏晋南北朝社会经济史》,天津古籍出版社,2004年,第11页。

④[宋]司马光编著。[元]胡三省音注:《资治通鉴》卷六十七《汉献帝建安二十一年》,中华书局,1956年,第2146页。

⑤[唐]房玄龄等:《晋书》卷九十七《四夷列传》,中华书局,1974年,第2549页。

⑥[唐]房玄龄等:《晋书》卷九十七《四夷列传》,中华书局,1974年,第2549页。

中指出"听其部落散居六郡"①。曹操又分其众为五部②,此五部居于今山西境内。五部共计约3万落,以一落六七口计,达20万人③。

可见,东汉末年以来南徙入塞的匈奴达数十万之众,这些内迁的匈奴人除一部分生存在自己民族的聚居区外,许多与以汉族为主体的各民族杂居。

2. 鲜卑族的内迁

按《后汉书·鲜卑传》记载,鲜卑族畜牧业发达,"又禽盖异于中国者,野马、原羊、角端牛,以角为弓,俗谓之角端弓者。又有貂、豽、鼲子,皮毛柔蠕,故天下以为名裘"④。东汉后期,鲜卑族在檀石槐的统治之下势力大盛而"尽据匈奴故地"。据《后汉书》记载,檀石槐的父亲叫投鹿侯,投鹿侯在匈奴从军三年,但投鹿侯的妻子却在家生子。投鹿侯觉得奇怪,想杀掉妻子,但妻子声称曾在打雷的天气吞雹受孕,所生之子必有奇异。此所生之子就是檀石槐。檀石槐长大后勇猛而有谋略,"部落畏服",被推为首领,此后檀石槐的部队兵马甚盛:"东西部大人皆归焉。因南抄缘边,北拒丁零,东却夫余,西击乌孙,尽据匈奴故地,东西万四千余里,南北七千余里,网罗山川水泽盐池"⑤。

在当时内徙的少数民族中,鲜卑人数众多。东晋时期,鲜卑内徙多有记载。东晋时期石季龙与段匹磾发生战争,而段匹磾系"东部鲜卑人也"⑥。东晋大兴年间段匹磾被石季龙打败,段匹磾"竟为季龙所破,徙其遗黎数万家于司雍之地"⑦,这是段氏鲜卑入居关中的事例。

东晋时期,慕容儁是慕容皝的次子,史籍对慕容儁及其手下的鲜卑兵多有记载。当石季龙死后,"赵魏大乱",慕容儁"图兼并之计","简精卒二十余万以

---

①[唐]房玄龄等:《晋书》卷五十六《江统传》,中华书局,1974年,第1534页。

②《晋书》载:"魏武分其众为五部,以豹为左部帅,其余部帅皆以刘氏为之。太康中,改置都尉,左部居太原兹氏,右部居祁,南部居蒲子,北部居新兴,中部居大陵。刘氏虽分居五部,然皆居于晋阳汾涧之滨。"见[唐]房玄龄等:《晋书》卷一百一《刘元海载记》,中华书局,1974年,第2645页。

③参见柏贵喜:《四—六世纪内迁胡人家族制度研究》,民族出版社,2004年,第20页。

④[南朝宋]范晔:《后汉书》卷九十《鲜卑传》,中华书局,1965年,第2985页。

⑤[南朝宋]范晔:《后汉书》卷九十《乌桓鲜卑列传》,中华书局,1965年,第2989页。

⑥[唐]房玄龄等:《晋书》卷六十三《段匹磾传》,中华书局,1974年,第1710页。

⑦[唐]房玄龄等:《晋书》卷六十三《段匹磾传》,中华书局,1974年,第1712页。

待期"①。由"精卒二十余万"的记载可见鲜卑部众、百姓之多。孝武帝太元十一年（386 年），慕容觎退出长安时有四十余万民众跟随，"帅鲜卑男女四十余万口去长安而东"②，由此也可见鲜卑人迁徙的规模很大。这四十余万鲜卑人离开长安后，据说使得"长安空虚"，有记载如此云："鲜卑既东，长安空虚。"③这些都说明，魏晋时期关中地区鲜卑人众多。

至北魏时期，统治者拓跋珪发出不准随意迁徙的命令。魏道武帝拓跋珪有舅舅叫作贺讷④。贺讷原听命于慕容垂，但因与染干发生内斗，慕容垂对贺讷和染干均加以讨伐，拓跋珪救下贺讷，之后贺讷解散了部落，定下不得随意迁移的政策。事见《北史》卷八十《贺讷传》：

> 讷又通于慕容垂，垂以讷为归善王。染干谋杀讷而代立，讷遂与染干相攻。垂遣子麟讨之，败染干于牛都，破讷于赤城。道武遣师救讷，麟乃引退。讷从道武平中原，拜安远将军。其后离散诸部，分土定居，不听迁徙，其君长大人，皆同编户。⑤

3. 羯、氐、羌族内迁

后赵是十六国时期羯族首领石勒建立的政权。《晋书》曾记载云："慕容觎摧殄羯寇，乃云死没八万余人，将是其天亡之始也。"⑥鲜卑族人慕容觎一次"摧殄羯寇八万余人"，可见后赵统治下羯人数量应当不少。

石勒的继承者石季龙曾组织有大量部队。石季龙在和前燕作战时，曾采取"五丁取三，四丁取二"的措施补充士兵来源⑦，石季龙组织起 50 万人的队伍，其中羯人应当占有一定的比例。

---

① [唐]房玄龄等：《晋书》卷一百十《慕容儁载记》，中华书局，1974 年，第 2831 页。

② [宋]司马光编著，[元]胡三省音注：《资治通鉴》卷一百六《晋孝武帝太元十一年》，中华书局，1956 年，第 3362—3363 页。

③ [宋]司马光编著，[元]胡三省音注：《资治通鉴》卷一百六《晋孝武帝太元十一年》，中华书局，1956 年，第 3363 页。

④ 参见[唐]李延寿：《北史》卷八十《贺讷传》，中华书局，1974 年，第 2671 页。

⑤ [唐]李延寿：《北史》卷八十《贺讷传》，中华书局，1974 年，第 2671—2672 页。

⑥ [唐]房玄龄等：《晋书》卷七《康帝纪》，中华书局，1974 年，第 185 页。

⑦ 史载："季龙将讨慕容觎，令司、冀、青、徐、幽、并、雍兼复之家五丁取三，四丁取二，合邺城旧军满五十万，具船万艘，自河通海，运谷豆千一百万斛于安乐城，以备征军之调。徙辽西、北平、渔阳万户于兖、豫、雍、洛四州之地。"见[唐]房玄龄等：《晋书》卷一百六《石季龙载记》，中华书局，1974 年，第 2770 页。

东汉末，诸雄争霸，氐人趁此机会大规模内迁。建安二十四年(219 年)，曹操在与刘备争斗的时候，因为害怕刘备北取武都氐人而进逼关中，采用了张既的策略。这策略是劝氐人迁出，到粮食充裕的地方避敌。于是曹操派张既到武都，"徙氐五万余落，出居扶风、天水界"①。氐人五万余落被徙居扶风、天水二郡。后来，魏武都太守杨阜又"前后徙民、氐，使居京兆、扶风、天水界者万余户"②。

羌族居于今甘肃境内，东汉时期，塞外羌族不断侵扰边境，成为西部主要边患。建武十一年(35 年)，马援被任命为陇西太守，有抚平"先零种羌"这一部落的功绩，"十一年夏，先零种复寇临洮，陇西太守马援破降之。后悉归服，徙置天水、陇西、扶风三郡。明年，武都参狼羌反，援又破降之"③。后赵石勒在长安称帝时，石季龙进攻羌族的集木且部，战争结果是石季龙获胜并俘虏了数万人，秦州、陇西由此全部平定④。

羌人首领姚弋仲之子姚襄有谋略。姚弋仲死后，姚襄率众内徙。《晋书》记载："弋仲死，襄秘不发丧，率户六万南攻阳平、元城、发干，皆破之，杀掠三千余家，屯于碻磝津。"⑤姚襄率六万户南徙阳平、元城等地，也是较大规模的迁徙。而在姚苌统治时期，姚苌又招降北地、新平、安定十余万户羌人："苻坚先徙晋人李详等数千户于敷陆，至是，降于苌，北地、新平、安定羌胡降者十余万户。"⑥

西晋时，羌人遍布关中。江统担忧四夷乱华，主张把内迁关中的少数民族迁出关外，在《徙戎论》中说关中百万人口中，戎狄居半⑦。

魏晋南北朝时期，这些内迁少数民族逐渐开始进行农业生产，"由于鲜卑、匈奴、乌桓、羯、氐、羌等族内迁，与汉族杂居，加之各族统治者采取一些汉化和

①[晋]陈寿：《三国志》卷十五《张既传》，中华书局香港分局，1971 年，第 472—473 页。

②[晋]陈寿：《三国志》卷二十五《杨阜传》，中华书局香港分局，1971 年，第 704 页。

③[南朝宋]范晔：《后汉书》卷八十七《西羌传》，中华书局，1965 年，第 2878—2879 页。

④据《晋书》记载："季龙进攻集木且羌于河西，克之，俘获数万，秦陇悉平。凉州牧张骏大惧，遣使称藩，贡方物于勒。徙氐羌十五万落于司、冀州。"见[唐]房玄龄等：《晋书》卷一百五《石勒载记下》，中华书局，1974 年，第 2745 页。

⑤[唐]房玄龄等：《晋书》卷一百十六《姚襄载记》，中华书局，1974 年，第 2962 页。

⑥[唐]房玄龄等：《晋书》卷一百十六《姚苌载记》，中华书局，1974 年，第 2966 页。

⑦《徙戎论》言："且关中之人百余万口，率其少多，戎狄居半，处之与迁，必须口实。"见[唐]房玄龄等：《晋书》卷五十六《江统传》，中华书局，1974 年，第 1533 页。

发展农业的措施,内迁诸族都不同程度地接受和发展了农业经济"①。

二、经济、战争及民族政策因素与民族迁徙

晋唐时期民族迁徙的原因既有自然的,也有经济、军事及政治等方面的因素,这些因素往往相互交织,共同作用。这里集中对其迁徙的经济、军事及民族政策等原因作一探讨。至于自然、生态环境方面的原因,另作分析。

（一）社会经济发展与民族迁徙

北方少数民族人口压力与中原地区经济吸引力是北方民族迁徙在经济方面的主要因素。

农业经济与草原游牧经济有很大不同。对以游牧经济为主的北方少数民族来说,他们逐水草而生。一定区域的草场面积是基本固定的,由此,游牧经济可以承载畜牧的数量也是相对固定的。当游牧民族人口过度增加的时候,草原上的部落会出现争夺牧场的情况,由此导致人口迁徙。

学者指出了人口内迁的经济因素:"从东汉后期开始,由于气候渐趋寒冷,那些'逐水草而牧畜'的草原民族,由于其经济的脆弱性,生存危机不断加重,物质生活渐感窘迫,不得不逐渐朝东南方向移动。事实上,西汉末期以后,西北游牧民族已经开始逐渐向农耕区域逼近。东汉末年中原社会的动荡和残破更给游牧民族造成了天赐良机,使之得以乘机进入黄河中下游地区。"②

中原地区所具有的经济优势也吸引着少数民族商人到中原来经商。比如,北魏迁都洛阳后,西域商人至洛阳者很多。《洛阳伽蓝记》对此有详细记述:"北夷来附者处燕然馆,三年已后,赐宅归德里。……北夷酋长遣子入侍者,常秋来春去,避中国之热,时人谓之雁臣","自葱岭已西至于大秦,百国千城,莫不款服。商胡贩客,日奔塞下,所谓尽天地之区已,乐中国土风因而宅者,不可胜数。是以附化之民,万有余家。门巷修整,阗阗填列,青槐荫陌,绿柳垂庭,天下难得之货,咸悉在焉。"③

（二）战争与少数民族的迁徙

外族入侵促使民族迁徙,这也是导致民族迁徙比较普遍的原因。古代各民

①白翠琴:《魏晋南北朝民族史》,四川民族出版社,1996年,第505页。
②王利华主编:《中国农业通史(魏晋南北朝卷)》,中国农业出版社,2009年,第14页。
③[北魏]杨衒之撰,韩结根注:《洛阳伽蓝记》卷三《城南》,山东友谊出版社,2001年,第120页。

族之间常常因争夺牧场、掠夺人口而发生战争，部分民众被战胜者掠迁，还有部分民众为躲避战乱被迫放弃故地而远徙他乡。

三国时期曹操亲征乌桓，使得北方部落归顺中原者众多，“会曹操平河北，阎柔率鲜卑、乌桓归附，操即以柔为校尉”，建安十二年（207 年），曹操亲自征伐乌桓，“大破蹋顿于柳城，斩之，首虏二十余万人。袁尚与楼班、乌延等皆走辽东，辽东太守公孙康并斩送之。其余众万余落，悉徙居中国云”①。三国时曹魏还多次强迁氐人至天水、扶风、京兆、南安、广魏等郡，每次人口数千户至上万户不等②。

晋唐时期，内地政权与漠北诸政权的统治阶级争夺土地、财物、人口，这时常常出现战胜者大规模掠夺、迁徙各族人民的情况。比如，段匹磾原本势力强盛，“其地西尽幽州，东界辽水。然所统胡晋可三万余家，控弦可四五万骑”，但在东晋大兴四年（321 年），段匹磾终被石虎打败，导致“徙其遗黎数万家于司雍之地”的结局③。北魏拓跋焘出击柔然也是俘获人数众多，“凡所俘掳及获畜产车庐，弥漫山泽，盖数百万”④。

南北朝时期，由于战争俘获、主动归附及和亲陪嫁等，散居于中原的柔然人有数十万⑤。蒋福亚对自东汉起我国西、北边缘地区少数民族纷纷内徙的情况进行了分析，指出除了气候变化的原因外，第二大原因便是中原王朝征服后的强制内徙，“随着汉末战乱造成的人口骤减，魏晋统治者急于补充、扩大劳动力和兵源，于是在征服少数民族后，往往强制他们迁徙到足以控制的腹心地区，并且力求编户化”⑥。

另外，东汉末年以来，逃避战乱也是魏晋南北朝时期民族迁徙的第二个动因。慕容皝记室参军封裕在劝谏慕容皝不要重赋的时候说道：“自永嘉丧乱，百姓流亡，中原萧条，千里无烟，饥寒流陨，相继沟壑。”⑦

---

①[南朝宋]范晔：《后汉书》卷九十《乌桓鲜卑列传》，中华书局，1965 年，第 2984 页。
②参见[晋]陈寿：《三国志》卷二十五《杨阜传》，中华书局香港分局，1971 年，第 704 页。
③[唐]房玄龄等：《晋书》卷六十三《段匹磾传》，中华书局，1974 年，第 1712 页。
④[北齐]魏收：《魏书》卷三十五《崔浩传》，中华书局，1974 年，第 818 页。
⑤参见白翠琴：《魏晋南北朝民族史》，四川民族出版社，1996 年，第 329 页。
⑥蒋福亚：《魏晋南北朝社会经济史》，天津古籍出版社，2004 年，第 221 页。
⑦[唐]房玄龄等：《晋书》卷一百九《慕容皝载记》，中华书局，1974 年，第 2823 页。

至于唐代人口迁移的原因,有专家指出,"唐代真正的大规模的人口迁移主要是官府移民之外的人民的自发迁移。迁移的原因一是由于战乱,二是由于封建赋役的压迫,那是官府的禁令所无法控制的。从一般民户迁移的阶段性来看,唐前期的迁移虽十分显著,但主要是以逃亡为主体的迁移,安史之乱后直至唐末较之前期的迁移规模更大,也更复杂,形成中国古代人口南迁的又一个浪潮"[1]。

（三）统治阶级的民族政策与民族迁徙

古代少数民族的迁徙与当时中央王朝的民族政策也有密切的关系。

李吉和指出:"古代西北少数民族主要表现为强制型迁徙。这种迁徙大多是由政府组织,通过行政手段甚至军事力量来实现的,具有强烈的政治色彩和强制性。"[2]

封建国家政权统治者曾实行"诱谕招纳"政策,招引边疆民族迁入内地。如曹操就曾通过并州刺史梁习实施此政策,效果显著。其事迹如下:

> 习到官,诱谕招纳,皆礼召其豪右,稍稍荐举,使诣幕府;豪右已尽,乃次发诸丁疆以为义从;又因大军出征,分请以为勇力。吏兵已去之后,稍移其家,前后送邺,凡数万口;其不从命者,兴兵致讨,斩首千数,降附者万计。[3]

魏晋南北朝时期,符坚建立政权后,也曾迁徙关东豪杰及诸杂夷十万户于关中。史载符坚"徙关东豪杰及诸杂夷十万户于关中,处乌丸杂类于冯翊、北地,丁零翟斌于新安,徙陈留、东阿万户以实青州。诸因乱流移,避仇远徙,欲还旧业者,悉听之"[4]。另如,北魏拓跋珪在天兴元年(398年)曾经"徙山东六州民吏及徒何、高丽杂夷三十六万,百工伎巧十万余口,以充京师"[5]。

三、生态环境变迁与民族迁徙

民族迁徙很多时候是被迫的,带有相当大的人为因素,经济和社会政治等因素对民族迁徙的影响值得重视。但在探析民族迁徙原因的过程中,还需要考

---

①冻国栋:《中国人口史·第二卷·隋唐五代时期》,复旦大学出版社,2002年,第525页。
②李吉和:《先秦至隋唐时期西北少数民族迁徙研究》,民族出版社,2003年,第270页。
③[晋]陈寿:《三国志》卷十五《魏书·梁习传》,中华书局香港分局,1971年,第469页。
④[唐]房玄龄等:《晋书》卷一百一十三《符坚载记上》,中华书局,1974年,第2893页。
⑤[北齐]魏收:《魏书》卷二《太祖纪》,中华书局,1974年,第32页。

虑到生态环境变化因素对民族迁徙的影响。

笔者认为,从直接因素看,民族迁徙是经济、政治、军事因素所致。但生态环境的差异以及变化是导致该时期南北经济差异、政治军事斗争的重要因素,是民族迁徙的最终致使因素之一。生态环境因素对魏晋南北朝时期民族迁徙的作用,表现在地理环境因素、气候因素、自然灾害因素、沙漠南移因素等方面。

（一）地理环境与游牧民族的生产、生活有密切关系

自然地理环境是人类赖以生存的物质基础。由于古代生产力水平不高,人类的生存发展深受自然因素的制约。比如,在北方的干旱地区,匈奴人生活的地区是"少草木,多大沙",这就决定了他们的经济发展方式是"随畜牧而转移"。羌族也是居无定所:"西羌之本,出自三苗,姜姓之别也。……所居无常,依随水草。地少五谷,以产牧为业。"①

北方游牧民族生产结构单一,抵御自然灾害的能力极其有限。自然地理条件差的地区的民族为了生存和发展,会竭力向自然地理条件好的民族地区迁徙。比如魏晋时期,鲜卑拓跋部原居于额尔古纳河和大兴安岭北段,"统幽都之北,广漠之野,畜牧迁徙,射猎为业"②,但在鲜卑族宣皇帝时期,"南迁大泽,方千余里,厥土昏冥沮洳。谋更南徙,未行而崩"③。

（二）气候寒冷与民族迁徙

我们已注意到魏晋南北朝时期气候趋于寒冷的总体特征。魏晋时期气候寒冷突出表现在寒冷极端事件发生频率上。秦冬梅统计出,"魏晋南北朝时期冻害的发生率是西汉的近四倍,隋唐的近两倍"④。若和东汉相比,"东汉时期冻害的记载只有一次,而魏晋南北朝有53次之多"⑤,明显可见冻害在魏晋南北朝时期更为严重的状况。

魏晋时期关于极端寒冷的气候有典型事例。比如东晋成帝咸康二年（336年）,前燕鲜卑族首领慕容皝将越渤海讨伐慕容仁,部下指出渤海海面已经结冻的情况:"皝将乘海讨仁,群下咸谏,以海道危阻,宜从陆路。"但慕容皝没有采纳

①［南朝宋］范晔:《后汉书》卷八十七《西羌传》,中华书局,1965年,第2869页。
②［北齐］魏收:《魏书》卷一《序纪》,中华书局,1974年,第1页。
③［北齐］魏收:《魏书》卷一《序纪》,中华书局,1974年,第2页。
④秦冬梅:《试论魏晋南北朝时期的气候异常与农业生产》,《中国农史》2003年第1期。
⑤秦冬梅:《试论魏晋南北朝时期的气候异常与农业生产》,《中国农史》2003年第1期。

部下的劝谏而予以讨伐，最终出奇制胜得以擒杀慕容仁①。

　　研究认为，寒冷时期内气温差增大，气候不稳定，四季比正常年份提前或推迟，容易导致疫灾等自然灾害流行，"重大疫灾的发生频次与气候的变化、季节的交替有着密切的关系。寒冷期重大疫灾多发，温暖期重大疫灾较少；干旱期比湿润期多发；冷暖过渡时期是重大疫灾频次较高时期"②。气候寒冷期疫灾多发，会导致北方少数民族畜产品大量死亡，无疑会给游牧民族的生存造成很大的困难，加速了少数民族内迁的进程。如在西汉时期，匈奴"连雨雪数月，畜产死，人民疫病，谷稼不孰（熟），单于恐，为贰师立祠室"③。这可能导致的结果是，一方面有大批人员死亡，另一方面原有游牧民族需要离开原始居留地而寻找新的生存空间。

　　气候变冷与农牧民族的南下存在一致性。从古代西北少数民族迁徙的情况看，凡迁徙频繁时期都是气候寒冷时期，反之则是温暖时期。毕竟，对游牧经济或游牧民族来说，气候的突变会迫使他们向相对温暖的南方迁徙。王子今研究指出，"秦汉时期气候由暖而寒的转变，正与移民运动的方向由西北而东南的转变表现出大体一致的趋势"④。

　　（三）自然灾害与民族迁徙

　　受气候趋于寒冷干旱的影响，加之两汉时期人类活动对自然植被的破坏，魏晋南北朝时期自然灾害多，而且趋于严重。游牧民族的迁移一般情况下会有比较固定的路线，他们在传统确定的范围内实行迁徙或开辟新牧区，"但是容易由于天灾或其他民族的干扰而受到破坏，因而迫使他们进行超乎平常的大规模与远距离的流动和转移，或者征服活动"⑤。

　　旱灾是古代北方草原地带最常见、最主要的一种灾害形式，旱灾与民族迁徙的关系颇为密切。东汉建武二十二年（46 年），匈奴所居的蒙古大草原发生

　　①［唐］房玄龄等：《晋书》卷一百九《慕容皝载记》，中华书局，1974 年，第 2816—2817 页。

　　②刘静、殷淑燕：《中国历史时期重大疫灾时空分布规律及其与气候变化关系》，《自然灾害学报》2016 年第 1 期。

　　③［汉］班固：《汉书》卷九十四《匈奴传》，中华书局，1962 年，第 3781 页。

　　④王子今：《秦汉时期气候变迁的历史学考察》，《历史研究》1995 年第 2 期。

　　⑤马曼丽主编：《中国西北边疆发展史研究》，黑龙江教育出版社，2001 年，第 48 页。

了大旱,"匈奴中连年旱蝗,赤地数千里,草木尽枯,人畜饥疫,死耗大半"①。这次大旱导致匈奴分裂为南北两支,南匈奴呼韩邪单于向东汉称臣,东汉朝廷于是赏赐南匈奴黄金、锦绣、缯布万匹,此外还供给粮食,"又转河东米糒二万五千斛。牛、羊三万六千头,以赡给之"②。建武二十九年,又"赐南单于羊数万头"③。

自然灾害往往会导致饥荒,饥荒也是民族迁徙的重要原因之一。许靖华研究指出:"历史记载表明,历史上民族大迁移是由于庄稼歉收和大面积饥荒,而不是逃离战争。"④北魏迁都及人口迁徙也与旱灾及饥荒有关。北魏高祖及文明太后曾经会见公卿于皇信堂,太后言及旱灾:"今京师旱俭,欲听饥贫之人出关逐食。如欲给过所,恐稽延时日,不救灾窭,若任其外出,复虑奸良难辨。卿等可议其所宜。"⑤

（四）土地沙化、无序开垦与北方民族的迁徙

沙漠的南移显示了魏晋南北朝时期生态环境趋于恶化的迹象,这也是促使北方游牧民族内迁的客观因素之一。历史记载显示,三国时期,沙漠地带或土地沙化地区已不再局限于阴山以外的蒙古高原,而是开始向河北北部和辽宁西部扩展。汉献帝建安十二年(207年)七月,曹操率军进攻乌桓之时,令田畴"将其众为乡导",田畴"堑山堙谷",当时的自然环境是"时天寒且旱,二百里无水"⑥。其行军路线上的河北和辽宁西部地带出现"二百里无水",表明当时此类地区已呈现荒漠化的状况。

曹魏景元四年(263年),群臣提及司马昭往日西征灵州(今宁夏回族自治区灵武市)的情况,灵州"北临沙漠,榆中以西,望风震服,羌戎来驰"⑦。这表明当时灵州以北、榆中以西的广大河套地区已存在戈壁沙漠了。

①[南朝宋]范晔:《后汉书》卷八十九《南匈奴列传》,中华书局,1965年,第2942页。
②[南朝宋]范晔:《后汉书》卷八十九《南匈奴列传》,中华书局,1965年,第2943—2944页。
③[南朝宋]范晔:《后汉书》卷八十九《南匈奴列传》,中华书局,1965年,第2948页。
④许靖华:《太阳、气候、饥荒与民族大迁移》,《中国科学(D辑)》1998年第4期。
⑤[北齐]魏收:《魏书》卷十四《神元平文诸帝子孙列传第二》,中华书局,1974年,第358页。
⑥[宋]司马光编著,[元]胡三省音注:《资治通鉴》卷六十五《汉纪五十七》,中华书局,1956年,第2072—2073页。
⑦[唐]房玄龄等:《晋书》卷二《文帝纪》,中华书局,1974年,第42页。

两汉魏晋统治阶级实行屯田政策,对少数民族地区的自然环境造成了很大的影响,这也促使了民族迁徙的发生。早在西汉时期,除民屯外,还创立军屯,规模很大的一次是"初置张掖、酒泉郡,而上郡、朔方、西河、河西开田官,斥塞卒六十万人戍田之"①。正是在移民的基础上,西汉设置了河西四郡(酒泉、武威、张掖、敦煌)。如此屯垦无疑有积极意义,但从生态环境保护的角度来说,六十万守军来到边疆大肆垦荒,种植粮食作物,无疑会对生态环境产生很大的影响。那些地区原本是游牧民族所居之处②,并不是很适宜开荒种地。如此屯田政策的推行,使得屯田地带的游牧民族游牧地盘日趋缩小。在这样的情况下,游牧民族在上述游牧地往往会采取向远处迁徙的措施,寻找新的生存环境。

第三节　魏晋黄土高原农牧活动与生态变化

魏晋时期,由于北方少数民族内迁,北方地区牧进农退,农牧分界线南移,这种农牧业消长状况促使北方地区植被得到一定程度的恢复。

一、内迁少数民族与北方地区农牧业生产

(一)北方少数民族内迁概况

魏晋南北朝是北方游牧民族大迁徙以及民族大融合的重要历史时期。西晋末年,山西地带已遍布"杂胡"。永嘉元年(307年),刘琨为并州刺史,加振威将军,领匈奴中郎将,上书言:"群胡数万,周匝四山,动足遇掠,开目睹寇。唯有壶关,可得告籴。"③五胡十六国至北朝时期,汉族在黄土高原人口构成中已降为少数。当时黄土高原全部被五胡——匈奴、羯、氐、羌、鲜卑先后建立的政权所占据。郭钦认为这些居住在中原的"戎狄"虽然服从政府的管辖,但也是一大安全隐患。郭钦上疏言,"戎狄强犷,历古为患。魏初民少,西北诸郡,皆为戎居,内及京兆、魏郡、弘农,往往有之。今虽服从,若百年之后有风尘之警,胡骑自平阳、上党不三日而至孟津,北地、西河、太原、冯翊、安定、上郡尽为狄庭矣",主张

---

①[汉]班固:《汉书》卷二十四下《食货志》,中华书局,1962年,第1173页。

②史载:"自武威以西,本匈奴昆邪王、休屠王地,武帝时攘之,初置四郡,以通西域,隔绝南羌、匈奴。"见[汉]班固:《汉书》卷二十八下《地理志》,中华书局,1962年,第1644—1645页。

③[唐]房玄龄等:《晋书》卷六十二《刘琨传》,中华书局,1974年,第1680页。

"渐徙内郡杂胡于边地,峻四夷出入之防,明先王荒服之制"①。据研究,西晋末年,关中及以西地区的少数民族人口当在二百数十万,数倍于汉民族的人口②。至北魏末期和东、西魏时,"自葱岭已西,至于大秦,百国千城,莫不欢附,商胡贩客,日奔塞下,所谓尽天地之区已。乐中国土风,因而宅者,不可胜数"③。

(二)内迁少数民族对畜牧业的依赖

魏晋南北朝时期,虽然内迁少数民族不同程度地发展了农业生产,但对畜牧业仍有很强的依赖性,这与当时的军事需要、狩猎经济和饮食习惯密切相关。

1. 军事需要

发达的畜牧业,尤其是牧马业,对于魏晋时期少数民族政权保存军事实力,十分重要。比如,石季龙实行没收百姓马匹以充公的政策,可见马匹对军事斗争的重要性:"季龙志在穷兵,以其国内少马,乃禁畜私马,匿者腰斩,收百姓马四万余匹以入于公。"④

战争胜利者还经常把掳掠的战马赏赐给大臣。比如《魏书》记载道:登国三年(388年),北魏道武帝拓跋珪北征库莫奚,"大破之,获其四部杂畜十余万,渡弱落水。班赏将士各有差"⑤;登国六年(391年)十一月,北魏道武帝拓跋珪"大破直力鞬军于铁歧山南,获其器械辎重,牛羊二十余万"⑥;登国六年(391年)十二月,道武帝平息刘卫辰部的叛乱,"获卫辰尸",把"名马三十余万匹,牛羊四百余万头""班赐大臣各有差"⑦;登国七年(392年)夏五月,"班赐诸官马牛羊各有差"⑧。永兴五年(413年)秋七月,北魏明元帝拓跋嗣时期,"奚斤等破越勤倍泥部落于跋那山西,获马五万匹,牛十二万头,徙二万余家于大宁,计口受田"⑨。

①[宋]司马光编著,[元]胡三省音注:《资治通鉴》卷八十一《晋纪三》,中华书局,1956年,第2575—2576页。

②参见路遇、腾泽之编著:《中国人口通史》,山东人民出版社,1999年,第325页。

③[北魏]杨衒之撰,韩结根注:《洛阳伽蓝记》卷三《城南》,山东友谊出版社,2001年,第120页。

④[唐]房玄龄等:《晋书》卷一百六《石季龙载记》,中华书局,1974年,第2772页。

⑤[北齐]魏收:《魏书》卷二《太祖纪》,中华书局,1974年,第22页。

⑥[北齐]魏收:《魏书》卷二《太祖纪》,中华书局,1974年,第24页。

⑦[北齐]魏收:《魏书》卷二《太祖纪》,中华书局,1974年,第24页。

⑧[北齐]魏收:《魏书》卷二《太祖纪》,中华书局,1974年,第25页。

⑨[北齐]魏收:《魏书》卷三《太宗纪》,中华书局,1974年,第53页。

"在马上得天下"的时代,对于战利品的评估,战马已与器械辎重占有同样重要的地位,甚至常常出现"男女杂畜"并列予以记载的情况,由此可知畜牧业所依靠的马牛对游牧民族的极端重要性。比如,登国三年(388 年),北魏道武帝"讨解如部,大破之,获男女杂畜十余万"①。又如,登国五年(390 年),北魏道武帝"袭高车袁纥部,大破之,虏获生口、马牛羊二十余万"②。

2. 狩猎经济

游牧民族狩猎活动离不开马匹,北方胡族狩猎经济对畜牧业发展存在依赖性。比如:"乌桓者,本东胡也。……俗善骑射,弋猎禽兽为事。随水草放牧,居无常处。"③

北魏初期,拓跋部狩猎的规模很大,道武、明元、太武、文成和献文诸帝都曾多次进行过狩猎活动。学者指出:"拓跋部于 386 年在代北建立北魏之后,农业生产有了长足的发展,但是,传统的畜牧业和狩猎业并未速然退出经济领域,在北魏前期,狩猎仍然作为一个经济部门而存在着。"④这一方面是为了解决粮食不足问题,另一方面也是北方尚武风气的延续。比如,永兴四年(412 年),"秋七月……己卯,大狝于石会山。戊子,临去畿陂观渔。庚寅,至于濡源。西巡,幸北部诸落,赐以缯帛。八月庚戌,车驾还宫。壬子,幸西宫,临板殿,大飨群臣将吏,以田猎所获赐之,命民大酺三日"⑤。永兴五年(413 年),"六月,西幸五原,校猎于骨罗山,获兽十万"⑥。文成帝和平四年(463 年)八月,"畋于河西",考虑到"朕顺时畋猎,而从官杀获过度,既悕禽兽,乖不合围之义",于是下诏对狩猎有所限制,规定"从官及典围将校""自今已后,不听滥杀。其畋获皮肉,别自颁赏"⑦。

3. 饮食及生活习俗

一个民族的饮食习俗很难在短期内改变,北方游牧民族长期以来都喜爱牛

---

① [北齐]魏收:《魏书》卷二《太祖纪》,中华书局,1974 年,第 22 页。
② [北齐]魏收:《魏书》卷二《太祖纪》,中华书局,1974 年,第 23 页。
③ [南朝宋]范晔:《后汉书》卷九十《乌桓鲜卑列传》,中华书局,1965 年,第 2979 页。
④ 黎虎:《北魏前期的狩猎经济》,《历史研究》1992 年第 1 期。
⑤ [北齐]魏收:《魏书》卷三《太宗纪》,中华书局,1974 年,第 52 页。
⑥ [北齐]魏收:《魏书》卷三《太宗纪》,中华书局,1974 年,第 53 页。
⑦ [北齐]魏收:《魏书》卷五《高宗纪》,中华书局,1974 年,第 121 页。

羊肉及其奶制品。比如"乌桓者,本东胡也。……食肉饮酪,以毛毳为衣"①。神瑞二年(415年),京师平城发生饥荒,群臣讨论迁都邺城,崔浩谏曰:"至春草生,奶酪将出,兼有菜果,足接来秋,若得中熟,事则济矣。"②

在北方民族重视畜牧业的背景下,农业产生也关注到了牧草种植问题,这种农业生产习俗在当时的农书中有所反映。《齐民要术》中"种苜蓿"一节,指出苜蓿尽管可以当作蔬菜供人食用,但主要还是作为牧草,"长宜饲马,马尤嗜"③。《齐民要术·养羊篇》还有关于种茭(干饲料)的记载:"羊一千口者,三四月中,种大豆一顷杂谷,并草留之,不须锄治,八九月中,刈作青茭。"④这反映了畜牧产品在北方少数民族生产、生活方面的重要性。

重视畜牧业的生活习俗还表现在游牧民族出行工具这一方面。马匹、骆驼等是北方游牧民族出行的重要工具。比如,据《唐乾宁三年平康乡百姓冯文达雇驼契》,"乾宁三年丙辰岁二月十七日,平康乡百姓冯文达奉差入京,为少畜乘,今于同乡百姓李略山边,遂雇八岁黄父驼一头,断作雇价,却回来时,生绢五匹,见立典物,分付驼主"⑤。

(三)内迁游牧民族的畜牧业生产

出于对畜牧业的高度依赖,内迁少数民族依然相当程度上保持游牧民族的生产方式,畜牧业仍然占有很大比重。

黄河南北本为传统的农区,但到魏晋南北朝时期,农业基础受到很大破坏,此处便成为牧区或半农半牧区,说明农牧分界线大大地南移了。比如并州(其地约当今山西太原、大同和河北保定一带地区)地带传统上是农业种植区,北魏政府将聚居在并州地区的匈奴族编为"牧子""牧户",畜牧业由此而发达。《魏书·食货志》对此有明确记载:"高祖即位之后,复以河阳为牧场,恒置戎马十万

①[南朝宋]范晔:《后汉书》卷九十《乌桓鲜卑列传》,中华书局,1965年,第2979页。

②[北齐]魏收:《魏书》卷三十五《崔浩传》,中华书局,1974年,第808页。

③[后魏]贾思勰著,缪启愉校释:《齐民要术校释》卷三《苜蓿》,农业出版社,1982年,第162页。

④[后魏]贾思勰著,缪启愉校释:《齐民要术校释》卷六《养羊篇》,农业出版社,1982年,第313页。

⑤沙知校录:《敦煌文献分类录校丛刊·敦煌契约文书辑校》,江苏古籍出版社,1998年,第303页。

匹,以拟京师军警之备。每岁自河西徙牧于并州,以渐南转,欲其习水土而无死伤也,而河西之牧弥滋矣。"①

北魏迁都洛阳,孝文帝命令宇文福考察确定牧马的场所。宇文福规划石济以西、河内以东,沿黄河南北方圆千里之地作为牧场②。可见,即使是在传统的农业区,也设有养马的大型牧场,这种牧马的区域非常广阔。

（四）内迁游牧民族的农耕生产活动

内迁少数民族对畜牧业有很强依赖,畜牧业占很大比重,有些地区甚至改农为牧。与此同时,大多数少数民族迁入中原或农业区后,由于受汉族的影响和政府的倡导,也不同程度地发展了农业生产。比如,西晋初年迁移到汾河流域的匈奴人,开始从事农耕,"具体到汾河上游山区,和当地自然环境、生产习俗相适应,大致应该保持半农半牧状态"③。

再来看鲜卑族的情况。畜牧和狩猎原本是鲜卑族谋生的主要手段。鲜卑族人迁徙到陇西后,在当地农耕经济的影响下,生产方式存在由游牧经济向农业经济转化的迹象。秃发鲜卑内迁后有从事农业生产的情况,到 4 世纪初,秃发乌孤"养民务农循结邻好"④。

氐族受汉族文化影响较深,再加上王猛等一批汉族知识分子的参政,氐族统治者对农业生产比较重视,劝课农桑的政令屡见于史书。比如符坚"亲耕藉田,其妻苟氏亲蚕于近郊"⑤。前秦还征发富室的奴隶进行农田水利建设:"坚以关中水旱不时,议依郑白故事,发其王侯已下及豪望富室僮隶三万人,开泾水上源,凿山起堤,通渠引渎,以溉冈卤之田。及春而成,百姓赖其利。"⑥

羯族也类似。汉晋时期的羯人虽重视游牧经济,但农业也占有一定的比重。羯人曾经不习惯定居农业的生产方式,甚至有掠夺粮食的情况。如建兴五

---

① [北齐]魏收:《魏书》卷一百一十《食货志》,中华书局,1974 年,第 2857 页。

②《魏书·宇文福传》载,北魏太和十七年(493 年),"时仍迁洛,敕福检行牧马之所。福规石济以西,河内以东,拒黄河南北千里为牧地。事寻施行,今之马场是也"。见[北齐]魏收:《魏书》卷四十四《宇文福传》,中华书局,1974 年,第 1000 页。

③王尚义、张慧芝:《历史时期汾河上游生态环境演变研究:重大事件及史料编年》,山西人民出版社,2008 年,第 53 页。

④[宋]李昉等:《太平御览》卷一百二十六《偏霸部十》,中华书局,1960 年,第 609 页。

⑤[唐]房玄龄等:《晋书》卷一百十三《符坚载记上》,中华书局,1974 年,第 2886 页。

⑥[唐]房玄龄等:《晋书》卷一百十三《符坚载记上》,中华书局,1974 年,第 2899 页。

年(317年)七月,"大旱,司、冀、青、雍等四州蝝蝗","石勒亦竟取百姓禾,时人谓之'胡蝗'"①。石勒建立后赵以后,便开始重视农业生产,实行"核定户籍,劝课农桑"的政策。史载后赵石勒"以右常侍霍皓为劝课大夫,与典农使者朱表、典劝都尉陆充等循行州郡,核定户籍,劝课农桑"②。石勒的继任者也继承了他发展农业的政策。石季龙就是如此:"季龙以租入殷广,转输劳烦,令中仓岁入百万斛,余皆储之水次。"③

这种内迁少数民族农业生产活动与官方的提倡密切相关。十六国时期前燕的建立者慕容皝就是提倡农耕的统治者,"皝躬巡郡县,劝课农桑,起龙城宫阙"④。北魏太武帝也曾多次到河套地区巡视,发布劝农诏书⑤。这种措施促进了黄河流域农业经济的发展。北魏道武帝登国六年(391年)九月,"帝袭五原,屠之。收其积谷,还纽垤川"⑥,也反映了五原地方的农业生产情况。北魏道武帝拓跋珪统治时期,迁徙吏民及工匠等十万余家以充京都,这些被迁徙的民众从事的是农业生产活动,就是"各给耕牛,计口授田",并且,"天兴初,制定京邑,东至代郡,西及善无,南极阴馆,北尽参合,为畿内之田;其外四方四维置八部帅以监之,劝课农耕,量校收入,以为殿最。又躬耕籍田,率先百姓。自后比岁大熟,匹中八十余斛"⑦。

北方统治者对农业生产一定程度的重视应该主要是为了解决农民生计问题。我们知道,农耕与畜牧在食物能量生产力及人口供养能力方面存在着巨大差距。据初步估算,在唐代,一平方千米的土地放羊只能供养6人,若用作粮食耕地则可供养62.5人⑧。所以北方少数民族政权在面对人口逐步增多、军粮供

①[唐]房玄龄等:《晋书》卷五《孝愍帝纪》,中华书局,1974年,第131页。

②[唐]房玄龄等:《晋书》卷一百五《石勒载记》,中华书局,1974年,第2741页。

③[唐]房玄龄等:《晋书》卷一百六《石季龙载记》,中华书局,1974年,第2763页。

④[唐]房玄龄等:《晋书》卷一百九《慕容皝载记》,中华书局,1974年,第2822页。

⑤史载:"朕承天子民,忧理万国,欲令百姓家给人足,兴于礼义。而牧守令宰不能助朕宣扬恩德,勤恤民隐,至乃侵夺其产,加以残虐,非所以为治也。今复民赀赋三年,其田租岁输如常。牧守之徒,各厉精为治,劝课农桑,不听妄有征发;有司弹纠,勿有所纵。"见[北齐]魏收:《魏书》卷四下《世祖纪下》,中华书局,1974年,第96页。

⑥[北齐]魏收:《魏书》卷二《太祖纪》,中华书局,1974年,第24页。

⑦[北齐]魏收:《魏书》卷一百一十《食货志》,中华书局,1974年,第2849—2850页。

⑧参见王利华:《中古华北饮食文化的变迁》,中国社会科学出版社,2000年,第120—121页。

应不足的情况,自然会适当发展农业生产以解决人们生计问题。正如吕思勉所言:"野蛮之人多好肉食,然后卒改食植物者,实由人民众多,禽兽不足之故。"[1]历史记载也说明了这一点。农民无田地为生时,有时甚至需要把苑囿改为农田。如正始元年(504年),"以苑牧公田分赐代迁之户",延昌二年(513年),又"以苑牧之地赐代迁民无田者"[2]。北魏将领和跋临去世时如此嘱咐他的弟弟:"灅北地瘠,可居水南,就耕良田,广为产业。"[3]

二、北方农耕、畜牧业的地位及农牧分界线

（一）北方农耕、畜牧业的地位

虽然此时期北方少数民族统治者一定程度上重视农业,但畜牧业和畜牧经济更受重视,有些地区甚至改农为牧。

魏晋时期存在农业区逐步变为农牧并重的情况。关于河西走廊,"东汉至三国间,河西走廊的农业虽没有大规模的发展,但仍基本上维持着西汉以来农耕为主的局面";但到了西晋以后,河西走廊的农业逐渐衰退,可以概括为西晋到十六国的农牧兼重时期和北魏至唐初的以牧为主时期[4]。对于陕北黄土高原来说,"这一地区直到公元5世纪初,畜牧业仍是最主要的生产事业"[5]。

相比于农耕业而言,牧马业的发展要占用更广阔的空间,如此"圈地"常会导致民人失业、民食不足,因此有官员反对牧业的扩张。束皙在给晋武帝的上疏中曾言及当时老百姓多有失业的情况:"今天下千城,人多游食,废业占空,无田课之实。较计九州,数过万计。可申严此防,令监司精察,一人失课,负及郡县,此人力之可致也。"[6]

束皙还对北方部分区域不宜畜牧以及迁徙牧场问题作出了如下论述:

又州司十郡,土狭人繁,三魏尤甚。而猪羊马牧,布其境内,宜悉破废,以供无业。业少之人,虽颇割徙,在者犹多,田诸苑牧,不乐旷野,贪在人间。故谓北土不宜畜牧,此诚不然。案古今之语,以为马之

①吕思勉:《中国制度史》,上海教育出版社,1985年,第176页。

②[北齐]魏收:《魏书》卷八《世宗纪》,中华书局,1974年,第213页。

③[北齐]魏收:《魏书》卷二十八《和跋传》,中华书局,1974年,第682页。

④分别参见《历史地理(第四辑)》,上海人民出版社,1986年,第78页、79页。

⑤朱士光:《黄土高原地区环境变迁及其治理》,黄河水利出版社,1999年,第15页。

⑥[唐]房玄龄等:《晋书》卷五十一《束皙传》,中华书局,1974年,第1431页。

所生,实在冀北,大贾牂羊,取之清渤,放豕之歌,起于巨鹿,是其效也。可悉徙诸牧,以充其地,使马牛猪羊齭草于空虚之田,游食之人受业于赋给之赐,此地利之可致者也。①

魏晋南北朝时期,国家开始直接参与牧业经营,以国营牧业经营尤为突出。就北魏而言,当时建有四个大型的牧场,连黄河以北的许多老农业区也变成了牧场。当时上谷(今河北怀来县境)的老百姓甚至对牧业过度扩张的状况予以上书:"言苑囿过度,民无田业,乞减太半,以赐贫人。"世祖接到这一状书后,"可其所奏,以丐百姓"。② 而在晋陕蒙接壤区,东汉至南北朝期间"农耕民族大为减少,很多已开垦的耕地,又重新由农耕转变为牧场"③。

除了国营牧场,当时的个体畜牧业也比较发达,有些实力雄厚的个人拥有大量马匹,与此伴随的便是相当数量的农田转化为牧场。如尔朱荣在秀容便是"牛羊驼马,色别为群,谷量而已"④。

(二)北方地区农牧分界线

魏晋南北朝时期,北方内迁游牧民族促进了中原地区畜牧业的发展,中原有些地区改农为牧,宜农地区南退,北方地区农牧分界线南移。

先来看汉代农牧分界线。史念海指出司马迁《史记·货殖列传》中曾规划出一条自碣石至于龙门的农牧分界线。碣石在今河北昌黎县南濒海之处,龙门则在今山西河津和陕西韩城之间,"这条农牧分界线始自碣石山下,西南行,过今北京市北,越过太行山,再经今山西太原市北,又越吕梁山南段,而至于黄河侧畔的龙门山下"⑤。

到了东汉,由于中原地区汉族政权力量衰微,匈奴等北方游牧民族相继进入阴山以南。谭其骧指出,东汉以后,"黄河中游大致即东以云中山、吕梁山,南以陕北高原南缘山脉与泾水为界,形成了两个不同区域。此线以东、以南,基本上是农区,此线以西、以北,基本上是牧区"⑥。

---

①[唐]房玄龄等:《晋书》卷五十一《束晳传》,中华书局,1974年,第1431页。
②[北齐]魏收:《魏书》卷二十八《古弼传》,中华书局,1974年,第691页。
③王广智:《晋陕蒙接壤区生态环境变迁初探》,《中国农史》1995年第4期。
④[北齐]魏收:《魏书》卷七十四《尔朱荣传》,中华书局,1974年,第1644页。
⑤史念海:《隋唐时期农牧地区的演变及其影响(上)》,《中国历史地理论丛》1995年第2期。
⑥谭其骧:《长水集(下)》,人民出版社,1987年,第22页。

魏晋南北朝时期，"随着东汉末年以来匈奴、羌、氐、羯、鲜卑等族的内迁和南下，出现了与秦、汉相反的牧进农退的变化"①。至魏晋时期，随着游牧民族内迁以及与汉族杂居状态的出现，北方畜牧经济得到恢复，农牧分界线在空间上出现了南移的迹象。造成农牧分界线南移的因素有很多，当然游牧民族内迁、政策、军事等是一方面，但也有自然因素作为基础，气候便是重要的一方面。北方气候温暖期和寒冷期、湿润期和干燥期的交替变化，影响着中国农耕与游牧区的分界。在其他因素不变的情况下，如果我国某地年平均温度降低1度，就等于把这个地区向高纬度（也就是向北）地区推移了200—300千米②，气候寒冷会使农业适宜区南退。具体到魏晋南北朝时期来说，气候转冷变干，这无疑是导致农业区南退、农牧分界线南移的自然原因。

但要注意的是，有些牧业区具有半农半牧的性质："经过演变的农牧分界线并未能永恒地保持下来。北方从事游牧的民族的陆续向南迁徙，曾不止一次地冲破这条农牧分界线，使牧区更向其南扩展。原来的牧区由于从事农耕人口的大量迁入，逐渐演变为半农半牧地区。原来的农耕地区虽有游牧民族的迁入，却不能使之永久演变为畜牧地区。"③

三、北方地区农牧业变迁的生态影响

一方面，相对于汉代来说，魏晋南北朝时期北方的牧进农退对生态环境有积极作用。另一方面，此时期无论是农业还是牧业发展，都对森林有大量砍伐，虽然森林破坏没有唐宋严重，但也致使自然灾害和土地沙化情况较为严重。

（一）北方地区牧进农退的积极生态影响

这种积极生态影响表现在河患的相对较少。东汉王景治河至隋代期间，黄河下游河患较少。这其中存在统治阶级忙于战乱而对河患记载较少的因素，魏晋南北朝时期就是如此④。此时期黄河下游河患较少还可能存在其他原因，比如：与王景治河有一定关系；黄河可能有许多小的泛滥，因而就避免了大的决溢

---

① 李根蟠：《中国古代农业》，中国国际广播出版社，2010年，第129页。
② 参见程洪：《新史学——来自自然科学的挑战》，《晋阳学刊》1982年第6期。
③ 史念海：《隋唐时期农牧地区的演变及其影响（上）》，《中国历史地理论丛》1995年第2期。
④ 关于这一点，有如下说法："当社会趋于安定、统一时，统治者对水害比较注意，记载就多些；当社会四分五裂、处于混战状态时，统治者忙于战争、攻伐，水患记载就相对减少。"参阅《黄河水利史述要》，黄河水利出版社，2003年，第111页。

改道;黄河中游地区大暴雨的记录较少;黄河下游有分支,两侧有较多湖泊①。

但是,学界一般都认为,此时期河患较少主要是黄河中游植被未被大量破坏的原因。谭其骧考察东汉一代黄河之所以能够安流无事的真正原因时指出,"以务农为本的汉族人口的急剧衰退和以畜牧为生的羌胡人口的迅速增长,反映在土地利用上,当然是耕地的相应减缩,牧场的相应扩展",结果就使下游的洪水量和泥沙量也大为减少。这是从牧进农退的角度作出的经典论述②。可以认为,北方少数民族的游牧性,决定了他们必须寻求水源和草地作为生息之所,无须过多地开垦土地,有利于草原和森林生态环境的保护。而且,北方亦农亦牧的混合型经济优于单一型经济,这种混合型经济便于各族人民形成多种生产、生活方式,有利于战胜各种自然灾害。

（二）北方农牧业活动造成的生态破坏

虽然此时期呈现出牧进农退的特征,对生态环境的保护有一定的积极意义,但人口的增加、生产力的进步、北魏重农政策的推行,均促使了农业生产活动中毁林开荒行为的发生。并且,游牧民族的生产及日常生活需要利用林木资源,这也会使北方生态环境受到破坏。这种破坏虽然没有其后的唐宋严重,但也值得注意。

1.农牧业活动对森林的破坏

因为屯田是在破坏生态环境的基础上进行的,汉族农业开发无疑会使得森林减少。比如王昶任洛阳典农,他在洛阳附近进行屯田的时候便需要毁坏树木:"文帝践阼,徙散骑侍郎,为洛阳典农。时都畿树木成林,昶斫开荒莱,勤劝百姓,垦田特多。"③这样就破坏了森林植被,加速了山地土壤的退化。又比如,在陕西省山阳县,"山阳县城东北二十里,魏中散大夫嵇康原宅,今悉为田墟,而父老犹谓嵇公竹林地,以时有遗竹也"④。

①参见吴祥定、钮仲勋、王守春等:《历史时期黄河流域环境变迁与水沙变化》,气象出版社,1994年,第118页、119页。

②参见谭其骧:《何以黄河在东汉以后会出现一个长期安流的局面——从历史上论证黄河中游的土地合理利用是消弭下游水害的决定性因素》,《学术月刊》1962年第2期。

③[晋]陈寿:《三国志》卷二十七《魏志·王昶传田豫传》,中华书局香港分局,1971年,第744页。

④[宋]李昉等:《太平御览》卷一百八十《居处部八》,中华书局,1960年,第877页。

北魏政府重视农业,在全国范围内实行均田制,对京畿之外的未开垦土地,设置八部元帅进行监督,以百姓开垦情况作为衡量官员政绩的标准①。这样大规模的土地开垦,也会使辖境内的森林相应减少。秦汉魏晋北朝时期,在黄河中游地区,"这一时代是平原地区的森林受到严重破坏的时代。这一时代行将结束时,平原地区已经基本上没有林区可言了"②。

总体来说,魏晋南北朝时期黄河流域森林的破坏还不算太严重。当时山地森林虽有破坏,但仍多有山地丘陵地带森林葱郁的记载。《水经注·沔水》记载了今陕西省一带山势险峻、野生动物奔跑如飞的场景:"山丰野牛野羊,腾岩越岭,驰走若飞,触突树木,十围皆倒。山殚艮阻,地穷坎势矣。"③左思《蜀都赋》言"嘉鱼出于内穴,良木攒于褒谷"。这显示出秦巴腹地仍是良材巨木的重要产地,动物资源丰富、生态状况良好。

若从时间上作纵向比较,则可以看出,魏晋南北朝时期尽管北方地区的森林植被受到不少破坏,但尚未达到后世那样的严重程度。这是因为,"一是在各地山区,首先遭到大量砍伐的主要是成材的大树巨木,小树和灌木林则仍能存留;二是在人口减少和农耕衰退时期,蒿莱草地和次生树林仍有可能有较大恢复"④。

2. 自然灾害之频繁

据灾荒史研究开拓者邓拓的研究,在三国、两晋时期两百年中,黄河、长江两流域间连年凶灾,总计遇灾 304 次,地震、水、旱、风、雹、蝗螟、霜雪、疾疫等纷至沓来,"两百年间旱灾 60 次,水灾 56 次,风灾 54 次,地震 53 次,雨雹之灾 35 次,疫灾 17 次,蝗灾 14 次,歉饥 13 次,霜雪、'地沸'各两次。当时受灾程度,不亚于前代"⑤。"东晋之后,南北朝割据,169 年中,水、旱、蝗螟、地震、霜雹、疫疠等灾害共达 315 次。频数最高的是水灾和旱灾,各 77 次,其次地震 40 次,再次风灾 33 次,霜雪之灾 20 次,雨雹之灾 18 次,蝗灾、疫灾各 17 次,歉饥 16 次"⑥。

---

①参见[北齐]魏收:《魏书》卷一百一十八《食货志》,中华书局,1974 年,第 1000 页。

②史念海:《河山集·二集》,生活·读书·新知三联书店,1981 年,第 247 页。

③[北魏]郦道元著,陈桥驿注释:《水经注》卷二十七,浙江古籍出版社,2001 年,第 439 页。

④王利华主编:《中国农业通史·魏晋南北朝卷》,中国农业出版社,2009 年,第 6 页。

⑤邓拓:《中国救荒史》,武汉大学出版社,2012 年,第 14 页。

⑥邓拓:《中国救荒史》,武汉大学出版社,2012 年,第 15 页。

由此可知魏晋南北朝时期频繁发生自然灾害。

魏晋南北朝时期自然灾害与寒冷之气候特征有关。对黄河中游 2000 年来饥荒问题的统计分析表明,"气候寒冷时期,农业生产受到影响,饥荒发生频率较高,气候温暖时期,农业生产发展,饥荒发生频率较低"[1]。另据研究,中国北部蝗灾发生与气候干旱的特征有密切的关系,但中国南部长江流域蝗灾的发生情况与干旱的气候特征关联不大[2]。

同时要指出的是,魏晋南北朝时期自然灾害发生频繁与森林资源的消耗也有密切的关系。森林的砍伐会导致森林植被受到破坏,山地水土流失变得严重,水灾的破坏更为严重;并且由于泥沙俱下导致河流湖泊的淤塞,农业灌溉用水的面积有所缩减,农业上的旱灾变得更为严重。

3. 土地沙化现象之加重

魏晋南北朝时期,北方森林资源的破坏,以及气候日趋寒冷和干燥,使北方的沙漠有所扩展,土地沙化比前代严重。

秦汉时期,沙漠还远在阴山山脉以北的蒙古高原地区。朱士光指出,"黄土高原在迄至秦汉以前的文献中没有见到有关沙漠的记载,这从一个侧面反映黄土高原本来是没有什么沙漠的"[3]。魏晋时期记载显示出沙漠扩展的情况。建安十二年(207 年)七月,曹操率军进攻乌桓时,当时"二百里无水,军又乏食",于是"杀马数千匹以为粮,凿地入三十余丈方得水"[4]。这说明辽宁地带已出现了荒漠化状况。

在北魏时,银川平原已出现局部沙化现象。《魏书·刁雍传》记载了太平真

---

①仇立慧、黄春长:《古代黄河中游饥荒与环境变化关系及其影响》,《干旱区研究》2008年第 1 期。

②于革、沈华东研究认为:"大量历史文献中记录'旱蝗'具有一定的合理性,因为研究发现,北方春夏季的干旱最容易引发蝗灾的区域性爆发。不过在湿润潮湿的长江地区干旱并不是导致蝗灾爆发的敏感因素。虽然暖冬条件是蝗虫卵生存的关键因素,但在温暖的南部地区它不是蝗虫生存的限制因素,因为南方难以达到如北方冬季 –10℃——–30℃温度条件。这个结果证实了我国南北区域性和季节性虫灾对气候变化的不同响应。"参阅于革,沈华东:《气候变化对中国历史上蝗灾爆发影响研究》,《中国科学院院刊》2010 年第 2 期。

③朱士光:《历史时期黄土高原自然环境变迁及其对人类活动之影响》,《干旱区农业研究》1985 年第 1 期。

④[宋]司马光编著,[元]胡三省音注:《资治通鉴》卷六十五《汉纪五十七》,中华书局,1956 年,第 2073 页。

君七年(446年)北方沃野镇军粮匮乏而告急的情况,薄骨律镇(治今宁夏吴忠市北)镇将刁雍曾经上奏指出:"臣镇去沃野八百里,道多深沙,轻车来往,犹以为难,设令载谷,不过二十石,每涉深沙,必致滞陷。"①由于"道多深沙",刁雍放弃了费时费力的陆运计划,而改用省时省力的水运计划,从而完成了任务。

第四节 隋唐黄土高原农牧业发展与生态变化

据研究,"唐代承隋之后,南北朝以来那些新形成的畜牧地区基本上又改成半农半牧地区或农业地区"②。隋唐三百多年,第二次大规模改牧为农,少数民族与汉族人民一起对黄土高原土地加以开垦,农业生产的规模扩大。总的来说,这一时期,大规模改牧为农使得农牧分界线北移。

唐代,司马迁所规划的碣石龙门间的农牧地分界线北移到燕山之上。专家指出:

> 根据上面的论述,可以得出如下的结论:唐代河北道的北部,燕山以南已经成为农耕地区。原来司马迁所规画的碣石龙门间的农牧地区分界线,在河北道中这一段,这时应移到燕山之上。燕山北的桑干河中游和玄水、白狼河流域,就是当时的妫州和营州,仍当是半农半牧地区。半农半牧地区还应包括妫、营两州之间的燕山以北各地。这里的半农半牧地区的北界不能距离燕山过远,再北当为游牧地区。③

这里我们要注意,隋唐时期的半农半牧地区的牧业主要是畜牧,而不是游牧④。陕北黄土高原,自唐代至近代,始终是汉民族耕垦蕃息的地方,"即令其间有些年代游牧民族建立的政权统治这里,也没有改变以农耕为主的生产状况。所以农业垦殖虽有波动起伏,但总的趋势一直是持续发展"⑤。

虽然隋唐时期存在改牧为农的趋势,但对畜牧业尤其是牧马业仍然是非常重视的。上述农牧业发展对森林资源造成了很大破坏,对生态环境产生了重要

①[北齐]魏收:《魏书》卷三十八《刁雍传》,中华书局,1974年,第868页。
②史念海:《黄土高原历史地理研究》,黄河水利出版社,2001年,第477页。
③史念海:《河山集·六集》,山西人民出版社,1997年,第425页。
④参见史念海:《唐代历史地理研究》,中国社会科学出版社,1998年,第251页。
⑤朱士光:《黄土高原地区环境变迁及其治理》,黄河水利出版社,1999年,第15页。

的影响。

一、农业区扩大分析

隋唐时期,黄土高原①出现大规模改牧为农的情况。这与气候温暖、重农政策推行、关中粮食紧张以及防御边疆等都有密切关系。

(一)气候温暖是农业区扩大的前提

气候等自然原因是北方农业生产发展的自然基础之一。隋唐时期,温暖湿润为北方气候的主要特征。温暖湿润气候特征使得北方更多地区变得适宜农业生产,隋唐时期农业生产区得以扩展即与此气候因素有关。蓝勇主张,"温暖湿润的气候使唐代农牧业界线北移,农耕区扩大",与此对比的是,"8 世纪中叶的气候转寒造成了中国北方游牧民族南下压力增大"②,中唐以后,"这些游牧民族的内迁,使唐代中国北方农牧交界线向南推移,今天晋北、陕北由农业区转变为畜牧区,内蒙古中部则完全成为游牧"③。由此可见,我们说隋唐时期中国北方的农牧分界线呈现北移的状况,但在中唐以后农牧分界线又向南有所移动。这种农牧分界线先向北移又向南移的变化,与气候起先比较温暖而在中唐后又有所转寒的趋势基本吻合,这种巧合的情况确实值得人们深思。

(二)重农政策促使了农业开垦

南北朝时期政府就采取了诸多重农措施。比如,"北齐籍于城东南千亩,设御坛于阡陌东。正月吉亥,使公卿祀先农于坛上;祀讫,帝降至耕位,执耒三推,升坛即坐。一品五推,二品七推,三品九推"④。

延至隋唐,仍实行重农政策,《陈旉农书》的作者陈旉言:"汉唐之盛,损益三代之制,而孝弟力田之举,犹有先王之遗意焉。"⑤天子扶犁亲耕的礼仪开始于汉代,后代一直沿用,直至明清。隋唐时期政府对籍田礼的程序和仪式作了详细

---

①本部分之黄土高原范围系采用史念海的划分,指南倚秦岭,北抵阴山,西至乌鞘岭,东抵太行山,包括现在山西全省和陕甘两省的大部,兼有宁夏回族自治区和内蒙古自治区的一部分。见史念海:《黄土高原历史地理研究·前言》,黄河水利出版社,2001 年。

②蓝勇:《唐代气候变化与唐代历史兴衰》,《中国历史地理论丛》2001 年第 1 期。

③蓝勇:《唐代气候变化与唐代历史兴衰》,《中国历史地理论丛》2001 年第 1 期。

④[唐]张九龄等著,袁文兴、潘寅生主编:《唐六典全译》卷十九,甘肃人民出版社,1997 年,第 520 页。

⑤[宋]陈旉:《农书·序》,中华书局,1985 年。

的规定。这里把隋代的籍田礼的仪式介绍如下：

> 隋于启夏门外置地千亩，为坛。孟春吉亥祭先农，以后稷配，牲用太牢。皇帝服衮冕，备法驾，乘耕根车，祀三献讫，因耕。司农授耒，皇帝三推，执事以授应耕者，各以班五推、九推，司农率其属终亩。皇朝因之。开元二十三年正月，上亲耕于洛阳东门外，诸儒奏议，以为古者耦耕，以一垡为一推，其礼久废；今用牛耕，宜以一步为一推。及亲籍田，太常卿告三推礼毕，上曰："朕忧农人之勤劳，欲俯同九推。"遂九推而止。于是，公卿以下皆过于古云。①

针对牧马业侵夺农田的状况，武则天时期的张廷珪曾予以劝谏，强调农业的重要："高原耕地夺为牧所，两州无复丁田，牛羊践暴，举境何赖？"②

隋唐政府的重农政策还体现在水利兴修和屯田等事宜上，从而促进了农业的发展。比如，隋炀帝时，政府积极兴修水利，在宜农的地区发展屯田，又于西域之地，置西海、鄯善、且末等郡，"谪天下罪人，配为戍卒，大开屯田，发西方诸郡运粮以给之。道里悬远，兼遇寇抄，死亡相续"③。对黄淮海平原来说，也是如此。该区汉唐时期农业之所以在全国居于举足轻重的地位，"其中一条很重要的原因，就是大规模农田水利工程的修建"④。唐朝的屯田管理比较严密健全，注重对屯田绩效的考核。比如《新唐书》云："唐开军府以扞要冲，因隙地置营田，天下屯总九百九十二"，"凡屯田收多者，褒进之"，"开元二十五年，诏屯官叙功以岁丰凶为上下。镇戍地可耕者，人给十亩以供粮。方春，屯官巡行，谪作不时者。天下屯田收谷百九十余万斛"⑤。

（三）少数民族内徙与农业扩展

少数民族内徙也促使了农业区进一步扩展。比如，东突厥汗国灭亡前后，大部分突厥人南迁，受当地自然条件和农业经济的影响，突厥人开始从事农业生产，采取的是农牧兼作的形式。据贞观十二年（638年）诏书，南迁的突厥各

---

①［唐］张九龄等著，袁文兴、潘寅生主编：《唐六典全译》卷十九，甘肃人民出版社，1997年，第520页。

②［北宋］欧阳修、宋祁：《新唐书》卷一百一十八《张廷珪传》，中华书局，1975年，第4262页。

③［唐］魏征等：《隋书》卷二十四《食货志》，中华书局，1973年，第687页。

④邹逸麟主编：《黄淮海平原历史地理》，安徽教育出版社，1997年，第286页。

⑤［宋］欧阳修、宋祁：《新唐书》卷五十三《食货志》，中华书局，1975年，第1372页。

部"今岁以来,年谷屡登,种粟增多,畜牧蕃息,缯絮无乏,咸弃其毡裘;菽粟有余,靡资于狐兔"①。唐开元八年(720年)三月,唐廷向关内、河东、河西新投降的部落首领下诏,"部落有疾苦,便量给药物,无令田陇废业、含养失所"②,以安置关内、河东、河西内迁的百姓。

(四)关中粮食紧张与农耕发展

唐代的长安是当时国家的经济政治和文化中心。经过唐朝盛世的近百年经营和开发,关中人口大为增长,隋唐时期关中人口的密集程度可以从汉代、唐代关中人口之对比得到体现。西汉、东汉、唐代关中地区的人口分别为2436360人、523860人、3073117人,占全国人口比例分别为4.09%、1.07%、6.34%,若与宋代相比,宋代的比例为3.85%,唐代关中人口所占全国人口的比例(6.34%)也是很高③。在关中地区人口变得更为密集的背景下,当地粮食生产已出现供给不足的情况。

在人口密集的情况下,关中土地呈现超载的情况。唐朝政府为解决粮食问题,一方面大量开垦荒地,特别是对泾水、渭水地带进行过度的开垦,以扩大耕地面积。此前黄土高原地区农耕主要是在平原地带,自唐以后出现了一个新的变化,此时屯田向深度发展,开始毁坏山地林草,开垦山地④。

另一方面,隋唐大力发展漕运,调运关东粮食接济京师军需民食。到了唐代中叶,漕粮最高曾经达到四百万石,741年,韦坚开凿了广运潭,"漕山东粟四百万石",一般情况下漕粮都在百万石左右。《新唐书》记载了开元年间裴耀卿的事迹:"凡三岁,漕七百万石,省陆运佣钱三十万缗。"⑤裴耀卿是治理漕运的能臣,史载"及耀卿罢相,北运颇艰,米岁至京师才百万石"。开元二十五年(737年)唐代漕运的情况为,"二十五年,遂罢北运。而崔希逸为河南陕运使,岁运百

---

①[宋]宋敏求编,洪丕谟、张伯元、沈敦家点校:《唐大诏令集》卷一百二十八《突厥李思摩为可汗诏》,学林出版社,1992年,第635页。

②[北宋]宋敏求编,洪丕谟、张伯元、沈敦家点校:《唐大诏令集》卷一百二十八《赐入朝新降蕃首敕》,学林出版社,1992年,第632页。

③参见张小明、樊志民:《生态视野下长安都城地位的丧失》,《中国农史》2007年第3期。

④参见傅筑夫:《中国封建社会经济史》,四川人民出版社,1986年,第244—245页。

⑤[宋]欧阳修、宋祁:《新唐书》卷五十三《食货志》,中华书局,1975年,第1366页。

八十万石。其后以太仓积粟有余,岁减漕数十万石"①。

有时关中区域的农业生产遇到灾荒,长安粮食严重不足,甚至有人建议皇帝到东都洛阳去解决食粮问题。这时,有一个叫彭君卿的巫师受人指使,向皇帝表达了不可到东都解决粮食问题的看法②。

（五）防御需要与军事屯垦

隋唐时期,很大一部分原因是出于军事需要,政府在边疆的屯田进入新一轮高潮。唐初以来,突厥、吐蕃经常侵犯边境,唐代前期的边境地区始终驻有强大的边防部队。区域性的研究也指出了边疆屯田的具体状况,比如,"唐代的屯田主要在青海东部地区,其目的是抵御新兴吐蕃王朝的咄咄逼人的攻势。吐蕃王朝兴起于雅鲁藏布江流域,东征西讨,南征北伐。唐朝则极力扶持吐谷浑以抵御吐蕃北上东进的势头"③。

唐朝在陇右、河西、西域等地常年驻军的总数就有四十万人之多,由此导致的赋役供给是当时的一大负担。史籍对天宝元年(742年)边防部队分布的情况作了记载。

安西节度"统龟兹、焉耆、于阗、疏勒四镇,治龟兹城,兵二万四千";北庭节度"统瀚海、天山、伊吾三军,屯伊、西二州之境,治北庭都护府,兵二万人";河西节度"统赤水、大斗、建康、宁寇、玉门、墨离、豆卢、新泉八军","屯凉、肃、瓜、沙、会五州之境,治凉州,兵七万三千人";朔方节度"统经略、丰安、定远三军","屯灵、夏、丰三州之境,治灵州,兵六万四千七百人";河东节度"统天兵、大同、横野、岢岚四军,云中守捉,屯太原府忻、代、岚三州之境,治太原府,兵五万五千人";范阳节度"统经略、威武、清夷、静塞、恒阳、北平、高阳、唐兴、横海九军,屯幽、蓟、妫、檀、易、恒、定、漠、沧九州之境,治幽州,兵九万一千四百人";陇又节度"统临洮、河源、白水、安人、振威、威戎、漠门、宁塞、积石、镇西十军","屯鄯、廓、洮、河之境,治鄯州,兵七万五千人"。对于这数十万的边疆驻军,即便存在

①［宋］欧阳修、宋祁:《新唐书》卷五十三《食货志》,中华书局,1975年,第1367页。

②景龙三年(709年),"是岁,关中饥,米斗百钱。运山东、江、淮谷输京师,牛死什八九。群臣多请车驾复幸东都,韦后家本杜陵,不乐东迁,乃使巫觋彭君卿等说上云:'今岁不利东行。'后复有言者,上怒曰:'岂有逐粮天子邪!'乃止"。见［宋］司马光编著,［元］胡三省音注:《资治通鉴》卷二百九《唐纪二十五》,中华书局,1956年,第6639页。

③陈新海:《历史时期青海经济开发与自然环境变迁》,青海人民出版社,2009年,第75页。

军屯的状况,粮食、布匹等部队生活必需品仍需要中央政府加以补充。史载唐开元之前"每岁供边兵衣粮,费不过二百万",但唐天宝之后,因为边境增兵过多,朝廷供给边疆的物资补助比以前更多,比如,"安西衣赐六十二万疋段,北庭衣赐四十八万疋段,河西衣赐百八十万疋段,朔方衣赐二百万疋段,河东衣赐百二十六万疋段,粮五十万石,范阳衣赐八十万疋段,粮五十万石,平卢失衣粮数,陇右衣赐二百五十万疋段,剑南衣赐八十万疋段,粮七十万石",如此巨额对边防部队的衣食供给,造成了"公私劳费,民始困苦"的局面①。

二、畜牧业发展的原因及状况分析

(一)隋唐五代发展畜牧业的重要性

常言道古代是"马上得天下"的时代,军事需要是隋唐五代畜牧业发展的重要因素。此外,隋唐时期畜牧业发展对交通运输业、农牧民生产生活等方面也产生重要影响,其实为当时国计民生之大端。

1.军事对畜牧业的依赖与需求

在冷兵器时代的古代战争中,骑兵建设尤为重要,骑兵建设的好坏直接关系到战争的胜败。比如,唐武德九年(626年),突厥颉利可汗领兵南侵至长安渭水桥北,号称百万骑兵。面对对方百万骑兵,唐高祖只能忍辱用"卷甲韬戈,啖以金帛"的方式让其退兵②。

当唐代骑兵得到大力发展时,国家的军事实力便得到了实质性提升。当再次与北方颉利可汗交战时,唐朝皇帝明显采取了另一种战略方针。比如,唐贞观初,兵部尚书李靖使用精锐骑兵进击颉利,颉利败逃碛口。事见如下记载:贞观三年(629年),"突厥诸部离叛,朝廷将图进取,以靖为代州道行军总管,率骁骑三千,自马邑出其不意,直趋恶阳岭以逼之",颉利可汗在此战中仓皇逃往碛口。对此战争,唐太宗李世民如此评价:"昔李陵提步卒五千,不免身降匈奴,尚

①[宋]司马光编著,[元]胡三省音注:《资治通鉴》卷二百一十五《唐纪三十一》,中华书局,1956年,第6847—6851页。

②唐高祖有次和萧瑀谈话时,对当时如此忍辱负重的原因作出解释:"所以不战者,吾即位日浅,国家未安,百姓未富,且当静以抚之。一与虏战,所损甚多;虏结怨既深,惧而修备,则吾未可以得志矣。故卷甲韬戈,啖以金帛。彼既得所欲,理当自退,志意骄惰,不复设备。然后养威伺衅,一举可灭也。将欲取之,必固与之,此之谓矣。"见[宋]司马光编著,[元]胡三省音注:《资治通鉴》卷一百九十一《唐纪七》,中华书局,1956年,第6020页。

得书名竹帛。卿以三千轻骑深入虏庭,克复定襄,威振北狄,古今所未有,足报往年渭水之役。"①从此突厥便无力南犯。这里面起关键性作用的就是骁勇的精锐骑兵。

军事斗争对大量战马有需求,发展牧马业便显得非常重要。《新唐书》记载马政云:"马者,兵之用也;监牧,所以蕃马也,其制起于近世。唐之初起,得突厥马二千匹,又得隋马三千于赤岸泽,徙之陇右,监牧之制始于此。"②有专家研究指出:"隋唐时期,我国西北地区的官营畜牧业甚为发达,这是自汉以后,我国西北地区大家畜发展的又一个高潮,这一时期在畜牧业发展的基础上,出现了家畜饲料标准,家畜繁殖饲养奖惩制度、马籍制度和马印制度。这些对促进当时畜牧生产的发展,具有重要意义。"③

唐代不仅发展官营牧马业,为了保障军需供应还出台了鼓励民间养私马的政策措施。唐朝初年,魏元忠向唐高宗上疏,指出部队行军必须要依靠战马,没有几十万战马则不足以与敌人交战,所以建议采取鼓励民间养马而国家予以收购的政策:"臣请天下自王公及齐人挂籍之口,人税百钱;又弛天下马禁,使民得乘大马,不为数限,官籍其凡,勿使得隐。不三年,人间畜马可五十万,即诏州县以所税口钱市之。若王师大举,一朝可用。且虏以骑为强,若一切使人乘之,则市取其良,以益中国,使得渐耗虏兵之盛,国家之利也","高宗善之"④。唐高宗重视魏元忠提出的支持发展民间养私马的建议,生动反映了在"马上得天下"的时代,注重马政对提升国家军事实力的重要性。

唐初武德时期,养私马多的农户的户等会升高,户税也会相应增加,这挫伤了农民养私马的积极性。唐玄宗即位之初"国马益耗",针对此情况,开元九年(721年),唐玄宗发布诏令着力革除妨碍私人养马的弊政:"天下之有马者,州县皆先以邮递军旅之役,定户复缘以升之。百姓畏苦,乃多不畜马,故骑射之士减曩时。自今诸州民勿限有无荫,能家畜十马以上,免帖驿邮递征行,定户无以马为赀。"在这之后马政得以恢复,至开元十三年(725年)所养马匹增加到了四

①[后晋]刘昫等:《旧唐书》卷六十七《李靖传》,中华书局,1975年,第2479页。

②[宋]欧阳修、宋祁:《新唐书》卷五十《兵志》,中华书局,1975年,第1337页。

③梁家勉主编:《中国农业科学技术史稿》,农业出版社,1989年,第316页。

④[宋]欧阳修、宋祁:《新唐书》卷一百二十二《魏元忠传》,中华书局,1975年,第4342页。

十三万,"其后突厥款塞,玄宗厚抚之,岁许朔方军西受降城为互市,以金帛市马,于河东、朔方、陇右牧之。既杂胡种,马乃益壮"①。

这种政策调整减轻了养私马的民户的经济负担,促进了唐代牧马业的发展。

若以区域而论,唐玄宗天宝以后西北地区官民在发展畜牧业方面用力颇多,史称有三十二万匹马。有如此记载:"天宝后,诸军战马动以万计。王侯、将相、外戚牛驼羊马之牧布诸道,百倍于县官,皆以封邑号名为印自别;将校亦备私马。议谓秦、汉以来,唐马最盛,天子又锐志武事,遂弱西北蕃。十一载,诏二京旁五百里勿置私牧。十三载,陇右群牧都使奏:马牛驼羊总六十万五千六百,而马三十二万五千七百。"②

隋唐时期马匹的多少和优劣事关战争胜负,学会如何从普通马匹中选出良种马便显得很重要。史籍多有对相马之术的记载。唐代书籍对相马术中的良马特征有这样的表述:"前视见目,傍视见腹,后视见肉,骏马也。齿欲齐密,上下相当。上唇欲急而方,下唇欲缓而厚。口欲红而有光,如穴中看火,千里马也。"③

2. 交通运输与农牧民生产生活对畜牧业发展的需要

我国的养马业起源甚早。"早在殷代,我国的养马业就已经受到国家的重视,专门设有'多马''马小臣'等官职负责其事"④。唐代在全国范围内建立了完备的驿传制度,以方便信息传递,而驿传传递文件主要靠"驿马"来进行。每驿必须换马,以保证各种情报的迅速传递。

另外,耕牛是农耕生产中的重要生产力,隋唐时期也是如此。武则天统治时期,监察御史张廷珪曾上书强调耕牛的重要性。张廷珪言及"今河南牛疫,十不一在,诏虽和市,甚于抑夺"状况,指出:"君所恃在民,民所恃在食,食所资在耕,耕所资在牛;牛废则耕废,耕废则食去,食去则民亡,民亡则何恃为君?"⑤

隋唐时期,畜产品与人们日常生活也息息相关。唐五代手工业制作的各种

① [宋]欧阳修、宋祁:《新唐书》卷五十《兵志》,中华书局,1975年,第1338页。

② [宋]欧阳修、宋祁:《新唐书》卷五十《兵志》,中华书局,1975年,第1338页。

③ [唐]李筌:《太白阴经》,广州出版社,2003年,第40页。

④ 袁庭栋、刘泽模:《中国古代战争》,四川省社会科学院出版社,1988年,第323页。

⑤ [宋]欧阳修、宋祁:《新唐书》卷一百一十八《张廷珪传》,中华书局,1975年,第4262页。

产品中,有不少品种的原料来自畜产品,比如牲畜的皮、毛等。唐代设有右尚署掌管此事。在右尚署,"皇朝因置令二人,掌造甲胄、具装、刀、斧、钺及皮毛杂作、胶墨、纸笔、荐席等事。开元十八年省一人,升为正七品下"[①]。唐代还设有专门的畜牧饲养的机构和人员。对于唐代虞部郎中的职能,《唐六典》记载云:"凡殿中、太仆所管闲厩马,两都皆五百里供其刍稿。其关内、陇右、西使、北使、南使诸牧监马、牛、驼、羊皆贮稿及茭草。(高原稿支七年,茭草支四年;平地稿支五年,茭草支三年;下土稿支四年,茭草支二年。)"[②]

唐代游牧民族将奶酪等畜牧产品作为日常食物,还常以畜肉供给皇亲贵戚。《唐六典》对供应畜产品的标准作出了规定,亲王"每月给羊二十口,猪肉六十斤,鱼三十头,各一尺"[③]。

(二)隋唐五代畜牧业发展状况

总体而言,隋唐黄土高原畜牧业发展存在阶段性特征。在隋代和唐安史之乱以前,牧业获得很大发展,军事因素起了重要作用。

隋代及唐前中期,黄土高原养马业获空前发展,马的数量和质量都超过了前代。据《新唐书·兵志》,唐代建国之初依靠从突厥及隋所获得的五千匹马起家,将这些马匹"徙之陇右",由此产生了唐代监牧的制度[④]。贞观年间,唐太宗便下令:"贞观中自京师东赤岸泽移马牧于秦、渭二州之北,会州之南,兰州狄道县之西,置监牧使以掌其事。"[⑤]

自贞观至麟德四十年间,国营牧马增长到70.6万匹。这些马匹由八坊四十八监牧养,由于饲养马匹数量众多且地方有限,又在河西分置八监。关于此时期牧马业之兴盛,《新唐书》作如此记载:

> 自贞观至麟德四十年间,马七十万六千,置八坊岐、豳、泾、宁间,

---

① [唐]张九龄等原著,袁文兴、潘寅生主编:《唐六典全译》卷二十二,甘肃人民出版社,1997年,第574页。

② [唐]张九龄等原著,袁文兴、潘寅生主编:《唐六典全译》卷七,甘肃人民出版社,1997年,第241页。

③ [唐]张九龄等原著,袁文兴、潘寅生主编:《唐六典全译》卷四,甘肃人民出版社,1997年,第158页。

④ [宋]欧阳修、宋祁:《新唐书》卷五十《兵志》,中华书局,1975年,第1337页。

⑤ 参见[唐]李吉甫撰,贺次君点校:《元和郡县图志》卷三《原州》,中华书局,1983年,第59页。

地广千里,一曰保乐,二曰甘露,三曰南普闰,四曰北普闰,五曰岐阳,六曰太平,七曰宜禄,八曰安定。八坊之田,千二百三十顷,募民耕之,以给刍秣。八坊之马为四十八监,而马多地狭不能容,又析八监列布河西丰旷之野。凡马五千为上监,三千为中监,余为下监。①

所以在京兆以西至陇右地区,皆有牧监。至天宝十二年(753年),陇右诸牧监的马总计有三十一万九千三百八十七匹②。此时期畜牧业获得了巨大的发展。

唐代前期,陕北黄土高原作为拱卫京畿的重要地区,不仅增设州、县,恢复发展农业生产,"而且朝廷与王公贵族还建立了多处牧场,畜养大批马、驼、牛、羊。自然植被虽有所减少,生态环境还没有受到太大的破坏"③。

此时期黄土高原的民间养马业也很兴盛。唐代贵族官僚、民间富人饲养了大量私马。比如在《全唐文》中,颜真卿记载云:"盘禾安氏有马千驷,怙富不虔,一族三人,立皆殴毙。"④唐肃宗刚登帝位时,曾收兵至彭原,其时"率官吏马抵平凉,搜监牧及私群,得马数万,军遂振"⑤。私马被搜的数量如此之多,也说明民间畜牧业之兴盛。

需要注意的是,隋唐时期黄土高原"牧马之地在有关各州中只不过占了一部分,甚或是较小的一部分"⑥。并不是牧监所在的州都是牧马的,所谓的牧区其实多有农业生产,实际上是半农半牧地区,这方面的例子不少。比如唐初所撰《隋书·地理志》云:"京兆王都所在,俗具五方,人物混淆,华戎杂错。……自京城至于外郡,得冯翊、扶风,是汉之三辅。其风大抵与京师不异。安定、北地、上郡、陇西、天水、金城,于古为六郡之地,其人性犹质直。然尚俭约,习仁义,勤于稼穑,多畜牧,无复寇盗矣。"⑦可见这些地区应是半农半牧地区。这也说明了

① [宋]欧阳修、宋祁:《新唐书》卷五十《兵志》,中华书局,1975年,第1337页。
② 参见[唐]李吉甫撰,贺次君点校:《元和郡县图志》卷三《原州》,中华书局,1983年,第59页。
③ 朱士光:《黄土高原地区环境变迁及其治理》,黄河水利出版社,1999年,第151页。
④ [清]董诰等:《全唐文》卷三百四十二《颜真卿》,中华书局,1983年,第3467页。
⑤ [宋]欧阳修、宋祁:《新唐书》卷五十《兵志》,中华书局,1975年,第1339页。
⑥ 史念海:《黄土高原历史地理研究》,黄河水利出版社,2001年,第559页。
⑦ [唐]魏征等:《隋书》卷二十九《地理志》,中华书局,1973年,第817页。

隋代及唐代前期农牧分界线北移的情况。

降至唐后期,国营畜牧业包括牧马业虽间有恢复,但已不能和唐前期相比了。唐天宝十四年(755 年),安禄山发动叛乱,吐蕃乘机攻陷陇右、河西等地,这对陇右、河西官营牧场的冲击巨大。安史之乱后,马政分为各地方镇所辖。可以认为,安史之乱是我国畜牧业发展产生巨大变化的重要契机,"安史之乱后,中原王朝在西北地区的传统国营牧场相继丧失,以养马业为基干的国营畜牧业走向衰落,畜牧业向着饲养猪、羊、家禽和较小规模经营的方向发展"①。

三、黄土高原农牧业活动的生态影响

畜牧业和农业对生态环境的破坏存在差异。但毫无疑问,无论是农业还是牧业的发展,都会对森林资源造成破坏。森林资源的过度消耗加剧了水土流失,导致黄土高原的生态环境恶化,干旱化、沙漠化、灾害频仍是生态环境遭破坏的重要表现。

(一)植被破坏及水土流失

总的来说,魏晋南北朝时期黄河中游"是平原地区的森林遭受到严重破坏的时期",此时期结束时"平原地区已经基本上没有林区可言了"②。到唐宋时期,黄河中游"森林地区继续缩小,由于远程采伐的范围不断扩大,山地森林受到比较严重的破坏"③。

这里可以从畜牧业和农业两个方面来进行考察。

从畜牧业来看,其对天然植被的破坏通常较农业轻微。发展畜牧业相对来说是一种保护性开发的途径。毕竟,少数民族游牧生活"逐水草而居",按季节转换放牧,这样就会使草场获得恢复植被的机会。

但畜牧业对森林植被的破坏是毋庸置疑的。对于牧马业的生态影响,专家研究指出:"用现在的地理概念来说,唐代养马地区最西到了青海东南部,向东包括甘肃中部和东部、陕西北部和山西西北部。这些地方又都位于山地区或山地区附近,山地的森林不能不受破坏。这些地方养马的时间较久,所以至今还

---

①梁家勉主编:《中国农业科学技术史稿》,农业出版社,1989 年,第 317 页。
②史念海:《黄土高原历史地理研究》,黄河水利出版社,2001 年,第 448 页。
③史念海:《黄土高原历史地理研究》,黄河水利出版社,2001 年,第 461 页。

留有当时养马的遗迹。"①

有些牧马区域位于树木茂密的山区,马政的发展便会伴随着砍伐一定数量的树木。在黄土高原,"吕梁山脉森林的破坏,除了人工采伐,繁殖马匹也是一个原因"②。

即便如此,也不可以认为隋唐时期黄土高原的山地森林已受到全面毁坏,实际上,明清时期是对黄土高原山地森林破坏最严重的时期。具体到一定区域来看也是如此。隋唐五代十国时期,在山西地带,"唐末前再加上沟注山之北的雁北和晋西北的西北部,全省森林还占总面积之小半,分布也较均匀,故气候调匀,土沃少瘠,水源丰盛,生态良好"③,对山西森林更为严重的破坏是在北宋以后。

除了发展马政对森林资源的消耗,唐代不少游牧民族的生产生活对森林的消耗也不少。此时对林木的采伐,已经开始从近处山林向远处山林转变④。

农业开发是导致生态破坏的第二大方面。隋唐农业开发破坏生态主要是因为:一是农业开垦对原有植被造成破坏,二是弃耕另垦的现象使水土流失加剧。

垦伐过度会破坏原有生态的平衡。在安史之乱之后的唐代后期,大批贫苦农民来到陕北开荒垦种以维持生活。在陕北黄土高原,"唐王朝为缓和日益尖锐的社会矛盾,被迫将一些牧场撤除,允许贫民、军吏耕种。自此之后,陕北黄土高原由半农半牧地区基本上变成了一个以农垦为主的地区。由于垦伐失度,大量草原与林地被开垦为农田,耕地虽增加了,但由于采取广种薄收的粗放生产方式,加之社会动荡不安,农业生产反而较安史之乱前衰退了。与此相应,生态环境也遭到较严重的破坏"⑤。

---

①史念海、曹尔琴、朱士光:《黄土高原森林与草原的变迁》,陕西人民出版社,1985 年,第160—161 页。

②史念海、曹尔琴、朱士光:《黄土高原森林与草原的变迁》,陕西人民出版社,1985 年,第159 页。

③翟旺、米文精:《山西森林与生态史》,中国林业出版社,2009 年,第 145 页。

④在黄河中游,唐宋时期"森林地区继续缩小,主要是由于远程采伐的范围不断扩大,从而使山地森林受到严重的破坏。正是由于近处山林难于满足需要,破坏的范围就扩及更远的山地"。见史念海:《河山集·二集》,生活·读书·新知三联书店,1981 年,第274 页。

⑤朱士光:《黄土高原地区环境变迁及其治理》,黄河水利出版社,1999 年,第 151 页。

赋税制度对土地开垦及山林砍伐起了不可忽视的作用。当时政府的粮赋制度规定,在定税额数之外,若新垦田地,"州县不得辄问"。据《唐会要》卷八十四《租税下》载:会昌元年(841 年)规定,"自今已后,州县每县所征科斛斗,一切依额为定,不得随年检责。数外如有荒闲陂泽山原,百姓有人力,能垦辟耕种,州县不得辄问所收苗子。五年不在税限,五年之外,依例收税"[①]。

许多农民为了逃避赋税,采取了垦种几年后弃耕又另垦新荒的办法,出现"新亩虽辟,旧畲芜矣"的情况。宰相陆贽上疏请求厘革其害,"贵田野垦辟,率民殖荒田,限年免租,新亩虽辟,旧畲芜矣。人以免租年满,复为污莱,有稼穑不增之病"[②]。但是,"贽言虽切,以谗逐,事无施行者"[③]。这不仅造成过度开垦,大量不宜耕种的丘陵、山地被开垦,致使植被遭到破坏;也会使已垦土地裸露地表,在北方干旱多风的气候条件下,必然沙土飞扬,水土流失加剧。

在隋唐以后,依然存在上述经济活动对森林破坏的方式,并且更为严重。可能正如美国的约翰·麦克尼尔在《由世界透视中国环境史》中所指出的,"也许在过去三千年中国史上最大的环境变迁是森林的破坏和地表水域的重组。在这两件事上,中国人是所有的人之中最热心且精通的,但他们的举措、野心和动机与其他社会人民的完全一致"[④]。

(二)土壤沙化及沙漠化

在魏晋时期及以前,北方沙漠化还不太明显。但至隋唐时期,随着农牧业活动范围的扩大及开发的不尽合理,北方地区土壤沙化或沙漠化现象较以前严重。比如,古盐州所在地,今陕西定边县,唐代的情况是已经被沙漠包围。据大中五年的诏书:"唯盐州深居沙漠,塞上农桑,军士衣粮,须通商旅。"[⑤]再比如,在今陕西靖边县北的统万城地带,原本水草丰茂,崔鸿《三十国春秋·夏录》记载道:"赫连昌发二百里内民二万五千人凿嘉平陵,七千人缮清庙于契吾,初昌

---

① [宋]王溥:《唐会要》卷八十四《租税下》,中华书局,1955 年,第 1543—1544 页。

② [宋]欧阳修、宋祁:《新唐书》卷五十二《食货志》,中华书局,1975 年,第 1356 页。

③ [宋]欧阳修、宋祁:《新唐书》卷五十二《食货志》,中华书局,1975 年,第 1357 页。

④ 刘翠溶、伊懋可主编:《积渐所至:中国环境史论文集》,"中央研究院"经济研究所 2000 年,第 50 页。

⑤ [宋]宋敏求编,洪丕谟、张伯元、沈敖大点校:《唐大诏令》卷一百二十九《洗雪平复党项德音》,学林出版社,1992 年,第 642 页。

父勃北游契吾,升高而叹曰:'美哉斯阜,临广泽而带清流,吾行地多矣,未有若斯之美。'"①这里以前绝非沙漠。对于此统万城,隋时一度改为朔方郡,唐时仍然称为夏州,"可是到了唐代后期,这里就有了变化。……可见夏州的沙漠已颇为可观,使这座州城都受到威胁"②。

这种沙漠化加剧固然有气候等自然原因。唐代后期气候呈现出多风以及寒冷干旱的特征,这为土地的进一步沙化提供了自然条件。比如,史载唐长庆二年(822年)"正月己酉,大风霾。十月,夏州大风,飞沙为堆,高及城堞。三年正月丁巳朔,大风,昏霾终日"③。

但也要注意到,人类经济活动导致植被破坏,这是沙漠化现象严重的基本诱因。森林遭到破坏与沙漠化加剧有直接的关联,"中国历史时期气候的变化,尤其是干旱半干旱地区的沙漠化,其原因固然与青藏高原的隆起、太阳的活动有关,但由于人为的活动所导致的我国(当然还有周边国家)森林的大规模减少恐怕也是一个十分重要的因素"④。

过度屯田开发,使一些河流下游水源缺乏,这反过来制约了屯田的继续进行,再加上耕而废弃的因素,使得已有屯田被废弃,从而导致土壤沙化现象。比如,建中元年(780年),京兆尹严郢就指出了废弃旧有屯田之状况,严郢奏曰:"按旧屯沃饶之地,今十不畊一,若力可垦辟,不俟浚渠,其诸屯水利,可种之田甚广,盖功力不及,因致荒废。"⑤

现今乌兰布和沙漠北部地区,原是黄河冲积平原上的一片草原。在汉代开垦以前,这里是一望无际的干草原,北面阴山则为林木所覆盖;到了汉代,移民在此垦荒的时候,水源还比较充沛,汉代垦区得以发展;但随着汉族人口全部退却,广大地区田野荒芜,地表无任何作物覆盖,从而大大助长了强烈的风蚀作

①[宋]李昉等:《太平御览》卷五百五十五《葬送三》,中华书局,1960年,第2511页。

②史念海、曹尔琴、朱士光:《黄土高原森林与草原的变迁》,陕西人民出版社,1985年,第205—206页。

③[宋]欧阳修、宋祁:《新唐书》卷三十五《五行志》,中华书局,1975年,第901页。

④樊宝敏、董源、张钧成、印嘉佑:《中国历史上森林破坏对水旱灾害的影响——试论森林的气候和水文效应》,《林业科学》2003年第3期。

⑤[宋]王溥:《唐会要》卷八十九《疏凿利人》,中华书局,1955年,第1619页。

业,沙漠逐渐得以形成,北宋初年已有该地区沙漠形成的记载①。

自唐始,毛乌素南缘地区由于过度开垦和放牧,超越了自然条件的承受能力,关于夏州沙漠的记载就渐渐多了起来。史载韩全义"贪而无勇,短于抚御",唐德宗贞元十三年(797年),其带兵去夏州赴任,但军士认为那地方是风沙之地而拒不受命②。这也说明夏州的生存环境颇为恶劣。唐代诗人许棠《夏州道中》诗亦云:"茫茫沙漠广,渐远赫连城。"③

夏州城自赫连勃勃建立后,历北魏、北周以及隋代至于唐代中叶,有四百年上下的光景,为什么会出现沙漠化?原因在于"这里本是草原,人口增加以后,势必开垦成为农田。……当地土壤中多已含沙,开垦时久,土被风吹,沙粒留下,因而就容易变成沙地"④。

(三)自然灾害频仍

邓拓对隋唐五代时期自然灾害作了研究。"隋朝自统一以至衰亡,忽忽29年间,大灾22次。计旱灾9次,水灾5次,地震3次,风灾2次,蝗、疫、歉饥各1次。"⑤"唐受隋禅,历289年,报灾的制度比较完备,因此记录下来的受灾次数也比前代为多,计受灾493次。其中旱灾125次,水灾115次,风灾63次,地震52次,雹灾37次,蝗灾34次,霜雪27次,歉饥24次,疫灾16次。"⑥"在五代前后54年中,天灾的发生,达51次。分别说来,计有旱灾26次;水灾11次;蝗灾6次;雹灾3次;地震3次;风灾2次"⑦。五代十国50多年间,天灾以水灾为最,"黄河决溢竟高达11次"⑧。

---

①参见侯仁之:《乌兰布和沙漠北部的汉代垦区》,见侯仁之、邓辉主编:《干旱半干旱地区历史时期环境变迁研究文集》,商务印书馆,2006年,第97页。

②史载:"制未下,军中知之,相与谋曰:'夏州沙碛之地,无耕蚕生业。盛夏移徙,吾所不能。'是夜,戍卒鼓噪为乱,全义逾城而免,杀其亲将王栖岩、赵虔暄等。赖都虞候高崇文诛其乱首而止之,全义方获赴镇。"见[后晋]刘昫等:《旧唐书》卷一百六十二《韩全义传》,中华书局,1975年,第4247—4248页。

③《全唐诗》卷六百三,中华书局,1999年,第7027页。

④史念海、曹尔琴、朱士光:《黄土高原森林与草原的变迁》,陕西人民出版社,1985年,第207页。

⑤邓拓:《中国救荒史》,武汉大学出版社,2012年,第17页。

⑥邓拓:《中国救荒史》,武汉大学出版社,2012年,第17页。

⑦邓拓:《中国救荒史》,武汉大学出版社,2012年,第19页。

⑧邱国珍:《三千年天灾》,江西高校出版社,1998年,第152页。

这里我们再把隋唐时期与魏晋及宋代以后的水旱灾害发生情况作一对比（见表3-1）。

表3-1　陕北、关中水旱灾害发生频率比较①

时间　　　灾害类型	公元前2世纪到2世纪	3世纪到6世纪	7世纪到10世纪	11世纪到19世纪
陕北旱灾	27	8	63	152
陕北水灾	2	1	3	30
关中旱灾	32	20	92	163
关中水灾	3	3	19	32
陕北、关中总计	64	32	177	377
每百年水旱灾害数	16	8	44.25	41.89

由此可知，大致对应于隋唐时期的7世纪到10世纪，黄土高原水旱灾害发生频率比魏晋南北朝要高，这与隋唐农牧业开发对森林破坏的加重密切相关。毕竟，森林有强大的蓄水保水功能，能减轻洪涝灾害，森林受到破坏会对自然灾害的发生产生负面影响。一般认为，隋唐时期，黄河流域上中游农牧业的过度开发或不合理开发，破坏了森林资源，加剧了水土流失。

同时，不可否认，相对于南北朝来说，隋唐政局较为稳定，更重视水利建设，这些举措对灾害尤其是水旱灾害会起到抑制发生或缓解灾情的作用。水利事业的发展与政局的稳定与否关系密切，这在唐代得到了充分的体现。从唐初到开元天宝年间，水利工程如雨后春笋般兴起，此时期是农田水利事业的大发展时期；从天宝十四载（755年）安史之乱到唐文宗开成末年，是唐代水利事业由停滞到衰落的过渡时期；唐武宗以后，朝政更加腐败，藩镇割据演变成了不断的战争，农民起义的烽火也到处点燃，唐代水利事业进入了彻底没落的时期②。

唐代的救灾措施和制度建设较为完备。在唐代，"对于已发生的自然灾害，当时政府大体采取了以下措施：免租税、贷给种子、移民就食、开仓救济、扑灭蝗

①资料源自朱士光：《历史时期黄土高原自然环境变迁及其对人类活动之影响》，《干旱地区农业研究》1985年第1期。

②《黄河水利史述要》，黄河水利出版社，2003年，第169—170页。

虫、遣送医药等等"①。

第五节　晋唐黄河清浊变化与河患

一、黄河及其支流清浊变化及河患

（一）黄河浑浊之常态及隋唐"黄河清"现象

1.黄河浑浊之常态

黄河浑浊历史久远。王星光指出："黄河在西周时就已经由清变浊,人们对黄河的认识就是一条多泥沙河流,其本色就是'浑浊'的。"②

秦汉时,人类开始了在黄土高原上的农业开发活动,在这一时期,黄土高原地表植被受到破坏,农田灌溉也得到了发展。西汉中叶,"自是之后,用事者争言水利。朔方、西河、河西、酒泉皆引河及川谷以溉田。而关中灵轵、成国、沣渠引诸川,汝南、九江引淮,东海引巨定,泰山下引汶水,皆穿渠为溉田,各万余顷。它小渠及陂山通道者,不可胜言也"③。太始二年(前95年),利用泾水灌溉成效显著,"溉田四千五百余顷,因名曰白渠",田土富饶,当地民歌唱道:"郑国在前,白渠起后。举臿为云,决渠为雨。泾水一石,其泥数斗。且溉且粪,长我禾黍。衣食京师,亿万之口。"④泾水里面夹杂大量泥沙说明了当时土壤侵蚀日甚一日的情况。可以说,在此时,黄土高原森林草原已受到较明显的破坏,水土流失导致黄河沙量大增,黄河混浊已是寻常情况。

魏晋时期,黄河所含泥沙应当有所减少。史念海研究指出:"自西汉时初次提到黄河的含泥沙量后,迄魏晋北朝都再未有人提起。这当不是一时的忽略,而是黄河的含泥沙量有所减少,未能再因为其浑浊而引起注意。这种情况一直延续到唐代的前期。"⑤

即便如此,魏晋南北朝时期黄河浑浊情况仍时不时被人提起。比如,南朝

---

①李丙寅、朱红、杨建军编著:《中国古代环境保护》,河南大学出版社,2001年,第110页。

②王星光、彭勇:《历史时期的"黄河清"现象初探》,《史学月刊》2002年第9期。

③[汉]班固:《汉书》卷二十九《沟洫志》,中华书局,1962年,第1684页。

④[汉]班固:《汉书》卷二十九《沟洫志》,中华书局,1962年,第1685页。

⑤史念海:《黄土高原历史地理研究》,黄河水利出版社,2001年,第833页。

梁诗人范云在《渡黄河》诗中云,"河流迅且浊,汤汤不可凌"①;南朝诗人沈君攸《桂楫泛河中》也言"黄河曲注通千里,浊水分流引八川"②。

隋唐时期,由于黄土高原经济开发力度加大,水土流失更为严重,黄河的含沙量渐渐增加,"浊河"是黄河的常态,黄河及其支流总体上呈现更为浑浊的状况。诗人对黄河浑浊情况多有记载和描述。唐代诗人孟郊《泛黄河》云:"谁开昆仑源,流出混沌河;积雨飞作风,惊龙喷为波。"③唐代诗人刘禹锡在《浪淘沙》中直接说到黄河多沙的情况:"九曲黄河万里沙,浪淘风簸自天涯;如今直上银河去,同到牵牛织女家。"④清人潘耒在《河堤篇》中也写道,"浊河本北流……一石八斗泥,壅碍入海径"⑤。这说明历经隋唐宋元,明清时期黄河泥沙含量已相当大。

可以认为,若纵向比较,隋唐时期虽然有人类活动和自然因素使得黄河变得更为浑浊,但黄河泥沙含量及浑浊程度还没有宋明清时期严重。

2. 隋唐"黄河清"现象

春秋战国以来,黄河一般是以"浊河"的形态存在。但在有些年份,黄河却比平时清澈,这在注重历史记载的古代,无疑引起了当时各级官吏及修史者的注意。这里对隋唐时期"黄河清"现象的记载作一梳理(见表3-2)。

表3-2 隋唐时期"黄河清"现象的相关记载

时间	记载	出处
炀帝三年	丙子,长星竟天,出于东壁,二旬而止。是月,武阳郡上言,河水清。	《隋书》卷三《炀帝上》
隋炀帝	武阳、龙门数次河清,"唐受禅"。	顾炎武:《日知录》卷三十《黄河清》
武德九年二月	蒲州河清。襄楷以为:"河,诸侯象;清,阳明之效也。"	《新唐书》卷四十《五行三》
贞观十四年二月	陕州、泰州河清。	《新唐书》卷四十《五行三》

---

①侯全亮、孟宪明、朱叔君选注:《黄河古诗选》,中州古籍出版社,1989年,第13页。
②侯全亮、孟宪明、朱叔君选注:《黄河古诗选》,中州古籍出版社,1989年,第21页。
③侯全亮、孟宪明、朱叔君选注:《黄河古诗选》,中州古籍出版社,1989年,第77页。
④侯全亮、孟宪明、朱叔君选注:《黄河古诗选》,中州古籍出版社,1989年,第80页。
⑤侯全亮、孟宪明、朱叔君选注:《黄河古诗选》,中州古籍出版社,1989年,第259页。

续表

时间	记载	出处
贞观十四年	太州至陕州二百余里黄河清,澄澈见底。	《旧唐书》卷十一《代宗》
贞观十四年	陕州奏:界内二百余里正月元日河水变清,四日乃止。	《太平御览》卷八百七十三《休征部二》
贞观十四年	有景云见,河水清。	《旧唐书》卷二十八《音乐一》
贞观十六年正月	怀州河清。	《新唐书》卷四十《五行三》
贞观十七年十二月	郑州、滑州河清。	《新唐书》卷四十《五行三》
贞观二十三年四月	灵州河清。	《新唐书》卷四十《五行三》
永徽元年正月	济州河清。	《新唐书》卷四十《五行三》
永徽二年十二月	卫州河清。	《新唐书》卷四十《五行三》
永徽五年六月	济州河清十六里。	《新唐书》卷四十《五行三》
永徽五年六月	高宗永徽五年六月,济州黄河清十六里。	《太平御览》卷八百七十三《休征部二》
调露二年夏	丰州河清。	《新唐书》卷四十《五行三》
开元二十五年五月	淄州、棣州河清。	《新唐书》卷四十《五行三》
乾元二年七月	岚州合河、关河三十里清如井水,四日而变。	《新唐书》卷四十《五行三》
乾元二年	肃宗乾元二年,岚州言:黄河三十里清如井水。	《太平御览》卷八百七十三《休征部二》
宝应元年九月	太州至陕州二百余里河清,澄澈见底。	《新唐书》卷四十《五行三》
建中四年五月	滑州、濮州河清。	《新唐书》卷四十《五行三》
贞元十四年闰五月乙丑	滑州河清。	《新唐书》卷四十《五行三》
大中八年正月	陕州河清。	《新唐书》卷四十《五行三》
宣宗	八年春正月,陕州黄河清。	《旧唐书》卷十八《宣宗》

对于这种情况出现的原因，王星光研究指出："黄河澄清是一种自然现象，却又不可能出现在正常条件下，它有其内在的规律。只有当流域内大范围出现异常情况，如持续干旱少雨、冬季过于寒冷、地震等时，才会导致黄河河水变异，出现黄河澄清的现象。"①

据天人感应学说，天子若违背了天意、不仁不义，天就会出现灾异进行谴责和警告，这在赋予天子统治合理性的同时，对天子的权力任性或统治失策起到约束的作用。这种思想不仅为天子所认可，大臣也认为这种解释理所当然。所以，在出现特殊自然现象时，大臣往往用"天人感应"的理论进行阐释。

对"黄河清"现象的解读，与其他灾异的解读一样，也主要是从天人感应的角度。专家指出：历史时期，把黄河由浊变清这一奇异现象作为祥瑞之兆的认识一直占据主导地位，即"黄河清，圣人生"，以为这是一种祥瑞现象。另外一种与之截然相反的观点是"河当浊而反清，阴欲为阳"，视黄河清为一种叛乱、不祥之征②。由此可知，既可以把"黄河清"看作祥瑞，也可以看作叛乱的征兆。为什么会出现两种不同的解读？美国圣母大学历史系的蔡亮对天人感应学说的阐释也许能帮助我们理解。他指出天人感应学说原本是认为人世间的活动影响到宇宙中阴阳力量的协调，因而引起灾害或者怪异现象的出现，于是"应对灾异在于找出导致阴阳失调的人或事并对其进行纠正。在这种灾异理论指导下，对灾异的探究也完全着眼于对世俗政治的检讨"，"这些简单的灾异理论让官员在解说灾异时，拥有很大的自由发挥的空间，几乎可以随意地将各种灾异联系于其敌对的团体以及不赞成的政策。这直接引发了对同一灾异的不同甚至相反的解释"。于是，"这导致天人感应下的灾异解读不仅陷于无休止的论争中，而且成为一个仅仅服务于当权者的政治斗争工具"③。这种状况同样适用于晋唐时期的灾异解读。

具体到对隋唐时期"黄河清"这一自然现象来说，从史籍记载来看，实际上也是如此。一种看法是把"黄河清"看成一种祥瑞，甚至以"河清"作为年号。《隋书》载：北周保定二年（562年），"五月五日，青州黄河变清，十里镜澈"，北齐在该年把年号改为"河清"，此时任著作郎的王劭主张"圣人受命，瑞先见于河

---

① 王星光、彭勇：《历史时期的"黄河清"现象初探》，《史学月刊》2002年第9期。
② 王星光、彭勇：《历史时期的"黄河清"现象初探》，《史学月刊》2002年第9期。
③ 蔡亮：《政治权力绑架下的西汉天人感应灾异说》，《社会科学文摘》2017年第11期。

者。河者最浊,未能清也"。他采用了阴阳五行学说来附会这种自然现象,指出"月五日五,合天数地数,既得受命之辰,允当先见之兆",认为"河清启圣,实属大隋"①。在这里,他把河清与隋朝的兴起相关联。

还有把"黄河清"现象的出现作为礼乐升平的标志。《大射登歌辞》云"欣看礼乐盛,喜遇黄河清"②。此外,在黄河较为清澈的年份,人们甚至创作了专门的乐曲以作纪念和歌颂:"高宗即位,景云见,河水清,张文收采古谊为《景云河清歌》,亦名燕乐。"③这些把黄河清与圣贤明君的出现相关联,显然是从积极的角度看待黄河清现象。正如《太平御览》所言,"圣人受命,瑞应先见于河,河水清"④,这种海晏河清自然景观的出现,常被作为政治清明的表征。

关于黄河清现象的解读,另外的理解是把它看作诸侯为帝的征兆,这主要是从阴阳五行学说的角度作解读的。比如,《后汉书》记载:桓帝延熹八年至九年(165年—166年),济阴、东郡等地河水连续变清,大臣襄楷上疏言,"臣以为,河者,诸侯位也。清者属阳,浊者属阴,河当浊而反清者,阴欲为阳,诸侯欲为帝",但"书奏不省"⑤。明末顾炎武对"黄河清"现象和其后皇帝更替的事例进行了归类整理,指出隋炀帝大业三年(607年)、十二年(616年),有黄河清的现象,"后二岁唐受禅",可见他赞同"黄河清,诸侯为帝"的观点⑥。

可见"黄河清"现象是一种非正常现象,古人对此的解读往往以天人感应或阴阳五行学说作为出发点。事实上,只有从科学的角度进行分析,才可以合理解释这种自然现象。

（二）黄河支流的清浊变化

黄河流经黄土高原,黄土高原大小河流都汇于黄河之中。黄河的重要支流有渭河、泾河、汾河、洛河、伊河等。渭河经常与其支流泾河并称。洛河也常与其支流伊河并称。

①[唐]魏征等:《隋书》卷六十九《王劭传》,中华书局,1973年,第1602页。
②[唐]魏征等:《隋书》卷十五《音乐下》,中华书局,1973年,第371页。
③[宋]欧阳修、宋祁:《新唐书》卷二十一《礼乐志》,中华书局,1975年,第471页。
④[宋]李昉等:《太平御览》卷八百七十三《休征部二》,中华书局,1960年,第3869页。
⑤[南朝宋]范晔:《后汉书》卷三十下《襄楷传》,中华书局,1965年,第1080页。
⑥参见[清]顾炎武著,陈垣校注:《日知录校注》卷三十《黄河清》,安徽大学出版社,2007年,第1704页。

1. 渭河、泾河的清浊变化

从历史上看,泾渭两河的清浊与否并不是一成不变的,专家对这种清浊变迁作了深刻的总结:"这种因时而异的变迁,按着时代的顺序,春秋时期是泾清渭浊,战国后期到西晋初年却成了泾浊渭清,南北朝时期再度成为泾清渭浊,南北朝末年到隋唐时期又复变成泾浊渭清,隋唐以后又成了泾清渭浊。"①

这种泾渭清浊的变化,并不是说泾、渭两河中的哪条支流绝对清澈,而是相对于另一条支流来说显得清澈或浑浊罢了。比如,南北朝时期的泾清渭浊,实际上并不是渭河更为浑浊了,只不过这个时候泾河已经比秦汉时期清澈了,渭河虽未更为浑浊,但与较为清澈的泾河相比,就显得渭河浑浊了②。也许有人会疑惑,南北朝时期为什么泾河比秦汉时期清澈? 这是因为北方游牧民族内迁,泾河上游各地农业没有什么大的发展,若干草原得到恢复,有利于水土保持,泾河浑浊趋势得到了一定程度的扭转③。

从森林破坏的角度分析,秦汉魏晋北朝时期,对山地森林的破坏才刚刚开始,且多在城郭近处,但到了唐宋时期情况就不一样了。唐宋时期"采伐材木就不一定限于城郭近处山地,反而更多的是采自远处山地,范围更大,这种远程采伐使偏僻的边陲、深山的密林,都受到严重破坏"④。

到了隋唐时期,又变成泾浊渭清。这是因为隋唐时期泾河转浊,遂使渭河相比较而言显得清澈些,也是两条支流的相对比较而言。泾浊渭清并不是说渭河绝对清澈⑤。先看渭河,隋唐渭河没有变得更为浑浊,这是由于"渭河上游隋代人口较多,充其量也只是和西汉相仿佛,唐代由于吐蕃不断的骚扰,人口有显著的减少"⑥。渭河流域人口不太多,农业开垦、水土流失等问题不比西汉严重。

---

① 史念海:《河山集·二集》,生活·读书·新知三联书店,1981 年,第 199 页。

② 参见史念海:《河山集·二集》,生活·读书·新额三联书店,1981 年,第 206 页。

③ 史念海等指出,"西汉时,黄河中的泥沙经常为人提及,魏晋南北朝时人却很少谈到。这不是这个时期人们的疏忽,而是由于黄河中泥沙变得稀少"。见史念海、曹尔琴、朱士光:《黄土高原森林与草原的变迁》,陕西人民出版社,1985 年,第 185—186 页。

④ 史念海、曹尔琴、朱士光:《黄土高原森林与草原的变迁》,陕西人民出版社,1985 年,第 155 页。

⑤ 隋时诏书即指出了渭河含泥沙过多"而渭川水力,大小无常,流浅沙深,即成阻阂。计其途路,数百而已,动移气序,不能往复,泛舟之役,人亦劳止"。见[唐]魏征等:《隋书》卷二十四《食货志》,中华书局,1973 年,第 683 页。

⑥ 史念海:《河山集·二集》,生活·读书·新知三联书店,1981 年,第 207 页。

但此时期泾河更为浑浊了,这与泾河流域人口增减、植被的存毁与水土流失的缓急有密切关系。实际上,"隋唐两代泾河上游的人口皆较渭河上游更为稠密"①,泾河流域众多人口从事农业垦殖,由此导致泾河变得更为浑浊。

2.其他支流清浊情况

黄河浑浊,但支流不一定都浑浊,有些支流会显得较为清澈。这里对隋唐时期黄河其他主要支流的清浊状况略作介绍。

汾河发源于山西管涔山,其源头是唐代岚州(今山西岚县北)的辖区,傍吕梁山之东而南流。汾河是太行、吕梁两大山脉之间的一条巨流,也是黄河的重要支流。薛能《怀汾上旧居》诗云:"素汾千载傍吾家,常忆衡门对浣纱。"②汾水能够浣纱,被称为"素汾",可见汾水在唐代还是比较清澈的。

伊洛合流入于黄河。隋唐时期,伊洛水中所含的泥沙不多,显得伊洛较为清澈。刘禹锡《浪淘沙》云:"洛水桥边春日斜,碧流清浅见琼沙。无端陌上狂风急,惊起鸳鸯出浪花。"③刘沧《罢华原尉上座主上书》指出:"千里梦归清洛近,三年官罢杜陵秋。山连绝塞浑无色,水到平沙几处流。"④可见在唐代,洛河也是较为清澈的。

汴河是一条人工河流,亦即通济渠。隋炀帝时,发河南淮北诸郡的民众,开掘了名为通济渠的大运河。《唐两京城坊考》记载:"通济渠,自苑内支分谷、雒水,流经都城通济坊之南,故以名渠焉。过通济坊,又东北流经西市,东折而东流至……东流经道德、慧和、通利、富教、睦仁、静仁六坊之南,曲而北流,过官药园、延庆坊之东,入雒水。天宝中,壅蔽不通,渠遂涸绝。"⑤可见,汴河在唐后期生态环境正逐渐恶化。

汴河引黄河之水东南流入淮河,不可避免会夹带泥沙,汴河的清浊情况相当程度上反映出黄河水的浑浊变迁情况。王泠然《汴堤柳》诗言:"隋家天子忆扬州,厌坐深宫傍海游。穿地凿山开御路,鸣笳叠鼓泛清流。流从巩北分河口,直到淮南种官柳。功成力尽人旋亡,代谢年移树空有。……凉风八月露为霜,日夜孤舟入帝乡。河畔时时闻木落,客中无不泪沾裳。"⑥可见,汴河在唐玄宗时

①史念海:《黄土高原历史地理研究》,黄河水利出版社,2001年,第322页。
②《全唐诗》卷五百五十九,中华书局,1999年,第6537页。
③《全唐诗》卷三百六十五,中华书局,1999年,第4122页。
④《全唐诗》卷五百八十六,中华书局,1999年,第6858页。
⑤[清]徐松撰,[清]张穆校补,方严点校:《唐两京城坊考》,中华书局,1985年,第179页。
⑥《全唐诗》卷一百十五,中华书局,1999年,第1174页。

期还是清澈的。而在此后的 8 世纪下半叶,汴河却显得浑浊。孟郊《汴州留别韩愈》,诗云:"不饮浊水澜,空滞此汴河"①,此汴河即被称为浊水。汴河在唐代的浑浊变化反映出黄河浑浊程度的加深。

（三）黄河河患

先来考察黄河决溢情况。历史上黄河以"善淤、善决、善徙"著称,其下游河道的变迁尤其复杂。一般认为,从王景治河以后直到唐代中期以前,黄河进入 800 年左右的安流时期;唐后期、五代则又开始了第二次大的泛滥阶段。东汉至唐代,黄河决溢有 30 次,其中几乎一半发生在唐代后期一百多年间,此时期决溢的逐渐频繁说明了下游河床的显著抬高②。

从 7 世纪中叶开始,黄河下游河患开始逐渐增多,随着时间推移,河患日益频繁,"唐景福二年(893 年)大河尾闾段发生一次向北的摆动。此后至北宋建国(960 年)的 67 年,即晚唐五代时期共发生决溢 22 次,平均每 3 年一次,其中五代后晋天福三年(938 年)至后周显德六年(959 年)22 年间,有 11 年闹决口,有的一年之内还不止一次(处)"③。

比较而论,五代时期黄河决溢频率又高于唐代。据程遂营统计:"唐代 289 年中,发生水灾的年份共 23 个,平均每 14 年决溢一次,其决溢地点多在河北、山东和河南北部。"而据《旧五代史》《资治通鉴》等有关资料统计,"五代 53 年中,黄河决溢共 19 个年份,平均不到 3 年就有一次,其决溢次数明显高于唐代"④。而迨至北宋,平均两年多就有一次黄河决溢,其决溢的频率又高于五代。

若考虑到泛滥、决口、改道等多种水患情况,则在晋唐时段,黄河水患呈现出更加严重的总趋势,而隋唐期间的河患发生相比较而言则更为频繁。据研究,在秦汉、魏晋南北朝至隋唐五代十国时期发生泛滥、决口、改道的次数分别为 16、5、66 次,平均发生一次的时间分别为 27.56 年、73.8 年、5.74 年⑤。另据陈可畏统计,魏前后 44 年,河溢 2 次,每次 22 年;西晋 51 年,河溢一次;北魏、北齐、周 202 年,河溢 4 次,每 50.5 年一次;隋代前后 28 年,河决 3 次,每 9 年多一

①《全唐诗》卷三百七十九,中华书局,1999 年,第 4270 页。

②参见史念海:《黄土高原历史地理研究》,黄河水利出版社,2001 年,第 849—850 页。

③邹逸麟主编:《黄淮海平原历史地理》,安徽教育出版社,1997 年,第 92 页。

④程遂营:《12 世纪前后黄河在开封地区的安流与泛滥》,《河南大学学报(社会科学版)》2003 年第 6 期。

⑤参见樊宝敏、李智勇:《中国森林生态史引论》,科学出版社,2008 年,第 45 页。

次;唐代 288 年,决、溢共 18 次,改道一次,每 14.8 年一次①。

由此可知,魏晋南北朝由于改农为牧,河患发生频率降低。而隋唐五代十国时期河患发生频率增加,甚至高于秦汉,这种情况的出现与隋唐森林破坏程度的加重有密切关系。秦汉时期的森林覆盖率还在 40% 以上,而到隋唐时期却只有 33% 的水准,这种情况与隋唐时期人口数量的增加有正相关关系(见表 3 –3)。

表 3 –3　秦汉至隋唐期间森林覆盖率及人口数量②

年代	森林覆盖率(%)	人口数量(万人)
秦汉(公元前 221—220 年)	46—41	2000—6500
魏晋南北朝(220 年—589 年)	41—37	3800—5000
隋唐(589 年—907 年)	37—33	5000—8300

由此可知,隋唐五代的河患发生比其前的魏晋南北朝时期更为频繁。这种变化与自然植被状况直接相关。实际上,北方自然植被状况在魏晋有所好转,但在唐代又开始恶化,这与唐代在黄河流域进行过度屯垦应该有密不可分的关联。

二、黄河浑浊与河患的原因分析

隋唐五代时期黄河的浑浊,以及河患的加重,既有自然方面的原因,也有人为的原因,其中又以人为原因最为关键。

(一)气候等自然因素

对隋唐五代来说,大体上来说应该属于温暖期。但有学者通过研究发现,隋唐温暖期其实有一个相对转寒的阶段,其中大致以 8 世纪中后期为界,在这之后,气候转寒。满志敏认为,唐代气候可以分为两大阶段,8 世纪 50 年代以前大体与现代相差不大,8 世纪 60 年代以后气候变冷,某些时段寒冷的特征与明清小冰期相似③。

可以认为,唐代 8 世纪后至五代时期是相对寒冷的时期。这种相对寒冷气候对水土流失以及河患的发生存在影响。气候变冷变干对北方地区的森林草原生长起抑制作用,会导致植被覆盖状况不如以前,会造成水土流失加重,由此会使得黄河含沙量增加,河流更为浑浊,黄河河溢次数增多。

---

①参见陈可畏:《唐代河患频繁之研究》,朱士光主编:《史念海先生八十寿辰学术文集》,陕西师范大学出版社,1996 年,第 193 页。

②资料源自樊宝敏、李智勇:《中国森林生态史引论》,科学出版社 2008 年,第 37 页。

③参见满志敏:《关于唐代气候冷暖问题的讨论》,《第四纪研究》1998 年第 1 期。

除气候的自然因素外,水土流失、黄河浑浊以及河患的发生,与黄河流域土壤特性、河道坡度、降雨特点应该也有关系。一方面,黄河上、中游河段流经黄土高原的面积达 58 万平方千米,黄土结构疏松,雨水冲刷往往会导致水土流失,水中泥沙含量便会增大。另外,黄河上游发源地海拔在 3000 米以上,到达河南孟州以东平原地区海拔只有 50 米,这种坡度的落差很大,也会导致泥沙容易淤积的情况。此外,黄河流域的降水多集中在夏季和夏秋之交,上、中游经过暴雨之后,河床中便会出现洪峰,由此导致洪水裹挟泥沙冲入黄河及其支流,泥沙日积月累将河床愈抬愈高,黄河逐渐成为"悬河",更容易决溢。

（二）人类活动原因

隋唐五代时期,黄河的浑浊以及河患发生趋于严重,人为的原因是关键。事实上,黄河浑浊状况及决口发生频率与自然植被状况、水土流失有最为密切的关系,隋唐时期黄河上中游地区滥垦、滥伐、滥牧等现象所造成的直接负面影响就是水土流失的加剧。这种状况的出现与人类的开发力度及开发模式直接相关。

其一,农业开发程度因素。隋唐时期北方人口的增加给生态环境造成了很大的压力。从下表（见表 3 - 4）可见,相比于魏晋时期,隋唐时期黄土高原及全国的人口数字都大为增加。大量人口为了求得生存,会大力从事农业开发,对森林资源造成严重破坏。

表 3 - 4　黄土高原人口数字变化[①]

时间	西晋(280 年)	隋炀帝(609 年)	唐玄宗(742 年)	北宋(1102 年)
人口数(万人)	190	956	868	642
全国人口数(万人)	1616	4602	4891	4491
占全国人口比例(%)	11.8	20.8	17.8	14.3

隋唐时期广兴屯田,农业开发力度大。据《唐六典》记载,全国共有 992 屯[②],当时规定"司农寺每屯三十顷,州、镇诸军每屯五十顷"[③],由此可知屯田总

[①]资料源自朱士光:《历史时期黄土高原自然环境变迁及其对人类活动之影响》,《干旱地区农业研究》1985 年第 1 期。

[②]史载:"凡天下诸军、州管屯,总九百九十有二……大者五十顷,小者二十顷。凡当屯之中,地有良薄,岁有丰俭,各定为三等。凡屯皆有屯官、屯副。"见[唐]张九龄等原著,袁文兴、潘寅生主编:《唐六典全译》卷七,甘肃人民出版社,1997 年,第 238 页。

[③][宋]欧阳修、宋祁:《新唐书》卷五十三《食货志》,中华书局,1975 年,第 1372 页。

的面积非常可观。

屯田作为唐代黄河流域农业的一种重要形式和组成部分,在经济和军事上起积极作用。与此同时,屯田推广的过程自然伴随着毁林伐木,而森林起着涵养水源的作用,若森林受到严重破坏,一遇降水则雨水夹带泥沙倾泻而下,促使相关支流变得更为浑浊。

据研究,在魏晋南北朝结束时,黄土高原的平原上已基本上没有林区可言;在隋唐时期,平原上基本没有林区,森林破坏开始移向更远的山区①。

实际上,除了官方组织的屯垦,民众自行开垦耕地的行为也会对水土流失产生不利影响。专家指出唐代安史之乱后耕地扩展的情况:"逃户和一般小农所得而垦辟的,当然只能是原来的牧场和弃地,包括坡地、丘陵和山地。而这些地区一经垦辟,正是水土流失最严重的地区!"②这种农业过度开发对水土流失有重要影响,唐代后期黄河中游边区土地利用的发展趋向,已为下游水土流失埋下了祸根,而五代以后,又继续向着这一趋势变本加厉地发展下去。吴祥定等也认为,"造成唐代黄河含沙量增加和洪枯水位相差悬殊以及黄河下游河患频繁的主要原因是中游黄土高原地区的人类开垦耕地,破坏了天然植被"③。

可见,由于人类经济开发活动忽视对自然生态的保护,隋唐黄河上中游的大片原始森林,遭到盲目滥伐,一遇暴雨,水土流失便会出现,大量泥沙被冲击到下游,加深了河流的浑浊程度。在水流较缓的情况下,泥沙淤积下来,使河床日益增高,下游更容易决溢。

其二,开发模式因素。隋唐时期水土流失的加剧与开发模式也有密切关系。

农牧政策对水土流失有重要影响。黄土高原地区是宜农宜牧的区域,隋唐时期农业区域的扩展使得生态环境恶化。但由于农业生产扩展对生态的影响存在一定的滞后性,这种农业开垦行为将加剧唐代中后期及五代时期的水土流失,甚至对宋代以来的生态环境恶化也有深远影响。比如,安史之乱后陇右地区的牧场很多被废弃,其中绝大部分变成了耕地,这种农业区的扩大以及变牧

①参见史念海:《黄土高原历史地理研究》,黄河水利出版社,2001年,第299页。

②谭其骧:《何以黄河在东汉以后会出现一个长期安流的局面——从历史上论证黄河中游的土地合理利用是消弭下游水害的决定性因素》,《学术月刊》1962年第2期。

③吴祥定、钮仲勋、王守春等:《历史时期黄河流域环境变迁与水沙变化》,气象出版社,1994年,第120页。

为农对生态环境无疑具有破坏作用。

政府组织经济开发活动时对生态环境问题的忽视，也促使水土流失进一步加剧。政府施行变牧为农政策，在垦耕以前，没有注意采取培植防风林等预防措施，容易造成严重的沙化危机。比如在河西走廊，"在屯垦的高潮时期，大量的草原被辟为农田。高潮一过，人民自屯垦区撤走，旧有的屯垦田区变成大面积的撂荒。其结果是地面长期裸露，甚至连农作物对风沙的微弱阻滞一并全无。于是劲风便可携带大量沙粒，长驱直入，侵向内地。沙漠便年复一年地扩大"①。另比如，"在蒙古草原盲目开垦，促使草原沙化，沙漠内迁，面积扩大，甚至牧草的品质都有下降的趋势"②。

政府的垦荒政策对土地沙化、水土流失有重要影响。安史之乱后为了安抚逃散流民，对于农民垦荒，规定五年之内不收税。农民利用新垦土地不用交税的政策，一到五年期满，即废弃原有垦荒耕地，开辟新荒。这样一来，遭废弃的土地完全裸露，而在北方干旱多风的气候下，疏松的黄土在风力和水力作用下很容易被侵蚀，造成水土流失。已垦土地撂荒，加速了土地风化，并且又由于垦荒面积甚为广阔，对原有森林植被的破坏变得更为严重。

其三，政治及军事因素。河患发生频率高的时期往往是政局混乱的时期。比如在五代时期，国家四分五裂，战争不断，统治者之间攻伐不断，甚至出现以水代兵的情况。此时期河患更加频繁，"封建统治者为了争权夺利，不顾广大人民死活，还曾多次以水代兵，决河拒敌，造成了许多人为的灾难"③。人为的决河事件以唐后期和五代时期为突出。乾元二年（759年），史思明的将领决长清（今山东长清）至禹城（今山东禹城）段的黄河，乾宁三年（896年），朱温在滑州城附近决河④。五代时期总共53年，而黄河发生决溢并有明文记载的达18年，决溢三四十处，远远超过了前代，开创了黄河决溢的新纪录，后梁期间，梁军与后唐李存勖军作战，曾两次决开黄河⑤。

---

①赵冈：《中国历史上生态环境之变迁》，中国环境科学出版社，1996年，第12页。

②赵冈：《中国历史上生态环境之变迁》，中国环境科学出版社，1996年，第13页。

③《黄河水利史述要》，黄河水利出版社，2003年，第135页。

④参见王玉德、张全明等：《中华五千年生态文化（上）》，华中师范大学出版社，1999年，第340页。

⑤参见《黄河水利史述要》，黄河水利出版社，2003年，第146页。

第三章 晋唐南方农业开发与生态环境变迁

在西汉以前,江淮以南是当时尚未充分开发的稻作农区,经济文化发展始终低于黄河流域地区,因而被视为蛮荒之地。延至魏晋南北朝时期,江南地区落后局面才逐步有所改变,生产力水平大大提高。

第一节 魏晋南北朝时期南方农业开发的背景

一、自然条件

南方不利于经济文化发展的首要因素就是气候之"暑湿"。据竺可桢《中国近五千年来气候变迁的初步研究》,东汉以来,我国气候进入了第二个寒冷干燥期。在这种气候变迁的背景之下,长江流域及其以南的气候变得更适于人类居住和农业生产。伴随着人口的增长和农业技术的进步,此区域在降水量、温度、热量等方面对农业生产上的优势有所显现。宁可指出,地理环境的特点影响着生产力发展的水平和速度,"从三国两晋南北朝开始,长江流域及其以南特别是长江下游的经济发展速度超过了黄河流域。这除了人为的因素(如战乱及人口迁移等)以外,地理环境的缓慢变化也是因素之一"①。

二、人口及技术条件

魏晋南北朝南方的经济开发与劳动力资源状况密切相关。秦汉以前,南方开发不够充分与劳动力严重不足密切相关。魏晋南北朝时期北方部分汉族人民因战乱和自然灾害等开始向南方流动。比如,"三国时,江淮为战争之地,其间不居者各数百里,此诸县并在江北淮南,虚其地,无复民户"②,人们纷纷南迁,这是中原人口第一次大量南向流动。西晋末年永嘉之乱以后,中原人民在阶级和民族的双重压迫下,不断地渡江南下。此后,中原的数次政治变动,如祖逖北

---

① 宁可:《地理环境在社会发展中的作用》,《历史研究》1986 年第 6 期。
② [南朝梁]沈约:《宋书》卷三十五《州郡志》,中华书局,1974 年,第 1033 页。

伐、淝水之战、刘裕北伐、北魏南侵等等,都会导致较大规模的人口南徙。比如永嘉之乱后黄河流域的汉族大规模迁往江南:"洛京倾覆,中州士女避乱江左者十六七"①。《宋书》记载道:"其后中原乱,胡寇屡南侵,淮南民多南渡。"②

关于晋室南迁人口的分布,据研究,"以侨居区域与移民主体而言,大致可分为东西两部分,山东、河北及河南东部之流民大致移居于长江下游及淮水流域,即河南及山东南部、安徽、江苏等地。甘肃、陕西、山西及河南西部的移民,大致迁居于长江上游和汉水流域,即湖北、四川、陕西汉中等地"③。

在如此大量的北方人口南徙的背景下,南方户口理应大幅度增加。但是,自西晋永嘉到南朝宋元嘉年间,北方南迁的人口共约九十万,这是就南朝官方掌握的"编户齐民"而言。加上隐匿户口,估计有一百多万④。这种人口增加数量若分散到南方各个区域,增加的规模似乎不大。唐长孺解释道:"但史籍记载户口增长甚少,它表明的是著籍户口远远少于实际户口。"⑤

可以说,大规模的人口南流,一方面大大增加了南方的劳动力,另一方面,他们来自封建经济文化发达的黄河流域,由此带来了先进的生产技术和经营管理经验,促进了南方经济的开发。从水利事业来看,虽然三国两晋南北朝时期,国家动荡分裂,水利事业受到影响,总的来说不如两汉,但若分区域考察,"江淮之间和长江以南地区的水利事业的发展,要与两汉比较,还是有所进步的"⑥。

这个时期南方的生产力虽然有大的发展,但一般认为,仍然不比北方先进。白寿彝指出,三国两晋南北朝隋唐时期南方生产力有了提高:"从全中国生产发展的形势看,这一时期北方的农业生产比南方还是先进些。"⑦

三、政策因素

西晋末年以来,北方持续战乱,历史上空前规模移民现象得以形成。南方良畴沃野,可垦之耕地有很多。东晋政府在侨民较为集中的长江南北地域,陆

①[唐]房玄龄等:《晋书》卷六十五《王导传》,中华书局,1974年,第1746页。

②[南朝梁]沈约:《宋书》卷三十五《州郡志》,中华书局,1974年,第1033页。

③白翠琴:《魏晋南北朝民族史》,四川民族出版社,1996年,第509页。

④郑学檬:《中国古代经济重心南移和唐宋江南经济研究》,岳麓书社,2003年,第10页。

⑤唐长孺:《魏晋南北朝隋唐史三论——中国封建社会的形成和前期的变化》,武汉大学出版社,1992年,第94页。

⑥白至德编著:《白寿彝史学二十讲:中古时代·三国两晋南北朝时期》,中国友谊出版公司,2011年,第211页。

⑦白寿彝主编:《中国通史纲要》,上海人民出版社,1980年,第217页。

续成立北来侨民原籍地区的地方机构——侨州郡，即原为某州县迁来的人，仍以原州县之名设置管理。并规定只要注籍在侨州郡的户口簿上就可以获得免调役等优待政策。这个政策吸引着中原地区人民南徙江南。《宋书·州郡志》云："成帝初……民南度[渡]江者转多，乃于江南侨立淮南郡及诸县。"①

军事屯田等鼓励开垦的制度也促使了南方农业的开发。曹魏屯田重点即在淮河流域及江淮之间，其屯田以邓艾屯田规模为突出。经过邓艾连续三五年的经营，淮南淮北屯田棋布相连，"自寿春到京师，农官兵田，鸡犬之声，阡陌相属"②。

三国时期，孙权为了巩固政权，发展经济，用暴力强迫深山居民出山，大批山民被迫出山。《三国志》对东汉建安十三年（208 年）贺齐对皖南的讨伐作了介绍。在讨伐歙县、黟县的所谓山贼时，因为山贼汇聚在深山，"四面壁立，高数十丈，径路危狭，不容刀楯，贼临高下石，不可得攻"，贺齐采取了计谋才得以大获全胜，"凡斩首七千"③。另如，孙吴赤乌八年（245 年），孙权"遣校尉陈勋将屯田及作士三万人凿句容中道，自小其至云阳西城，通会市，作邸阁"④。

从孙权开始，孙吴集团把务农重谷作为首要的任务。黄武五年（226 年）大将军陆逊请求军屯，"表令诸将增广农亩"，孙权对此嘉许，还言及"今孤父子亲自受田，车中八牛以为四耦"，以示对农业生产的鼓励和支持⑤。又如，嘉禾三年（234 年）春正月，孙权诏曰："兵久不辍，民困于役，岁或不登。其宽诸逋，勿复督课。"⑥

魏晋时期对民人开垦活动限制的松动也是重要的政策因素。先秦两汉时代，山林川泽在理论上一直属于国家资源，除某些特殊情况下（如遭遇严重饥荒）暂时开放山林川泽外，大多数时间则实行禁锢的政策。但司马睿在江东称帝之后不久，便下诏"弛山泽之禁"，从此之后，世家大族掀起了封山固泽、广占

①[南朝梁]沈约：《宋书》卷三十五《州郡志》，中华书局，1974 年，第 1034 页。

②[唐]房玄龄等：《晋书》卷二十六《食货志》，中华书局，1974 年，第 785 页。

③[晋]陈寿：《三国志》卷六十《吴书·贺齐传》，中华书局香港分局，1971 年，第 1378—1379 页。

④[晋]陈寿：《三国志》卷四十七《吴书·孙权传》，中华书局香港分局，1971 年，第 1146 页。

⑤[晋]陈寿：《三国志》卷四十七《吴书·孙权传》，中华书局香港分局，1971 年，第 1132—1133 页。

⑥[晋]陈寿：《三国志》卷四十七《吴书·孙权传》，中华书局香港分局，1971 年，第 1140 页。

土地的狂潮①。

这些措施客观上加速了长江流域土地的开发,有利于先进技术、文化的传播。

第二节　魏晋南北朝时期南方农业开发及生态影响

一、南方农业开发概况

魏晋南北朝时期,政府对农业开垦非常重视。南朝宋元嘉二十一年(444年)秋七月,针对"谷稼伤损,淫亢成灾"的情况,皇帝下诏曰:"南徐、兖、豫及扬州浙江西属郡,自今悉督种麦,以助阙乏。速运彭城下邳郡见种,委刺史贷给。徐、豫土多稻田,而民间专务陆作,可符二镇,履行旧陂,相率修立,并课垦辟,使及来年。凡诸州郡,皆令尽勤地利,劝导播殖,蚕桑麻纻,各尽其方,不得但奉行公文而已。"②

此时期由于北方大批劳动力的南渡,生产工具改进和技术的发展,水利灌溉的发达,南方农业生产得到明显的发展。

先来看农田水利建设。只有兴修水利,才能减轻水旱之灾,扩大种植面积。魏晋南北朝时期,在相对稳定的南方地区,"由于人口的南迁带来了大量的劳动力、先进的生产技术和巨大的粮食需求,在江南独特的水环境下,以兴建陂塘为主的水利工程建设快速发展,农田垦辟取得显著成效。"③

魏晋南北朝时期,随着土地不断垦殖和农田水利建设规模日益扩大,以水稻生产为中心的南方水田农业迅速发展,"淮河以南、长江中下游地区成为最大的水稻生产区,特别是地处江南的三吴、会稽地区.更是稻作生产的中心区域"④。比如,南朝宋元嘉二十二年(445年),"起湖熟废田千顷"⑤,使秦淮河两岸的经济迅速恢复。

除了稻作生产,魏晋时期南方的茶叶生产也得到发展。早在三国时,长江下游之上流社会,已有饮茶之风习,"至两晋、南北朝之间,南人饮茶之风,虽已

---

①王利华主编:《中国农业通史·魏晋南北朝卷》,中国农业出版社,2009年,第303页。
②[南朝梁]沈约:《宋书》卷五《文帝纪》,中华书局,1974年,第92页。
③王利华主编:《中国农业通史·魏晋南北朝卷》,中国农业出版社,2009年,第74页。
④王利华主编:《中国农业通史·魏晋南北朝卷》,中国农业出版社,2009年,第102页。
⑤[梁]沈约:《宋书》卷五《文帝纪》,中华书局,1974年,第93页。

渐盛,而黄河流域,则尚多视南人饮茶为怪异之嗜好"①。

可以认为,南朝时期,有赖于自然资源丰富和江河湖泊与海上交通的便利,又加上北方劳动力南徙,南朝的农业有了较大的发展,"无论从荒地的垦辟上,农作物品种的增加上,产量的提高上,都表明了这一发展情况"②。

但总体看来,南北农业之间的差异在当时仍然十分显著③。此时期南方农业经济得到明显的发展是毋庸置疑的,由于南方经济发展起点低,其经济发展速度比北方快,但我们还不能认为南北经济在此时期可以比肩。

二、南方农业开发的积极意义及生态影响

(一)农业开发促进了经济和社会的繁荣

魏晋南北朝时期,南方农业得到大力开发,这促进了经济和社会的繁荣。

南方的自然条件呈现出湖沼密布的特点,太湖东南部的塘蒲圩田系统在此时期初步形成。通过发展水利,大量围湖造田得以实施,使得土壤肥力得以提升。在浙江,为解决山阴人口过于密集的状况,孔灵符采取了迁徙人口、围湖造田的政策。史载孔灵符为南谯王义宣司空长史、南郡太守,"山阴县土境褊狭,民多田少,灵符表徙无赀之家于余姚、鄞、鄮三县界,垦起湖田"④。此政策措施促使这些地区发展为稻产丰盛、人民富庶的地区。

南朝时期的农业庄园也是一大美景。据研究,"南朝还出现了一种庄园农业。这些庄园主是世家大族。他们巧夺豪取占有大片耕地甚至山林沼泽。庄园主不以出租土地为主,而是利用本家族成员,如兄弟、子侄来经营田地,管理雇工佃客耕种。这些世家大族为了自身享受,在庄园内除了生产粮食桑麻外,还种有种种果树、蔬菜、茶以及药用植物,并建立园亭别墅,饲养鸟兽鱼虫,广植花卉。这就在客观上促进了果树园艺、蔬菜园艺、花卉园艺的发展,也从而为环

①李剑农:《中国古代经济史稿·魏晋南北朝隋唐部分》,武汉大学出版社,2011 年,第597 页。

②韩国磐:《魏晋南北朝史纲》,人民出版社,1983 年,第366 页。

③唐长孺指出:"就总体看来,南北农业之间的差异在当时仍然十分显著,有些方面,如水旱农业之间耕作技术之别、生产潜力之异,自然还会长期存在下去。其次,北方畜牧业的繁荣亦远为南方所不及,这在秦汉时代即是如此,魏晋南北朝时期由于北方畜牧族的成批涌入而更有甚之。"见唐长孺:《魏晋南北朝隋唐史三论——中国封建社会的形成和前期的变化》,武汉大学出版社,1992 年,第 154 页。

④[南朝梁]沈约:《宋书》卷五十四《孔季恭传》,中华书局,1974 年,第 1532—1533 页。

境美化做出了贡献"①。

南方农业种植的种类主要是水稻。若与北方的以旱作为主的生产方式相比,种植水稻不容易导致水土流失和地力衰退。相反,南方水稻种植有利于把下湿的涂泥和贫瘠的红壤改造成肥沃的水稻土。随着长江中下游地区开发,其土质逐渐优化,"唐宋时期其土壤肥力已有较大提高"②。

南朝时期南方农业取得了重大发展,形成了多个新兴的农业区,"长江下游的三吴地区已然成为发达的农业经济区,在当时人的心目中,其繁荣程度堪与西汉关中地区相比;长江中游、特别是江汉地区的经济局面也发生了重大改观,在全国经济中具有相当重要的战略地位。更南方的地区,包括今湘、赣、闽、广诸省丰富的自然资源也日益受到重视并渐次开发,其中岭南之地因其独特的气候、植被等自然生态环境条件,呈现出了鲜明的区域特色,已为当时社会所高度关注"③。沈约称赞江南的富庶道:"会土带海傍潮,良畴亦数十万顷,膏腴上地,亩值一金,鄠、杜之间,不能比也。"④

(二)南方农业开发对生态的破坏

魏晋南北朝时期,旱作农业对南方森林资源产生了一定的破坏。应该说,东汉以前长江流域旱地作物的种植尚不成规模。旱作农业真正在长江流域形成较大规模是在魏晋南北朝时期,由此导致长江流域丘陵山地区域森林资源的破坏。由于南方土著、豪门已占据了条件优越的肥田沃野,北方移民往往只能投身于开垦山地,或浚湖围田。随着北方大量劳动力在长江流域定居,粟、麦等旱地作物得以逐渐推广,山地开垦状况明显。

所以,这些移民对南方土地的开发多数是转入尚未开发的区域,属外延式扩大再生产。从森林角度而言,外延式扩张性的山地开垦无疑会使得部分森林被砍伐。比如,就浙江地区而言,浙北平原地区森林破坏的关键性时期大概始于东晋,"由于晋室南迁,伴随而来的是大量南渡人口,浙北平原地区的杭州、会稽、嘉兴、湖州等城市成为江南重镇,耕地、用材、燃料等的需要都大量增加。为

---

①李丙寅、朱红、杨建军编著:《中国古代环境保护》,河南大学出版社,2001年,第75页。
②郑学檬:《中国古代经济重心南移和唐宋江南经济研究》,岳麓书社,2003年,第51页。
③王利华主编:《中国农业通史·魏晋南北朝卷》,中国农业出版社,2009年,第294页。
④[南朝梁]沈约:《宋书》卷五十四《孔季恭羊玄保沈昙庆传》,中华书局,1974年,第1540页。

此,从东晋开始,平原地区的森林逐渐砍伐殆尽"①。

南方地区丘陵山地的农业开垦多采用"火耕水耨"之耕作方式,水土流失比较严重。当时南方许多地方耕作比较粗放,有的地方甚至不使用牛耕。据《晋书》卷二十六《食货志》,东晋杜预指出:"东南以水田为业,人无牛犊。今既坏陂,可分种牛三万五千头,以付二州将吏士庶,使及春耕。"这种外延式生产方式以及粗放耕作的技术对生态环境有深远影响。

与此同时,南方丘陵地区陂塘水利在以往的基础上发展迅速,许多陂塘得以建设,但也存在忽视排涝设施配置的问题。所以若遇霖雨,泄水出路受阻,水灾便容易发生。两晋时期,南方地区水灾严重,不时地造成土地被毁、粮食歉收。时人指出了这种情况。比如《晋书》记载道:"郑浑为沛郡太守,郡居下湿,水涝为患,百姓饥乏。"杜预还指出了陂塘受冲毁所导致的严重生态破坏:"往者东南草创人稀,故得火田之利。自顷户口日增,而陂堨岁决,良田变生蒲苇,人居沮泽之际,水陆失宜,放牧绝种,树木立枯,皆陂之害也。陂多则土薄水浅,潦不下润。故每有水雨,辄复横流,延及陆田,言者不思其故,因云此土不可陆种。"②

生态的破坏还表现在,由于过量开垦,长江流域淤沙堆积,沙洲得以形成。《世说新语·术解》记载了水边地带出现"沙涨"的情况:"郭景纯过江,居于暨阳,墓去水不盈百步。时人以为近水,景纯曰:'将当为陆。'今沙涨,去墓数十里皆为桑田。其诗曰:'北阜烈烈,巨海混混;垒垒三坟,唯母与昆。'"③这里的暨阳在现今江苏江阴东,郭景纯就是郭璞。

(三)南方生态环境破坏的总体评估

总体来看,长江流域的森林毁坏主要是在宋代以后。据学者分析,"长江流域在公元 10 世纪前植被茂密,水土流失轻微"④。可以认为,魏晋南北朝时期南方森林有破坏,但相对来说不太严重,主要是部分丘陵山地森林遭到破坏。

在汉中盆地,两晋南北朝时期森林茂密,虎豹时有出没,说明此一时期人烟较稀少,生态环境仍然呈现出较多的原始特征。西晋文学家左思有"嘉鱼出于

①陈雄,桑广书:《地域经济开发与环境响应:古代浙北平原的环境变迁》,中国科学技术出版社,2005 年,第 136 页。

②[唐]房玄龄等:《晋书》卷二十六《食货志》,中华书局,1974 年,第 788 页。

③[南朝宋]刘义庆著,黄征、柳军晔注:《世说新语》,浙江古籍出版社,1998 年,第 300 页。

④史立人:《长江流域水土流失历史发展过程探讨》,《水土保持通报》2002 年第 5 期。

丙穴,良木攒于褒谷","猨狖腾希而竞捷,虎豹长啸而永吟"①之语,赞美了汉中的物产之盛。在湖南地区,唐代以前森林覆盖情况也较好。晋代罗含《湘中记》记述湘水道:"至清,虽深五六丈,见底了了然,石子如擗蒲矣,五色鲜明,白沙如雪,赤崖若朝霞,绿竹生焉"。②

可以认为,魏晋南北朝时期,"长江流域及其以南地区,由于经济开发起步甚晚,尚未遭到多大程度的破坏和改变,只是长江下游人口较密集的低山丘陵和平原地区,由于土地开垦和百姓樵采,森林覆盖率有所下降,但依然处处林竹,连岭接阜"③。

第三节 隋唐时期南方农业开发与生态变化

隋唐时期,南方经济继续得到大力开发,这与自然环境、生产技术、人力资源等因素都有关系,是多种因素作用的结果。隋唐时期南方经济开发促使了经济重心的南移,同时也对南方的生态环境产生了重要的影响。

一、南方农业开发条件分析

(一)自然条件与南方农业开发

魏晋以前,南方经济远远落后于北方,这与南北地区自然条件的差异密切有关。司马迁曾对黄河中下游的关中地区赞曰:"关中之地,于天下三分之一,而人众不过什三,然量其富,什居其六。"④黄河流域冲积着黄土淤泥,土质肥沃、疏松,并且灌溉条件良好,适合于农业生产。与北方相比,南方农业生产条件显然就有点"先天不足"了。南方和长江流域地区秦汉时期气候之"暑湿"不利于经济文化发展。南方湿热的气候使得传染病更容易流行,史载"江南卑湿,丈夫多夭"⑤。所以南方人口繁衍较慢,人口数远少于北方。而且,从土壤属性来看,南方大部分土地是酸性红土壤,腐殖质比较缺乏,容易受到侵蚀。有人指出:直至东汉为止,南方是经济上非常落后的地区,"对于稻作农业的推进具有重大意

---

①左思:《蜀都赋》,见[南朝梁]萧统编,[唐]李善注:《文选》卷四,上海古籍出版社,1986年,第178页。

②[宋]李昉等:《太平御览》卷六十五《地部三》,中华书局,1960年,第311页。

③王利华主编:《中国农业通史·魏晋南北朝卷》,中国农业出版社,2009年,第4页。

④[汉]司马迁:《史记》卷一百二十九《货殖列传》,中华书局,1959年,第3262页。

⑤[汉]司马迁:《史记》卷一百二十九《货殖列传》,中华书局,1959年,第3268页。

义的牛耕,在江南的正式普及,也是公元之初的事"①。

自魏晋以来,南方经济逐渐得到开发,南方自然特点中有利于经济发展的因素得到了发挥。这包括气候因素和自然条件因素。两汉之际,中国气候发生了由暖而寒的历史性转变。这种转变,使南方地区原来"暑湿"的气候状况得到了缓解,开始变得有利于各种作物的生长。可见魏晋以后南方逐渐开发,经济重心逐渐南移,与南方的气候特点密切相关。

南方经济一旦得到开发,长江流域地区自然条件方面的优势便逐渐得到发挥。《史记》云"楚越之地,地广人希,饭稻羹鱼"②,表明南方气候湿热,湖泊棋布,河流纵横,鱼虾繁多。在这种自然条件下,鱼虾之类成为人们重要的食物来源,所以南方人的谋生手段相应就比较多样化。

隋唐时期,自然资源的优势得到了利用和体现,在云南地带就是如此。据唐代的《云南志》载:"从曲靖州已南,滇池已西,土俗惟业水田。……水田每年一熟。从八月获稻,至十一月十二月之交,便于稻田种大麦,三月四月即熟。收大麦后,还种粳稻。"云南地带的百姓对山田农业的开发已比较精致,"蛮治山田,殊为精好","浇田皆用源泉,水旱无损"③。在云南的开南南境,"象"的用处是,"或捉得人家多养之,以代耕田也"④。

(二)人口南迁与南方农业开发

隋唐五代时期,人口迁移的总的表现为:生活在周边地区的非汉民族继续向内地迁移;与此同时,相反方向的移民,就是汉族人口往边疆地区的迁移也在进行中,"虽然外迁的汉族移民的人数可能少于内迁的周边民族移民,但对边疆地区的经济文化发展仍产生重要影响,从而构成隋唐五代中原和边疆,乃至中国和外国文化交流的一个部分"⑤。

北人的南迁和江南的开发,使长江流域的人口迅速增长起来。在唐天宝年间,南方人口所占比重已比较可观:"我国的人口为4966万人,其中黄河流域为3062万人,占总数61.4%,长江流域为1779万人,占总数35.8%。"⑥

---

①童恩正:《中国南方农业的起源及其特征》,《农业考古》1989年第2期。

②[汉]司马迁:《史记》卷一百二十九《货殖列传》,中华书局,1959年,第3270页。

③[唐]樊绰撰,向达原校,木芹补注:《云南志补注》,云南人民出版社,1995年,第96页。

④[唐]樊绰撰,向达原校,木芹补注:《云南志补注》,云南人民出版社,1995年,第111页。

⑤吴松弟:《中国移民史·第三卷·隋唐五代时期》,福建人民出版社,1997年,第203页。

⑥梁家勉主编:《中国农业科学技术史稿》,农业出版社,1989年,第380页。

北方人口大量南迁对南方经济开发有重要影响。这种南迁不仅大量增加了南方农业劳动力,而且带来了北方先进的生产技术,使南方优越的自然条件得以充分发挥。

隋唐时期人口南迁,与政治因素等外部环境密切相关。这主要体现在北方的内忧外患和南方的相对稳定。比如安史之乱对北方人口造成很大摧残,当时中原地区"人烟断绝,千里萧条"。唐代宗有意以洛阳为都,郭子仪上疏道:"夫以东周之地,久陷贼中,宫室焚烧,十不存一。百曹荒废,曾无尺椽,中间畿内,不满千户。井邑榛棘,豺狼所嗥,既乏军储,又鲜人力。东至郑、汴,达于徐方,北自覃怀,经于相土,人烟断绝,千里萧条。将何以奉万乘之牲饩,供百官之次舍?"①在这里,郭子仪对北方经济的凋敝作了详细的描述。

在唐德宗贞元年间,关中地区人口凋零的情况是:"贞元初,吐蕃劫盟,召诸道兵十七万戍边。关中为吐蕃蹂躏者二十年矣,北至河曲,人户无几,诸道戍兵月给粟十七万斛,皆籴于关中。"②

在北方地区战乱不已的同时,南方地区处于相对安定的状态,并采取重农政策,有利于吸引北方人口南徙。比如南唐时期,徐知诰"御众以宽,约身以俭",采取了"请蠲丁口钱"等重农政策,农民的生产积极性大大得到提高,使得"江、淮间旷土尽辟,桑柘满野,国以富强"③。

(三)技术进步与南方农业开发

技术因素是南方经济开发的关键。南北方经济发展的差异与技术传播及技术革新密切相关。隋唐以前北方经济的发达以及其后经济重心地位的逐渐丧失,离不开南北方技术差距的变化。隋唐以前,北方形成了比较成熟的旱作农业技术体系,有力促进了其农业经济的发展。但自唐以后,北方农业生产技术没有大的突破,并且北方人口众多,为了满足生存需求,他们便采取烧山开荒的外延式扩大再生产的方式,由此会造成生态环境的严重破坏,无疑会制约北方农业进一步发展。

对南方来说,一方面,南移劳动力带来了北方先进的生产技术,另一方面,南方还对引进的北方技术予以革新,使其与南方的经济发展水平及自然条件很

①[后晋]刘昫等:《旧唐书》卷一百二十《郭子仪传》,中华书局,1975年,第3457页。

②[宋]欧阳修、宋祁:《新唐书》卷五十三《食货志》,中华书局,1975年,第1374页。

③[宋]司马光编著,[元]胡三省音注:《资治通鉴》卷二百七十《后梁纪五》,中华书局,1956年,第8831—8832页。

好地结合起来。

如果认为劳动力南下自然而然会同步促进南方农业技术的进步，则是不确切的。南移劳动力所带来的北方技术与南方地区开发之间存在一个适应性过程。在魏晋时期，传播到南方的农业技术与南方地理环境还有不适应之处。熟悉旱地作业的北方人曾经发现旱作农业技术长处难以应用在南方水乡的状况。甚至于，有时早先而至的北方人对南方的水稻生产造成了一定的破坏。比如南下的北方人来到徐、豫二州以后，按北方传统种植习惯，种麦种谷，"徐、豫土多稻田，而民间专务陆作"，冲击了南方原有的水稻生产。为此，宋文帝下诏要求二州"履行旧陂，相率修立"①，恢复水稻生产。而且，早期南下的北人并不是全部从事农业生产，这也在某种程度上制约了南方的技术进步。

南方经济要想获得大的开发，必须因地制宜地取得技术突破，这其中以水利建设最为重要。历代人们对于农业自然资源的开发利用总是先从治水着手，南方农田水利建设是加速农业发展的重要因素。

隋唐时期南方重视农业生产，农田水利的兴修颇为突出。据统计，在唐前期，北方水利工程为127项，南方水利工程为65项，而在唐后期，北方为31项，南方水利工程为79项，这说明在唐后期的水利工程建设重点在南方②。《新唐书·地理志》对长江流域水利设施广泛分布的情况有详细记载。比如，在明州余姚郡，"南二里有小江湖，溉田八百顷，开元中令王元纬置，民立祠祀之。东二十五里有西湖，溉田五百顷，天宝二年令陆南金开广之。西十二里有广德湖，溉田四百顷，贞元九年，刺史任侗因故迹增修。西南四十里有仲夏堰，溉田数千顷，大和六年刺史于季友筑"③。在湖州吴兴郡，"有西湖，溉田三千顷，其后堙废，贞元十三年，刺史于颀复之，人赖其利"④。

二、南方农业开发的状况

隋唐时期南方农业开发形式主要有与山争田、与水争田形式。隋唐时期南方农业的大力开发使得南方在国家经济体系中占有重要地位，也对生态环境产生了严重影响。

---

① [南朝梁] 沈约：《宋书》卷五《文帝纪》，中华书局，1974 年，第 92 页。

② 宁可主编：《中国经济通史（隋唐五代经济卷）》，经济日报出版社，2000 年，第 40—41 页。

③ [宋] 欧阳修、宋祁：《新唐书》卷四十一《地理志》，中华书局，1975 年，第 1061 页。

④ [宋] 欧阳修、宋祁：《新唐书》卷四十一《地理志》，中华书局，1975 年，第 1059 页。

（一）与山争田种植粮食作物

安史之乱后,唐朝由盛转衰,经济上对江南的依赖程度加大。唐代南方众多山地丘陵地带得以开发,出现了畲田农业。畲田广为分布,使南方的粮食生产得到较大的发展。

唐长孺指出,中唐后南方土地垦殖的另一个重要方面是丘陵山区的开垦,对于江淮以南半壁山河中占有很大比重的丘陵山区,"虽也有兴修水利或者利用山泉溪流等自然水源种植水稻者,但由于前者难以为功,后者不可多得,故山区土地开垦多采用撂荒制的火耕畲种形式,耕种作物多为麦、豆、粟等,开垦者则主要是所谓蛮、莫徭、俚等少数民族,以及逃亡农民和下层僧侣"①。

唐代诗人对畲田多有记载。比如白居易《即事寄微之》诗云:"畲田涩米不耕锄,旱地荒园少菜蔬。想念土风今若此,料看生计合何如。"②对于湖南的畲田状况,吕渭《状江南·仲冬》言,"江南仲冬天,紫蔗节如鞭。海将盐作雪,出用火耕田"③。

对于西南地区的畲田,汉晋时虽已在局部地区出现,但广大山地仍然呈现出林木郁郁葱葱的状况,当地主要以狩猎和采集业为主,畲田还没大规模出现。但至唐宋时期,随着经济发展,人口滋生,平坝浅丘人满为患,大量僚户进入山地实行畲田而耕,形成了唐宋时期中国西南的"畲田运动"④。

在福建地区,唐代前期农业耕作方式非常落后,唐高宗时期的陈元光撰有《请建州县表》,云泉州、潮州地带"左衽居椎髻之半,可耕乃火田之余"⑤。

在云贵高原地区,也有畲田。在贞观十六年(642 年),珍州(今贵州正安地带)所在三县"并在州侧近或十里,或二十里,随所畲种田处转移,不常厥所"⑥。在现今四川黔江流域的黔州,"但为畲田,每岁易",有记载如下:"东谢蛮,其地在黔州之西数百里,南接守宫獠,西连夷子,北至白蛮。土宜五谷,不以牛耕,但

---

①唐长孺:《魏晋南北朝隋唐史三论——中国封建社会的形成和前期的变化》,武汉大学出版社,1992 年,第 347—348 页。

②《全唐诗》卷四百四十一,中华书局,1999 年,第 4937 页。

③《全唐诗》卷三百七,中华书局,1999 年,第 3488 页。

④蓝勇:《历史时期西南经济开发与生态变迁》,云南教育出版社,1992 年,第 262 页。

⑤[清]董诰等:《全唐文》卷一百六十四《陈元光》,中华书局,1983 年,第 1674 页。

⑥[唐]李吉甫撰,贺次君点校:《元和郡县图志》卷三十《珍州》,中华书局,1983 年,第 744 页。

为畲田,每岁易。"①

（二）与水争田种植水田作物

隋唐时期,长江流域一带农业生产比以往的时代有了明显的推进,与水争地的农业开发是重要的一方面。这种开发直接得益于长江中下游农田水利的大力修筑。唐代水利工程兴建数量多,而且一些水利工程的规模很大。比如,据《新唐书》记载,元和三年(808年)淮南节度使李吉甫所筑水利设施溉田万顷,所记李吉甫事迹如下:"居三岁,奏蠲逋租数百万,筑富人、固本二塘,溉田且万顷。漕渠庳下不能居水,乃筑堤阏以防不足,泄有余,名曰平津堰。江淮旱,浙东、西尤甚,有司不为请,吉甫白以时救恤,帝惊,驰遣使分道赈贷。吉甫虽居外,每朝廷得失辄以闻。"②又如,唐元和年间常州刺史孟简有开凿孟渎以灌溉沃壤四千顷的事迹。孟简字几道,平昌人,"简始到郡,开古孟渎,长四十一里,灌溉沃壤四千余顷,为廉使举其课绩,是有就加之命。是岁,征拜为给事中"③。

水利建设促使了南方水稻生产的发展。在现今皖南苏南地带,不仅在湖田种植水稻,而且姜、蔗等作物也有种植。韦应物《送唐明府赴溧水》诗云"鱼盐滨海利,姜蔗傍湖田"④。江西境内也有垦辟洲渚土地、种植水稻的情况。张祜《江西道中作》言"渚田牛路熟,石岸客船稀。……烧畲残火色,荡桨夜溪声"⑤。江汉平原的洲渚地带也得到大力开垦。比如窦巩《江陵遇元九李六二侍御纪事书情呈十二韵》诗云:"山连巫峡秀,田傍渚宫肥。"⑥钱起写有《赠汉阳隐者》诗,指出汉阳一带"衡茅古林曲,粳稻清江滨"⑦。

鄱阳湖流域水稻种植及圩田开垦也很兴盛,白居易谪居江州作《过李生》诗云:"我为郡司马,散拙无所营……须臾进野饭,饭稻茹芹英"⑧。湘水流域河洲湖渚的开垦活动也很盛行。张九龄在《南还湘水言怀》诗中便提到了他在湘中

①[后晋]刘昫等:《旧唐书》卷一百九十七《西南蛮传》,中华书局,1975年,第5274页。

②[宋]欧阳修、宋祁:《新唐书》卷一百四十六《李栖筠传》,中华书局,1975年,第4740—4741页。

③[后晋]刘昫等:《旧唐书》卷一百六十三《孟简列传》,中华书局,1975年,第4257页。

④《全唐诗》卷一百八十九,中华书局,1999年,第1935页。

⑤《全唐诗》卷五百十,中华书局,1999年,第5850页。

⑥《全唐诗》卷二百七十一,中华书局,1999年,第3042—3043页。

⑦《全唐诗》卷二百三十八,中华书局,1999年,第2651页。

⑧《全唐诗》卷四百三十,中华书局,1999年,第4754页。

所见："江间稻正熟,林里桂初荣。"①李频在《湘口送友人》诗中也言及湖南沿江洲渚的开垦活动是"中流欲暮见湘烟,苇岸无穷接楚田"②。

隋唐时期还与海争田。江浙多海岸,其近海土地很容易受咸潮影响而不能种植农作物。修建捍海塘,是保障近海土地得到开发利用的技术措施。在隋唐时期,近海地区的农民大力兴修捍海塘,开展与海争田的斗争。据《新唐书·地理志》记载,杭州"有捍海塘堤,长百二十四里,开元元年重筑"③;后梁开平四年(910年)又筑杭州捍海石塘,形成坚固堤坝,导致钱塘富庶盛于东南。④

（三）在山地进行茶叶种植

唐代南方山地还种植经济作物,尤以茶叶种植较为突出。入唐后,特别是开元、天宝以来,伴随着饮茶之风的日益普及,以及种茶可产生经济利益的因素,长江流域的植茶业大有发展。唐代人指出,茶叶的普及与僧人过午不食的习俗有关,史载"南人好饮之,北人初不多饮。开元中,泰山灵岩寺有降魔师大兴禅教,学禅务于不寐,又不夕食,皆许其饮茶。人自怀挟,到处煮饮。从此转相仿效,逐成风俗。自邹、齐、沧、棣,渐至京邑,城市多开店铺,煎茶卖之,不问道俗,投钱取饮。其茶自江淮而来,舟车相继,所在山积,色额甚多"⑤。

上述所言的茶叶"所在山积"说明了茶叶生产的大为扩展。唐代长江下游地区茶叶产地众多,且多有名茶产地。陆羽《茶经》卷下《八之出》载:"淮南,以光州上,义阳郡、舒州次,寿州下,蕲州、黄州又下。浙西,以湖州上,常州次,宣州、杭州、睦州、歙州下,润州、苏州又下。浙东,以越州上,明州、婺州次,台州下。"⑥茶叶还有种植于庭院之内的情况,比如韦应物《喜园中茶生》诗云"聊因理郡余,率尔植荒园"⑦,可见在园中种植茶树的状况。

①《全唐诗》卷四十九,中华书局,1999年,第608页。

②《全唐诗》卷五百八十七,中华书局,1999年,第6864页。

③[宋]欧阳修、宋祁:《新唐书》卷四十一《地理志》,中华书局,1975年,第1059页。

④《资治通鉴》开平四年(910年)条记载云:"吴越王镠筑捍海石塘,广杭州城,大修台馆。由是钱塘富庶盛于东南。"见[宋]司马光编著,[元]胡三省音注:《资治通鉴》卷二百六十七《后梁纪二》,中华书局,1956年,第8726页。

⑤[唐]封演:《封氏闻见记》卷第六《饮茶》,中华书局,1985年,第71页。

⑥[唐]陆羽著,李勇、李艳华注:《茶经》,华夏出版社,2006年,第55页。

⑦《全唐诗》卷一百九十三,中华书局,1999年,第1998页。

三、南方生态环境的变迁

（一）南方山地丘陵农业对生态环境的破坏

隋唐南方农业开发对生态环境有破坏作用,比如茶叶垦殖、畬田农业等耕作方式对森林资源有破坏,"与水争地"的经济开发活动对湖泊蓄水能力也有减弱。

隋唐时期这些农业活动中以畬田农业对生态环境的破坏最为突出。周宏伟指出,在魏晋至宋元的千余年时间里,长江流域丘陵(包括部分低山)地区森林的破坏主要来自旱作农业的压力:一是旱地粮食作物种植范围的扩展,二是植茶之风的盛行,三是占城稻的传布。①

隋唐时期畬田耕作方式是在丘陵山区开展的,通常是用畬刀刈去草木,在下雨前焚烧草木,再用草木灰作为肥料下种,然后耕种,不采用中耕措施,也不施肥。三五年之后,便因为不可继续耕作,任其荒废,而去其他地方继续此种耕种方式。畬田旱作农业的盛行对南方丘陵低山地带森林的破坏十分严重。庾信(512年—581年)的《归田》记载了烧山种田的情景,诗云:"务农勤九谷,归来嘉一廛。穿渠移水碓,烧棘起山田"②。

隋唐时期,南方广大丘陵低山地带,畬田广为分布,时人指出了其对生态环境的破坏作用。温庭筠《烧歌》云:"起来望南山,山火烧山田……自言楚越俗,烧畬为旱田。"③刘禹锡被贬湖南时,对湖南畬田耕种方式也比较了解,他写有《畬田行》一诗,对畬田耕作方式作了详细而生动的描述,其诗云:

> 何处好畬田,团团缦山腹。钻龟得雨卦,上山烧卧木。惊麏走且顾,群雉声呝喔。红焰远成霞,轻煤飞入郭。风引上高岑,猎猎度青林。青林望靡靡,赤光低复起。照潭出老蛟,爆竹惊山鬼。夜色不见山,孤明星汉间。如星复如月,俱逐晓风灭。本从敲石光,遂至烘天热。下种暖灰中,乘阳拆牙蘖。苍苍一雨后,苕颖如云发。巴人拱手吟,耕耨不关心。由来得地势,径寸有余金。④

诗中反映的山民,从事的是相当粗放落后的畬田农业生产。由此可知,焚山开荒的畬田耕作方式形成浓烈的烟雾污染了大气,山林被毁使得山中的飞

---

①周宏伟:《长江流域森林变迁的历史考察》,《中国农史》1999年第4期。

②宁业高、桑传贤选编:《中国历代农业诗歌选》,农业出版社,1988年,第63页。

③《全唐诗》卷五百七十七,中华书局,1999年,第6763页。

④《全唐诗》卷三百五十四,中华书局,1999年,第3978页。

禽、走兽等野生动物遭难,旱地垦殖也容易造成水土流失。

莫徭是现代瑶族的先民。刘禹锡写有《莫徭歌》,描述了莫徭人从事刀耕火种生产方式对生态有破坏:"莫徭自生长,名字无符籍。市易杂鲛人,婚姻通木客。星居占泉眼,火种开山脊。夜渡千仞溪,含沙不能射。"①吕温也作诗谈到畲田的生态破坏作用,吕温的《道州观野火》云:"南风吹烈火,焰焰烧楚泽,阳景当昼迟,阴天半夜赤。过处若彗扫,来时如电激。岂复辨萧兰,焉能分玉石。虫蛇尽烁烂,虎兕出奔迫。"②

区域性研究成果也显示出唐代南方森林受到较大破坏的情况。比如在西南地区,新石器时代森林相当茂密;秦汉两晋以来开始了森林向农地转化的高潮;至唐宋时期,经济开发有了进一步加强,兴起了西南地区第二次开发的高潮,随之而来的是大量平原、丘陵原始阔叶林被砍伐殆尽,大量山地森林也时时被人类斧斤所涉③。

可以说,隋唐五代南方经济开发尤其是畲田的开发损毁了大片森林,对生态环境有明显破坏作用。总体上来看,隋唐南方生态破坏虽严重于其前的魏晋南朝,但与宋明清相比,深山地带还保存有大量森林,生态破坏还不是太严重。

(二)南方非农经济活动对森林资源的破坏

隋唐时期,南方地区冶炼行业、造船业、狩猎活动、架设栈道等手工业副业生产进一步发展,由此采伐的林木日渐增多,对森林资源有明显的破坏。

隋唐时期,南方蕴含丰富的铁矿等矿物资源,炼铁等冶炼行业需要大量木炭。江南地区,尤其是福建两广地区成为重要炼铁地区。据研究,"冶铁、陶瓷等耗费巨量木材是唐宋时期的特点。估计每座铁炉的年耗林量是三百多亩山林,而烧制陶器一百三十斤则费薪百斤"④。如此,则南方冶炼业的发展对薪炭消耗很多。

铸钱行业对森林资源消耗也很多。刘晏认为,"以江、岭诸州,任土所出,皆重粗贱弱之货,输京师不足以供道路之直。于是积之江淮,易铜铅薪炭,广铸钱,岁得十余万缗,输京师及荆、扬二州,自是钱日增矣"⑤。

---

①《全唐诗》卷三百五十四,中华书局,1999年,第3974页。
②《全唐诗》卷三百七十一,中华书局,1999年,第4187页。
③蓝勇:《历史时期西南经济开发与生态变迁》,云南教育出版社,1992年,第13—18页。
④郑学檬:《中国古代经济重心南移和唐宋江南经济研究》,岳麓书社,2003年,第47页。
⑤[宋]欧阳修、宋祁:《新唐书》卷五十四《食货志》,中华书局,1975年,第1388页。

　　隋唐时期长江航运四通八达,造船业十分兴盛。比如,在唐初征伐高丽的几次战斗中,都制造大量战船通过海道进攻。贞观十八年(644年),"上将征高丽,秋,七月,辛卯,敕将作大监阎立德等诣洪、饶、江三州,造船四百艘以载军粮"①。贞观二十一年(647年),"上将复伐高丽……三月,以左武卫大将军牛进达为青丘道行军大总管,右武候将军李海岸副之,发兵万余人,乘楼船自莱州泛海而入"②。贞观二十一年(647年),命令宋州刺史王波利等"发江南十二州工人造大船数百艘,欲以征高丽"③。贞观二十二年(648年)正月,"诏以右武卫大将军薛万彻为青丘道行军大总管,右卫将军裴行方副之,将兵三万余人及楼船战舰,自莱州泛海以击高丽"④。

　　如此造船业当消耗大量金钱和木材。据《唐语林》卷一的记载,刘晏为诸道盐铁转运使时期,转运船"每以十只为一纲,载江南谷麦,自淮、泗入汴,抵河阴,每船载一千石",刘晏"初议造船,每一船用钱百万",当时有人提出异议,指出"今国用方乏,宜减其费。五十万犹多矣",但刘晏提出"凡所创置,须谋经久"⑤。这些船只对船场运营及国家发展起了重要作用。

　　《唐语林》卷八记载了南方船运业的发达:"凡东南郡邑无不通水,故天下货利,舟楫居多。转运使岁运米二百万石以输关中,皆自通济渠入河也。淮南篙工不能入黄河。蜀之三峡,陕之三门,闽越之恶溪,南康赣石,皆绝险之处,自有本土人为工。"该书还言及隋唐时期南方民间船运的发达,当时认为"水不载万",意思是大船不过八九千石,但唐代民间富人所拥有船舶的承载量令人叹为观止:"大历、贞元间,有俞大娘航船最大,居者养生送死婚嫁悉在其间。开巷为圃,操驾之工数百。南至江西,北至淮南,岁一往来,其利甚大,此则不啻载万也。洪、鄂水居颇多,与一屋殆相半。凡大船必为富商所有,奏声乐,役奴婢,以

①[宋]司马光编著,[元]胡三省音注:《资治通鉴》卷一百九十七《唐纪十三》,中华书局,1956年,第6209—6210页。

②[宋]司马光编著,[元]胡三省音注:《资治通鉴》卷一百九十八《唐纪十四》,中华书局,1956年,第6245—6246页。

③[宋]司马光编著,[元]胡三省音注:《资治通鉴》卷一百九十八《唐纪十四》,中华书局,1956年,第6249页。

④[宋]司马光编著,[元]胡三省音注:《资治通鉴》卷一百九十八《唐纪十四》,中华书局,1956年,第6252页。

⑤[宋]王谠撰,周勋初校证:《唐语林校证》,中华书局,1987年,第60—61页。

据舵楼之下。"①

隋唐时期官营造船业的发展有时使得百姓困顿。贞观二十二年(648 年)九月,蜀人苦于造船之役,时人指出,"蜀人脆弱,不耐劳剧。大船一艘,庸绢二千二百三十六匹。山谷已伐之木,挽曳未毕,复征船庸,二事并集,民不能堪,宜加存养"②。

其他木材生产和加工行业的发展也对南方森林资源有影响,建筑业就是如此。据杜牧《唐故江西观察使武阳公韦公遗爱碑》,原本"(洪州)屋居以茅竹为俗",韦公到任后"教人陶瓦,伐山取材,堆叠亿计"③。这表明了此类建筑用材对林木资源有大量的消耗,这种建筑业对木材的消耗所产生的生态影响同样是不可忽视的。林木的砍伐和消耗促使了木材贩运。如在江西地区,"豫章诸县,尽出良材,求利者采之。将至广陵,利则数倍。天宝五载,有杨溥者,与数人入林求木。冬夕雪飞,山深寄宿无处。有大木横卧,其中空焉,可容数人,乃入中同宿"④。这说明了唐代江西木材生产和贩运的盛况。

不合理的狩猎活动也对南方生态环境造成很大破坏。刘禹锡在诗中写到连州(现今广东连山等地)部分山民用烧山办法以狩猎的情形。这不仅使整片山场的草木为之枯焦,而且严重损毁了动物资源。刘禹锡《连州腊日观莫徭猎西山》云:

> 林红叶尽变,原黑草初烧。围合繁钲息,禽兴大旆摇。张罗依道口,嗾犬上山腰。猜鹰虑奋迅,惊鹿时跼跳。瘴云四面起,腊雪半空消。箭头余鹄血,鞍傍见雉翘。⑤

隋唐时期南方架设栈道活动也会消耗大量木材。比如,《太平广记》卷四百二十六载:"巴人好群伐树木作板。开元中,巴人百余辈自褒中随山伐木,至太白庙,庙前松树百余株,各大数十围,群巴喜曰:'天赞也。'止而伐之,已倒二十余株。"⑥民间日用活动对木材有需求,由此会导致森林植被的破坏。

----

①[宋]王谠撰,周勋初校证:《唐语林校证》,中华书局,1987 年,第 726—727 页。

②[宋]司马光编著,[元]胡三省音注:《资治通鉴》卷一百九十九《唐纪十五》,中华书局,1956 年,第 6261—6262 页。

③[清]董诰等:《全唐文》卷七百五十四《杜牧》,中华书局,1983 年,第 7822 页。

④[宋]李昉等:《太平广记》卷三百三十一《杨溥》,中华书局,1961 年,第 2632 页。

⑤《全唐诗》卷三百五十四,中华书局,1999 年,第 3984 页。

⑥[宋]李昉等:《太平广记》卷四百二十六《虎》,中华书局,1961 年,第 3472 页。

（三）南方运河变迁及漕运路线

隋唐时期南方的生态环境变迁还表现在漕运和运河的变迁这一方面。

安史之乱后，北方出现藩镇割据的局面，并导致赋税不归中央统一管理。史籍云："安、史乱天下，至肃宗大难略平，君臣皆幸安，……乱人乘之，遂擅署吏，以赋税自私，不朝献于廷。"①欧阳修对北方漕运在唐代重要性的下降有描述："唐都长安，而关中号称沃野，然其土地狭，所出不足以给京师，备水旱，故常转漕东南之粟。高祖、太宗之时，用物有节而易赡，水陆漕运，岁不过二十万石，故漕事简。自高宗已后，岁益增多，而功利繁兴，民亦罹其弊矣"。②

而唐代尤其是中唐以后，南方经济实力增强。在北方漕运重要性下降的背景下，唐朝只有尽力发展江淮漕运才能维持政府功能的正常运转。唐代，特别是中唐以后最重要的漕运区域，主要由淮南道、江南东道和江南西道组成。唐德宗贞元时期，南方在粮食保障中占有重要地位，有如下论述："以户部侍郎元琇判诸道盐铁、榷酒，侍郎吉中孚判度支诸道两税。增江淮之运，浙江东、西岁运米七十五万石，复以两税易米百万石，江西、湖南、鄂岳、福建、岭南米亦百二十万石，诏浙江东、西节度使韩滉，淮南节度使杜亚运至东、西渭桥仓。"③

唐德宗贞元年间还增加了南方盐税，此类重赋政策导致了民怨增加："贞元四年，淮南节度使陈少游奏加民赋，自此江淮盐每斗亦增二百，为钱三百一十，其后复增六十，河中两池盐每斗为钱三百七十。江淮豪贾射利，或时倍之，官收不能过半，民始怨矣。"④

隋唐时期南方经济实力的增强引起朝廷对江南的高度重视。隋炀帝定都洛阳，发河南、河北民百余万人，开通北起洛阳、南至今江苏盱眙县的通济渠，又疏通江淮间的邗沟，从而连接成贯通黄河、淮河、长江和钱塘江的大运河。隋朝南北大运河的兴修，与统治者关注南方经济有关，其更直接的用意则是企图开拓东南漕运区域。

遗憾的是，工程浩大的大运河虽终于完工，隋朝统治者却没能从中受益。但对唐朝来说，大运河却至关重要。研究认为，"唐代并没有像隋代那样大规模

①［宋］欧阳修、宋祁：《新唐书》卷二百一十《藩镇列传》，中华书局，1975 年，第 5921 页。
②［宋］欧阳修、宋祁：《新唐书》卷五十三《食货志》，中华书局，1975 年，第 1365 页。
③［宋］欧阳修、宋祁：《新唐书》卷五十三《食货志》，中华书局，1975 年，第 1369 页。
④［宋］欧阳修、宋祁：《新唐书》卷五十四《食货志》，中华书局，1975 年，第 1378 页。

地开凿大运河,主要是利用隋时遗留下来的运河加以疏浚和开凿不太长的新运河"[1]。大运河对中唐以后南方漕粮的顺利转运至关重要,"中唐以后,长江中下游地区成为王朝漕粮和财政收入的主要来源地,大运河的畅通与否成为王朝安危的关键所在"[2]。

所以,唐代都城长安除了继续借助黄河等水道漕运北方之物外,又通过隋通济渠、广通渠等运河将南方纳入漕运征调范围。直至唐末,这种局面都没有发生太大的变化。

总体来说,在唐代,"对东南系统运河和关中漕渠进行了疏浚、修整和开凿,维护了长安与江淮之间的漕运事业,保障了唐中央政府的粮食和物质的供应"[3]。

第四节　隋唐南方生态环境变迁的评价及经济重心南移

一、隋唐南方生态环境变迁的总体评价

1.总体上破坏不太严重

与隋唐之前南方地区植被较为茂密相比,隋唐时期经济开发对生态环境造成了显著的破坏。刘礼堂指出:"唐代江汉平原和洞庭湖畔及湘水流域的河洲湖渚,许多地方可以看到土地的垦发和水稻等农作物的种植。"[4]此种开发活动的不利生态影响最主要的表现是森林植被的破坏。

隋唐时期南方山地畲田农业分布范围很广,但总体来说,南方地区的森林资源仍比较丰富,其森林破坏主要是在平原和丘陵地带。南方山区,尤其是深远山区的森林破坏不是很严重。

许多深山地区植被良好,仍保持着良好的生态环境,诸多史籍记载了南方深山地带原始森林仍广为分布的情况。比如湖南地区,唐代森林覆盖较好。张九龄写诗描述了湘江沿岸古树参天蔽日的情况,其《初入湘中有喜》言"两边枫

---

①潘镛:《隋唐时期的运河和漕运》,三秦出版社,1987年,第51页。

②吴松弟:《中国移民史·第三卷·隋唐五代时期》,福建人民出版社,1997年,第10页。

③潘镛:《隋唐时期的运河和漕运》,三秦出版社,1987年,第62页。

④刘礼堂:《唐代长江上中游地区的社会环境》,《武汉大学学报(人文科学版)》2007年第4期。

作岸，数处橘为洲"①，其《将至岳阳有怀赵二》云"湘岸多深林，青冥昼结阴"②。

湖北山地丘陵在唐代也有大量森林存在，并常有老虎等大型山林动物出没。比如，符载的《贺樊公畋获虎颂》指出唐德宗贞元六年（790年），荆南节度使樊泽曾经捕杀一只母虎，腹内尚有4只未出世的小老虎③。

总体来看，若与其后的宋明清相比，隋唐南方生态环境的破坏还不太严重。史立人指出："据历史资料分析，长江流域在公元10世纪前植被茂密，水土流失轻微；公元10—17世纪，水土流失有所发展；特别是17世纪中叶以来，人口剧增，山丘过度开发，水土流失不断加剧，逐渐成为重大环境问题。人类对土地资源的不合理开发利用是导致水土流失的主导因素。"④

隋唐时期南方地区生态环境的破坏总体上不太严重，从森林覆盖率方面也可得到体现。在四川地区，"唐代四川盆地森林覆盖率在35%左右，盆周山地则在70%—80%左右。"⑤森林覆盖率还不低。

从自然灾害的发生上也可见隋唐时期南方生态环境的破坏还不甚严重。有学者对长江水患作了统计，"在温湿多雨的唐代，长江中游水患频率不仅低于同期的北方，而且低于历史上其他时期。形成这种局面的关键是长江有一个良好的生态环境"⑥。

隋唐时期长江之水质没有隋唐之后浑浊，"长江在唐时一般只在南京（金陵）以下才见到江水浑浊现象，这主要因为海潮上涨之故，水土流失的影响恐非主要的。但在宋代则不同了，上中游的江水已呈混浊"⑦。

2. 相关原因

隋唐时期南方生态环境的破坏之所以不太严重，主要是由于当时深山地带农业经济没有得到大力开发，此外，生态破坏之不太严重还与农业生产方式有关。

从农业生产方式来说，畲田农业并不能代表隋唐农业生产的全部，当时也

---

①《全唐诗》卷四十八，中华书局，1999年，第592页。

②《全唐诗》卷四十八，中华书局，1999年，第591页。

③［清］董诰等：《全唐文》卷六百八十八《符载》，中华书局，1983年，第7043—7044页。

④史立人：《长江流域水土流失历史发展过程探讨》，《水土保持通报》2002年第5期。

⑤史立人：《长江流域水土流失历史发展过程探讨》，《水土保持通报》2002年第5期。

⑥李文澜：《唐代长江中游水患与生态环境诸问题的历史启示》，《江汉论坛》1999年第1期。

⑦郑学檬：《中国古代经济重心南移和唐宋江南经济研究》，岳麓书社，2003年，第31页。

存在精耕细作农业的生产方式。这是唐代农民在长期的生产实践中，摸索出的一套包括育种、垦耕、播种、施肥、灌溉、收获等方面的耕作技术。比如杂草被壅为肥、农田种植绿肥等，增加了土壤地力。在此基础上创立的"地力常新壮"理论，使得南方耕地能维持土壤的肥沃。

南方长江中下游地区由于湖沼广布、土质紧密，本不宜耕作，被视为下田，但隋唐时期由于农业技术的进步，这些所谓的"下田"却成为良性土壤。在唐宋时期，"大体上，北方土质由优转劣，生产因而下降；南方土质不断优化，生产因而上升"[①]。这与南方农业生产重视圩田及海塘修筑密切有关。南方湖泊淤泥中原本含有大量养分，一旦得到利用，下田便会变为良田。

隋唐时期还重视对南方低洼地区农田水利灌溉的建设。比如，唐代宗大历年间杜甫移居夔州三年，其《行官张望补稻畦水归》诗作描写了四川地区平坦地带的种稻情景："东屯大江北，百顷平若案，六月青稻多，千畦碧泉乱。插秧适云已，引溜加溉灌。更仆往方塘，决渠当断岸。"[②]当时的水稻生产已广泛使用灌溉技术，其《夔州歌十绝句》也记载云："东屯稻畦一百顷，北有涧水通青苗。"[③]这种灌溉技术的实施，不仅使水稻种植得以实现和推广，而且影响了当地土壤特性，使得水稻土广为分布，起着促使生态系统良性循环的作用。

隋唐时期南方圩田水利建设的发展，使得湖泊低洼之处演变为膏腴之地；另外，南方海塘修筑不仅能起到防海潮的功能，还能内蓄淡水，用来灌溉江滨土地。这种向水要田的做法虽然降低了蓄水能力，但在合理限度内，也可以起到促进生产与改良土壤的作用，促使水土生态系统的良性循环。

另外，与旱作畲田农业的水土流失有差别，南方水稻生产是以人工植被代替天然植被；在南方雨量多、气温高的自然条件下，植被自我恢复的能力较强，一些林木被砍伐后会出现一定程度的自然更新，从而长成新的植被。

二、经济重心南移问题

（一）南方经济在国家经济体系中的地位

1. 南方的稳定及经济发展

在秦和西汉以前，长江流域地区经济文化发展始终远低于黄河流域地区，

---

①郑学檬：《中国古代经济重心南移和唐宋江南经济研究》，岳麓书社，2003年，第50页。
②《全唐诗》卷二百二十一，中华书局，1999年，第2347页。
③《全唐诗》卷二百二十九，中华书局，1999年，第2507页。

因而被视为蛮荒之地。

在魏晋南北朝时期，南方社会经济迅速崛起，尤其是三吴之地，生产发达。当时三吴之地，已是"地广野丰，民勤本业。一岁或稔，则数郡忘饥"①。史称三吴之地的情况是"百度所资，罕不自出"②。这说明了南方经济在国家经济体系中的地位变得很重要。

隋的统一和大运河的开通，加强了南北经济的沟通，促进了对江南的开发。到唐代，南方经济开发力度加大，南方经济占有举足轻重的地位。这从六朝与唐代南方水利建设力度的比较可见一斑。据冀朝鼎的研究，三国、晋、南北朝、隋、唐、五代时期，长江下游所属州县兴建水利工程分别为24、16、20、27、254、13项③。两相比较，唐代长江下游兴修的水利工程数目远比唐代之前兴修数目的总和要多，可见唐代南方水利兴修之盛况。

唐代南方水利工程的大力建设，扩大了耕地面积，粮食产量大增。德宗时权德舆说："江淮田一善熟，则旁资数道。故天下大计，仰于东南。"④足见南方农业生产在全国所占有的重要地位。在唐代，剑南未受战乱影响，时称"百姓富庶"。贞观二十二年（648年）六月"上以高丽困弊，议以明年发三十万众，一举灭之"，当时需要建造舟舰，考虑到剑南地区"百姓富庶""宜使之造舟舰"，皇上答应了这个建议⑤。

2. 北方战乱及割据

安史之乱后，江南趋于发展，与此对比的是，黄河流域备受摧残，由此南北方经济在国家经济体系中的地位发生了变化。《旧唐书》云"两京蹂于胡骑，士君子多以家渡江东"，当时渡江东知名之士如李华、柳识兄弟者，都仰慕权皋（权德舆之父）的德行而与权皋友善⑥。穆员《鲍防碑》也云：他们"自中原多故，贤士大夫以三江五湖为家，登会稽者如鳞介之集渊薮"⑦。北方战乱的摧残及人口

①［南朝梁］沈约：《宋书》卷五十四《孔季恭羊玄保沈昙庆传》，中华书局，1974年，第1540页。

②［南朝梁］萧子显：《南齐书》卷四十《武十七王传》，中华书局，1972年，第696页。

③参见冀朝鼎著，朱诗鳌译：《中国历史上的基本经济区与水利事业的发展》，中国社会科学出版社，1981年，第36页。

④［宋］欧阳修、宋祁：《新唐书》卷一百六十五《权德舆传》，中华书局，1975年，第5076页。

⑤［宋］司马光编著，［元］胡三省音注：《资治通鉴》卷一百九十九《唐纪十五》，中华书局，1956年，第6258—6259页。

⑥［后晋］刘昫等撰：《旧唐书》卷一百四十八《权德舆传》，中华书局，1975年，第4002页。

⑦［清］董诰等：《全唐文》卷七百八十三《穆员》，中华书局，1983年，第8190页。

的凋敝,增加了唐政府对南方经济的依赖。

北方藩镇割据加速了南北经济差距的形成。河北、山东因藩镇割据而出现"赋税自私,不朝献于廷"的状况,这更加强了朝廷对南方经济的依赖①。至德元年(756年),大臣上奏言及:"今方用兵,财赋为急,财赋所产,江、淮居多。"②

德宗时宰相杨炎指出,北方重兵所在的区域"王赋所入无几",史籍如此记载:

> 迨至德之后,天下兵起,始以兵役,因之饥疠,征求运输,百役并作,人户凋耗,版图空虚。军国之用,仰给于度支、转运二使;四方征镇,又自给于节度、都团练使。赋敛之司数四,而莫相统摄,于是纲目大坏,朝廷不能覆诸使,诸使不能覆诸州,四方贡献,悉入内库。权臣猾吏,因缘为奸,或公托进献,私为赃盗者动万万计。河南、山东、荆襄、剑南有重兵处,皆厚自奉养,王赋所入无几。③

所以,此时唐室的财政命脉遂更多地取决于南方,南方在国家赋税征收中至为重要。

史念海在《开皇天宝之间黄河流域及其附近地区农业的发展》中指出,"天宝以后,关中的粮食主要还靠关东各地来接济,更重要的是依靠长江下游。那里实际已经成为唐朝政府的经济命脉"④

唐人也多提及唐代南方的富庶。唐代扬州富庶甲天下,"时人称扬一、益二"⑤。吕温的《故太子少保赠左仆射京兆韦府君神道碑》指出了南方对唐代中后期粮食和衣料供应的重要地位:"天宝之后,中原释耒,辇越而衣,漕吴而食。"⑥杜牧的《上宰相求杭州启》言道:"今天下以江淮为国命,杭州户十万,税

---

①史载:"安、史乱天下,至肃宗大难略平,君臣皆幸安,故瓜分河北地,付授叛将,护养孽萌,以成祸根。乱人乘之,遂擅署吏,以赋税自私,不朝献于廷。"见[宋]欧阳修、宋祁:《新唐书》卷二百一十《藩镇列传》,中华书局,1975年,第5921页。

②[宋]司马光编著,[元]胡三省音注:《资治通鉴》卷二百一十八《唐纪三十四》,中华书局,1956年,第6992页。

③后晋]刘昫等:《旧唐书》卷一百一十八《杨炎传》,中华书局,1975年,第3421页。

④史念海:《唐代历史地理研究》,中国社会科学出版社,1998年,第97页。

⑤[宋]司马光编著,[元]胡三省音注:《资治通鉴》卷二百五十九《唐纪七十五》,中华书局,1956年,第8430—8431页。

⑥[清]董诰等:《全唐文》卷六百三十《吕温》,中华书局,1983年,第6357页。

钱五十万。"①白居易在《除裴堪江西观察使制》中也言及："江西七郡,列邑数十,土沃人庶,今之奥区,财赋孔殷,国用所系。"②

南方由此日益成为全国经济的先进地区,南北的均势被打破。在宋代,曾经"吴中大水,诏出米百万斛、缗钱二十万振救",但谏官认为是虚报灾情,应该加以查验,范祖禹说"国家根本,仰给东南",认为对灾情有所虚报的事情不可过于较真,指出"奏灾虽小过实,正当略而不问。若稍施惩谴,恐后无复敢言者矣。"③由此可知至宋代,江南对国家命脉的更为重要的作用。

（二）关于经济重心南移问题

关于经济重心南移何时完成的问题,学界有各种观点。据总结,包括魏晋南北朝说、隋代说、隋唐说、唐代说、唐代后期说、五代说、北宋说、北宋晚期说、南宋说④。比如梁家勉持南宋完成说,认为全国经济重心从黄河流域转移到长江以南地区的过程,肇始于魏晋南北朝,唐代是重要转折,至宋代进一步完成⑤。郑学檬认为宋以后南方经济超过北方,"中国古代经济重心南移的时间下限,亦即其终点,应确定在宋代"⑥。

各种说法的差异,既与研究概念"经济重心"的界定有关,也与研究角度差异、史料选择、文本解读、研究旨趣等多种因素有关。差异的存在不足为奇。

更多的学者倾向于中唐以后经济重心南移的观点。安史之乱不仅对唐王朝的政治秩序有深远影响,对唐王朝南北经济力量的对比以及经济重心问题都产生了关键性的影响。晋唐史、人口史、历史地理、农业史等领域的学者都存在中唐以后我国经济重心开始转移到南方的观点,现撷取几种如下:

唐长孺认为安史乱后,经济重心终于南移长江流域⑦;王大华认为,"到中

---

①[清]董诰等:《全唐文》卷七百五十三《杜牧》,中华书局,1983 年,第 7806 页。

②[清]董诰等:《全唐文》卷六百六十一《白居易》,中华书局,1983 年,第 6719—6720 页。

③[元]脱脱:《宋史》卷三百三十七《范镇传附范祖禹传》,中华书局,1977 年,第 10796 页。

④程民生:《中国北方经济史——以经济重心的转移为主线》,人民出版社,2004 年,第11—16 页。

⑤梁家勉主编:《中国农业科学技术史稿》,农业出版社,1989 年,第 583 页。

⑥郑学檬:《中国古代经济重心南移和唐宋江南经济研究》,岳麓书社,2003 年,第 19 页。

⑦唐长孺指出:"唐玄宗时代经济重心尚在北方。然而也正是在玄宗时代,经济重心开始逐渐向南方倾斜,安史乱后,倾斜度日益加深,经济重心终于南移长江流域。"见唐长孺:《魏晋南北朝隋唐史三论——中国封建社会的形成和前期的变化》,武汉大学出版社,1992年,第 345 页。

唐,我国经济重心区有史以来第一次从黄河流域移向长江流域,南方经济超过了北方"①。冻国栋对中国古代经济重心的南移问题研究认为,"有理由认定这个变化大致在中晚唐时期已基本完成,五代以后的发展大体是沿着这一趋势进行的"②;施和金认为安史之乱以后南方成了全国的经济重心所在③;李根蟠认为,"中唐以后黄河流域农业发展势头显然落后于南方,而且它正常的发展还常常被打断,这就不能不导致其经济重心地位的丧失"④。区域性研究也有对此观点支持的情况。比如陈雄、桑广书认为,中唐以后,中国的经济重心已从北方转移到江南,浙北平原地区成为"赋出天下而江南居十九"的富庶之乡⑤。

综合对晋唐时期经济开发及环境影响问题的考察,笔者主张,经济重心所在的区域实际上是一个政权得以维持、运转的支柱,经济支持方面的重要性是必须要考虑的方面。离开了重心,朝廷运转便会出现问题。这种重心的出现,不仅体现在赋税、财政等因素对朝廷正常运转的鼎力支持,与重心所在区域的强大经济实力有关,还与物资供应体系、漕运渠道等因素有关。尤其还要注意那个区域发展的势头,发展的可持续性。若这种经济繁荣只是持续几年,昙花一现,那是没有根基的经济发展,不能起到真正的支撑大局的作用,就不能作为重心。所以,到中唐以后,南方经济发展势头足,人口众多,技术先进,对朝廷的赋税、财政支撑力度大,这些表明,中唐以后,经济重心从北方转移到江南的趋势更明显。

①王大华:《崛起与衰落——古代关中的历史变迁》,陕西人民出版社,1987年,第245页。

②冻国栋:《中国人口史·第二卷·隋唐五代时期》,复旦大学出版社,2002年,第528页。

③施和金指出,"追溯历史,我国的经济重心原来在北方的黄河中下游流域,南方的长江中下游地区则比较落后。但到了唐宋时期,这一基本格局发生了变化。安史之乱以后,北方长期处于战乱之中,人口大量减少,生产日益凋敝;与其相反,南方却人口剧增,生产勃兴,经济地位渐渐地超过了北方,成了全国的重心所在。经过五代十国及两宋时期的发展,南方在全国的经济重心地位进一步得到巩固,并持续发展到了今天"。见施和金:《中国历史地理研究》,南京师范大学出版社,2000年,第266页。

④李根蟠:《中国古代农业》,中国国际广播出版社,2010年,第142页。

⑤陈雄、桑广书:《地域经济开发与环境响应:古代浙北平原的环境变迁》,中国科学技术出版社,2005年,第58页。

第四章　晋唐人类日常活动与生态变迁

第一节　隋唐日常生活与林木消耗

一、薪炭消耗、管理及供应——以长安城为例

唐长安城是我国历史上规模最为宏伟壮观的都城,其城池建设面积达 84 平方千米,是汉长安城的 2.4 倍,是明清北京城的 1.4 倍①。唐长安城城市繁华,人口众多,大量人口要消耗大量的薪炭,为此政府设立了专门机构管理薪炭之事。大量的薪炭消耗使得周边地区林木砍伐问题更为严重,破坏了生态环境。

（一）隋唐长安城薪炭消耗、管理

我国古代燃料来源不是单一的。两汉时期已经开始使用煤炭作为燃料,两汉时期称煤炭为"石炭"。魏晋以后使用燃料的种类也是多样化的,《水经注》云:"释氏《西域记》曰:屈茨北二百里有山,夜则火光,昼日但烟。人取此山石炭,冶此山铁,恒充三十六国用。故郭义恭《广志》云:龟兹能铸冶。"②人们已注意到了不同种类燃料对烧烤食物的效果上存在差别,《北史》载:"今温酒及炙肉,用石炭、木炭火、竹火、草火、麻荄火,气味各不同。"③《开元天宝遗事》记载:"西凉国进炭百条,各长尺余,其炭青色,坚硬如铁,名之曰瑞炭。烧于炉中,无焰而有光,每条可烧十日,其热气逼人而不可近也。"④

---

① 参见朱士光主编:《古都西安:西安的历史变迁与发展》,西安出版社,2003 年,第 253 页。

② [北魏]郦道元著,陈桥驿注释:《水经注》卷二,浙江古籍出版社,2001 年,第 19 页。

③ [唐]李延寿:《北史》卷三十五《王慧龙传附松年子劭传》,中华书局,1974 年,第 1293 页。

④ [五代]王仁裕撰,曾贻芬点校:《开元天宝遗事》,中华书局,2006 年,第 18 页。

尽管如此,在传统时代,生产和生活的主要燃料是依靠可再生的植物燃料。农民家庭大量使用农业作物秸秆作燃料,但城市没有农作物的秸秆作补充,应该除了购买农村运来的木材作燃料外,还使用由薪材干馏而形成的木炭作为燃料。除了作为食物燃料,唐代木炭还常在冬季用作日用取暖,《开元天宝遗事》记载:"杨国忠家,以炭屑用蜜捏塑成双凤,至冬月则燃于炉中,及先以白檀木铺于炉底,余灰不可参杂也。"①

长安城有大量人口,薪炭消耗更不是小事。龚胜生通过研究认为,"从低估算,唐长安人口在80万左右,年耗薪柴40万吨左右"②。

薪炭问题在长安城经济生活中占有重要地位,隋唐为此设置了专门官吏掌管薪炭事宜。唐代对官府人员的燃料供给有定额,规定"凡亲王以下常食料各有差……每日……木橦十根、炭十斤"③。据《唐六典》对"钩盾署"的记载,"隋司农统钩盾署令三人,掌薪刍及炭、鹅、鸭、蒲兰、陂池、薮泽之物。皇朝令二人、丞四人"。此外,"钩盾署令掌供邦国薪刍之事"④。

(二)隋唐长安城薪炭供应

唐代长安城百货聚集、市场繁荣,长安东、西二市设置的邸相当多,多有富商在长安经营邸店。长安富商大贾的经营范围非常广泛,薪炭业是其中之一,有些经营薪炭业的商人能获得厚利。比如,唐德宗时期巨商窦乂的致富历程即是如此。他在嘉会坊庙院开垦隙地,种植榆树,"比及秋,森然已及尺余,千万余株矣",到了第二年"榆树已长三尺余"。他用斧子伐其树枝,"得百余束,遇秋阴霖,每束鬻值十余钱"。次年"又得二百余束,此时鬻利数倍矣",又经过五年后"遂取大者作屋椽,仅千余茎,鬻之,得三四万余钱。其端大之材,在庙院者,不啻千余,皆堪作车乘之用"⑤。其后他又经营珠玉、木材等行业,成为大富商。

长安城中还有大量中小商人,其中一部分商人是来自郊区的农民,他们的经商活动在其经济生活中占有重要地位,柴薪是他们经营的重要商品之一。到

①[五代]王仁裕撰,曾贻芬点校:《开元天宝遗事》,中华书局,2006年,第50页。

②龚胜生:《唐长安城薪炭供销的初步研究》,《中国历史地理论丛》1991年第3期。

③[唐]张九龄等原著,袁文兴、潘寅生主编:《唐六典全译》卷四,甘肃人民出版社,1997年,第158页。

④[唐]张九龄等原著,袁文兴、潘寅生主编:《唐六典全译》卷十九,甘肃人民出版社,1997年,第526页。

⑤[宋]李昉等:《太平广记》卷二百四十三《窦乂》,中华书局,1961年,第1876页。

唐代宗时,官府物资供应中的"宫市"由宦官负责。当时"宦者主宫中市买,谓之宫市",这些宦官往往仗势欺人,他们"率用直百钱物买人直数千物,仍索进奉门户及脚价银","人将物诣市,至有空手而归者,名为宫市,其实夺之",他们对挑着柴薪进城售卖的附近农户也大肆掠夺,卖炭翁与主管"宫市"的宦官之间曾发生有这样的纠纷:"尝有农夫以驴驮柴,宦者市之,与绢数尺,又就索门户,仍邀驴送柴至内。农夫啼泣,以所得绢与之。不肯受,曰:'须得尔驴。'农夫曰:'我有父母妻子,待此而后食;今与汝柴,而不取直而归,汝尚不肯,我有死而已。'遂殴宦者。街使擒之以闻,乃黜宦者,赐农夫绢十匹。"①

宫中贸易管理者有时严重损害这些贩卖薪材的小摊小贩的利益。这些卖炭与卖柴的农夫是长安城中经营薪炭贸易的中小商人的典型代表。白居易《卖炭翁》诗亦云:"卖炭翁,伐薪烧炭南山中,满面尘灰烟火色,两鬓苍苍十指黑。卖炭得钱何所营,身上衣裳口中食。"②此诗是当时情况的真实反映。白居易《代卖薪女赠诸妓》亦云:"乱蓬为鬓布为巾,晓踏寒山自负薪。一种钱塘江上女,着红骑马是何人?"③

为获取方便,供应城市薪炭的林木基地一般设置在都城及大中城市的附近。具体到隋唐来说,定都长安,并以洛阳为东都,林木基地即围绕此两地设置。隋唐时期,政府建筑宫殿寺庙及民众日常生活使用薪炭所需的木材,除巨木采自远处外,一般木材主要取自京畿地区,比如终南山、吕梁山及关中西部等处。

隋唐以前终南山林木资源丰富,并且存在令人惊叹的巨木。记载西汉轶事的笔记小说《西京杂记》云:"终南山……有树直上百尺,无枝,上结丛条如车盖,叶一青一赤,望之班驳如锦绣,长安谓之丹青树,亦云华盖树。"④延至唐初,终南山上的森林也是郁郁葱葱、高插云霄,诗歌对此有生动的记载。唐太宗在《望终南山》中吟诗曰:"重峦俯渭水,碧嶂插遥天","叠松朝若夜,复岫阙疑全"⑤。晚唐诗人司空图在《牛头寺》中吟道:"终南最佳处,禅诵出青霄。群木澄幽寂,疏

---

① [后晋]刘昫等:《旧唐书》卷一百四十《张建封传》,中华书局,1975 年,第 3830—3831 页。

②《全唐诗》卷四百二十七,中华书局,1999 年,第 4715 页。

③《全唐诗》卷四百四十三,中华书局,1999 年,第 4982—4983 页。

④ [晋]葛洪:《西京杂记》,中华书局,1985 年,第 3 页。

⑤《全唐诗》卷一,中华书局,1999 年,第 7 页。

烟泛沉寥。"①

终南山离京城较近,对其薪炭的运输主要是采取车载、畜驮等陆运方式。对于隋唐长安来说,"这个新建都城,规模不仅超过汉长安,也超过北魏洛阳,是当时最宏伟的城市。这座都城建筑需要的木材,就近则取之予终南山。终南山的木材运往长安,最初是通过新开辟的义谷山道陆运"②。

除了陆运,长安薪炭供应也采取水运的方式。《新唐书》记载了武则天垂拱年间渭河流域运木的情形,当时特意利用从宝鸡到咸阳的升原渠,以运送岐、陇两山的木材到长安,"东北十里有高泉渠,如意元年开,引水入县城。又西北有升原渠,引汧水至咸阳,垂拱初运岐、陇水[木]入京城"③。这些砍伐可能也有供应薪炭的成分。

在唐天宝年间,韩朝宗在长安西市开挖水潭,以贮存木材。史载"天宝二年,尹韩朝宗引渭水入金光门,置潭于西市,以贮材木;大历元年,尹黎干自南山开漕渠抵景风、延喜门,入苑以漕炭薪"④。关于京兆尹黎干在大历元年(766年)开挖漕渠以运送薪炭接济京城的情况,《旧唐书》记载得较详细:"九月庚申,京兆尹黎干以京城薪炭不给,奏开漕渠,自南山谷口入京城,至荐福寺东街,北抵景风、延喜门入苑,阔八尺,深一丈。渠成,是日上幸安福门以观之。"⑤

隋唐时期,长安城人口众多,生活薪炭消耗用量很大,对森林资源的破坏不可小觑。据龚胜生研究,唐代长安80万人,年均耗薪材在40万吨左右,"假使唐代每公顷森林可获薪材为10—20T,则每年需樵采200—400km²的森林。若每年有10%的森林被过度樵采,则每年有20—40km²的森林化为乌有"⑥。

但是,由于多数樵采只是砍伐树枝,而森林是可再生的,同时还存在对山地林木进行栽植的情况。并且,森林资源虽是燃料消耗的主要来源,但并不是唯一来源,当时也存在煤炭等其他燃料使用的情况。所以,每年因为樵采所消失的森林实际上可能没有20—40平方千米那么多。

---

①《全唐诗》卷六百三十二,中华书局,1999年,第7303页。

②史念海、曹尔琴、朱士光:《黄土高原森林与草原的变迁》,陕西人民出版社,1985年,第155页。

③[宋]欧阳修、宋祁:《新唐书》卷三十七《地理志》,中华书局,1975年,第967页。

④[宋]欧阳修、宋祁:《新唐书》卷三十七《地理志》,中华书局,1975年,第962页。

⑤[后晋]刘昫等:《旧唐书》卷十一《代宗本纪》,中华书局,1975年,第283—284页。

⑥龚胜生:《唐长安城薪炭供销的初步研究》,《中国历史地理论丛》1991年第3期。

除了薪炭对林木的消耗外,隋唐建筑、殡葬等其他日常活动对林木资源的消耗应该也不少,下面再加以考察。

二、建筑、殡葬、日常用品制造等活动对林木的消耗

我们还要注意,唐长安城建筑对林木的需求量很大。修筑宫殿、官署、寺观、庙宇,对林木砍伐有重要影响,殡葬等活动也消耗大量林木,这些促使了森林资源的破坏。

中国古建筑以木结构为主,且建造豪宅宫室对精良木材或山中巨木更有需求。隋朝开国之初,都城仍在汉长安旧城,但因为汉长安旧城水污染等原因而不再适宜作为都城,隋文帝于是在龙首原以南汉长安城的东南筑造新城,修筑宫室别苑及官廨、民宅、坊市等,形成所谓的大兴城,这必然对林木资源有不小的消耗。在唐初,宫中没有大兴土木,但逐渐地,唐朝又在隋基础上对长安城进行修建,宏大壮观之宫殿依次得以修建。

隋唐时期对东宫洛阳所进行的营建,当消耗不少林木。比如,永泰元年(765 年)"十一月,宰臣河南都统王缙请减诸道军资钱四十万贯修洛阳宫,从之。"[1]

官方建筑常常因为灾害、战乱而焚毁,这时,重建也会需要大量木材。比如,"明堂"的兴盛和损毁就是一例:

> 垂拱四年,则天于东都造明堂,为宗祀之所,高三百尺。又于明堂之侧造天堂,以侔佛像。大风摧倒,重营之。火灾延及明堂并尽,无何,又敕于其所复造明堂,侔于旧制。……史贼入洛阳,登明堂,仰窥栋宇,谓其徒曰:"大好舍屋。"又指诸鼎曰:"煮物料处亦太近。"洎残孽奔走,明堂与慈阁俱见焚烧。[2]

除了建造或修筑宫室,唐代长安城及附近的京畿三辅地区还有不少修庙建祠的活动,对木材的消耗也很多。唐代尊崇道教,公主、大臣崇尚道教成为风气,长安地区道观林立,同时对佛教也不排斥。据不完全统计,"有唐一代,长安地区(今西安市境)共建道观 62 处,连同前代所存共计 81 处,其中长安城 58 处"[3]。

唐代长安新置立的道观,其中有不少是王室妃主、公卿大臣捐献所造。《唐

---

①[后晋]刘昫等:《旧唐书》卷十一《代宗本纪》,中华书局,1975 年,第 281 页。
②[唐]封演:《封氏闻见记》卷四《明堂》,中华书局,1985 年,第 47—48 页。
③樊光春:《长安道教与道观》,西安出版社,2001 年,第 76 页。

语林》卷七载:"政平坊安国观,明皇时玉真公主所建。门楼高九十尺,而柱端无斜。殿南有精思院,琢玉为天尊老君之像。……院南池引御渠水注之,叠石像蓬莱、方丈、瀛洲三山。女冠多上阳宫人。"①又比如,兴唐寺的情况是,"神龙元年,太平公主为武太后立,为罔极寺,穷极华丽,为京都之名寺,开元二十六年改为兴唐寺"②。大安宫的兴建情况是,"武德五年,高祖以秦王有克定天下攻,特降殊礼,别建此宫以居之"③。

长安如此规模的寺观建筑,所需林木肯定不少,时人对此有所记载。《旧唐书》记载了韦嗣立事迹,当时,"中宗崇饰寺观,又滥食封邑者众,国用虚竭",韦嗣立于是针对唐代前期营建寺院之盛上疏劝谏曰:

> 今陛下仓库之内,比稍空竭,寻常用度,不支一年。倘有水旱,人须赈给,征发时动,兵要资装,则将何以备之? 其缘仓库不实,妨于政化者,触类而是。臣窃见比者营造寺观,其数极多,皆务取宏博,竞崇瑰丽。大则费耗百十万,小则尚用三五万余,略计都用资财,动至千万已上。转运木石,人牛不停,废人功,害农务,事既非急,时多怨咨。④

章敬寺的建造也是消耗林木甚多:

> 大历元年作章敬寺于长安之东门,总四千一百三十余间,四十八院,内侍鱼朝恩请以通化门外庄为章敬皇后立寺,故以章敬为名。《代宗实录》曰:是庄连城对郭,林沼台榭,形胜第一。鱼朝恩初以得之,及是进幸,穷极壮丽,以为城市。材木不足充费,乃奏坏曲江亭馆、华清宫观风楼,及百司行廨,并将相没官宅,给其用焉。土木之役,仅余万亿。《会要》曰:因拆哥舒翰宅及曲江百司廨室,及华清宫之观风楼造焉。⑤

学界对隋唐建筑用材问题有过评述。马雪芹强调建筑用材对林木资源的

---

① [宋]王谠撰,周勋初校证:《唐语林》,中华书局,1987年,第661页。

② [宋]宋敏求:《长安志》,见《中国方志丛书》第290号,成文出版社(台湾),1970年,第181页。

③ [宋]宋敏求:《长安志》,见《中国方志丛书》第290号,成文出版社(台湾),1970年,第131页。

④ [后晋]刘昫等:《旧唐书》卷八十八《韦嗣立列传》,中华书局,1975年,第2870页。

⑤ [宋]宋敏求:《长安志》,见《中国方志丛书》第290号,成文出版社(台湾),1970年,第251页。

消耗,他指出,唐宋时期是黄河中游山地森林受到严重破坏的时期,"主要是为了建筑用材而不断扩大远程砍伐的范围所致"①。

肖爱玲、王天航等对隋唐长安各类建筑的木材消耗作了推算。具体为,含元殿主殿大木结构部分耗材量约 1430 立方米,明德门门楼大木结构部分的耗材量约 464 立方米②。总体来说,唐代长安宫殿、佛寺道观、衙署、王公府邸、品官宅第等各类建筑用材量总量为 1958755 立方米③。对于长安城的百姓来说,若以 8 万多户计算,估计长安城住户的总用材量约为 27 万立方米④。若对唐长安宫殿、佛寺道观、衙署、品官宅第以及对部分平民屋舍的耗材作个总的估计,则这些木构建筑至少用了大约 200 万立方米的木材,若再加上东、西两市四百四十行和分布在坊内各商铺,则总数至少有 400 万立方米。这 400 万立方米只是建筑的用材量,若考虑到耗材量就应当是用材量的 3 倍,即总的耗材量当有 1200 万立方米⑤。

再来看一下古代殡葬对林木资源的消耗。木葬是古代殡葬的主要传统,殡葬对木材的消耗加速了古代林木的砍伐。据郭风平推算,以人均用木材0.5立方米,棺葬一项,我国就损失了 948.96 万公顷森林,从夏朝开国至新中国成立初期,仅棺葬一项埋没木材大约 18.93 亿立方米,而唐五代埋没木材 1.1084 亿立方米⑥。人们殡葬活动过程中使用的棺椁需要消耗大量木材,由此产生了森林资源的消耗。另据赵冈估计,东汉 105 年、唐 755 年高峰人口均为 5300 万人,每年棺木消耗木材均为 45 万立方米,每年毁林面积均为 10 万亩,这其中,九成被伐林木能再生⑦。

森林资源的消耗不仅与汉族毁林开荒等农业生产活动有关,也与人们的手工业生产及日常生活有关。比如制作弓矢、穹庐、车辆等活动需要消耗大量木材,由此导致的森林的消耗不可忽视。隋唐时期人们的日常用品很多是用木或竹作为材质,官府有专门机构管理此类事宜。唐代专门设置有"司竹监",其功

①马雪芹:《历史时期黄河中游地区森林与草原的变迁》,《宁夏社会科学》1999 年第 6 期。
②肖爱玲等:《古都西安·隋唐长安城》,西安出版社,2008 年,第 197、203 页。
③肖爱玲等:《古都西安·隋唐长安城》,西安出版社,2008 年,第 221 页。
④肖爱玲等:《古都西安·隋唐长安城》,西安出版社,2008 年,第 222 页。
⑤肖爱玲等:《古都西安·隋唐长安城》,西安出版社,2008 年,第 222 页。
⑥郭风平:《我国殡葬的木材消耗及其对策管见》,《中国历史地理论丛》2001 年第 2 期。
⑦赵冈:《中国历史上生态环境之变迁》,中国环境科学出版社,1996 年,第 73 页。

能为,"凡宫掖及百司所需帘、笼、筐、篚之属,命工人择其材干以供之"①;此外,唐代"少府监匠一万九千八百五十人,将作监匠一万五千人,散出诸州,皆取材力强壮、伎能工巧者,不得隐巧补拙,避重就轻"②。

此外,船舶制造会大量消耗林木,尤其是巨木。《资治通鉴》记载"隋炀帝大业元年(605年)三月戊申条"云:"庚申,遣黄门侍郎王弘等往江南造龙舟及杂船数万艘。东京官吏督役严急,役丁死者什四五,所司以车载死丁,东至城皋,北至河阳,相望于道。"③

制造竞渡所用的龙舟也会消耗木材。比如,宝历元年(825年)秋七月"己未,诏王播造竞渡船二十只供进,仍以船材京内造。时计其功,当半年转运之费。谏议大夫张仲方切谏,乃改进十只"④。

隋唐时期的桥梁制造也需要林木作为材料,其所需要的竹类、木料类的供应也有专门的管理,并对重要桥梁的竹木采办来源的地点作出了规定。据《唐六典》可知:

> 河阳桥所须竹索,令宣、常、洪三州役工匠预支造,宣、洪州各大索二十条,常州小索一千二百条。大阳、蒲津竹索,每年令司竹监给竹,令津家、水手自造。其供桥杂匠,料须多少,预申所司,其匠先配近桥人充。浮桥脚船,皆预备半副;自余调度,预备一副。河阳桥船于潭、洪二州造送;大阳、蒲津桥于岚、石、隰、胜、慈等州采木,送桥所造。⑤

三、林木砍伐所导致的森林资源破坏及影响

由此可知,唐代生活薪炭、建筑、木葬、日常制造等活动对林木的消耗量巨大。这种消耗加速了长安城周边及关中地区森林资源的破坏。这种对森林资源的过度消耗,使得一些巨木的开采需要向南方寻求,而且长安城不时出现薪

---

① [唐]张九龄等著,袁文兴、潘寅生主编:《唐六典全译》卷十九,甘肃人民出版社,1997年,第529页。

② [唐]张九龄等著,袁文兴、潘寅生主编:《唐六典全译》卷七,甘肃人民出版社,1997年,第234页。

③ [宋]司马光编著,[元]胡三省音注:《资治通鉴》卷一百八十《隋纪四》,中华书局,1956年,第5618—5619页。

④ [后晋]刘昫等:《旧唐书》卷十七上《敬宗本纪》,中华书局,1975年,第516页。

⑤ [唐]张九龄等原著,袁文兴、潘寅生主编:《唐六典全译》卷七,甘肃人民出版社,1997年,第243页。

炭紧缺之状况。

（一）森林资源的破坏

伐木对生态环境最直接的影响是对森林资源的破坏。部分由于人类伐木活动对森林资源的蚕食，关中地区的森林日益减少，到唐天宝年间，长安附近山地虽有林木资源存在，但已经难以寻觅到巨木。为了获取大一点的松木，需要到岚、胜州（今山西岚县、内蒙古准格尔旗区域）去采伐。据《太平广记》卷二百三十九，裴延龄提到在同州发现了巨木千株，但唐德宗对此不太相信，裴延龄以巨木出现与圣君出世联系起来解释。记载如下：

> 后因计料造神龙寺，须用长七十尺松木，延龄奏云："臣近于同州，检得一谷，有数千株，皆长七八十尺。"德宗曰："人云，开元、天宝中，近处求觅五、六丈木，尚未易得，皆须于岚、胜州采造，如今何为近处便有此木？"延龄对曰："贤者珍宝异物，皆处处有之，但遇圣君即出，今此木生自关辅，概为圣君，岂开元天宝合得有也"。[1]

可见唐玄宗及其以前对关中地区巨木的采伐程度已相当严重。

据唐代文学家沈亚之的《西边患对》：元和十二年（817年），沈亚之"西出咸阳，行岐陇之间，采其风"，作如此记载："岐陇所以可固者，以陇山为阻也。昔其北林僻木繁，故戎不得为便道，今尽于斩伐矣，而蹈者无有不达。"[2]这种状况的出现确实令人惊异。

林木采伐加速了关中地区森林资源的破坏，还使得其生态环境严重恶化，导致水土流失严重、自然灾害加剧等严重后果。我们知道，森林是自然生态系统中十分重要的部分，它能涵养水分，其树冠和根系还可以截留降雨，起到湿润空气、防止水土流失的作用。在唐代，林木砍伐导致森林资源受到严重破坏，森林的减少加速了黄土高原地区生态环境的恶化。朱士光认为黄土高原地区的水土流失情况是，"唐中期以后黄土高原地区的生态环境就明显趋向恶化……黄土丘陵山原地区的水土流失也严重起来，致使耕地贫瘠，沟壑增加，河水中泥沙含量加大，也变得混浊"[3]。

---

① [宋]李昉等：《太平广记》卷二百三十九《裴延龄》，中华书局，1961年，第1844页。

② [清]董诰等：《全唐文》卷七百三十七《沈亚之》，中华书局，1983年，第7610页。

③ 朱士光：《汉唐长安城兴衰对黄土高原地区社会经济环境的影响》，《陕西师范大学学报（哲学社会科学版）》1998年第1期。

唐代长安周边地区的林木采伐现象严重,实际上其他区域也有类似的情况,比如西南地区。据研究,"唐以来中国西南是著名材木基地,官商、私商采办林木之事不绝于史籍",四川深山老林的林木开采时有记载①。

史籍还对南方区域的林木消耗和使用作了记载,这里略为涉及②。唐代官员莫休符晚年辞官退居桂林,记录了桂林地区樵夫砍伐树木的情况。在"欧阳都护冢"条,莫休符指出"今坟所掘处犹存,有石人石柱皆在。松楸百余株,近为樵者斫伐无余"③。在"如锦潭"条,他指出"縻郡有如锦潭,水深无际。近岁有人伐潭边巨木,树倒入潭中,逡巡沉没,莫知所在。潭中时闻音乐,如大府广筵,移时而止"④。

专家对隋唐植被的破坏有较为系统的阐述:"隋唐五代森林植被变迁较大的地区,主要是:太行山中段山区,到北宋中期森林已大半遭到破坏;华北平原中南部地区,原始植被早在战国时期即已遭到破坏,此后因战争造成人口大量死亡等原因,出现过农田和次生植被的相互转化过程;浙江宁绍地区,由于农业垦殖和广泛种植茶叶,山区植被也遭到一定程度的破坏。"⑤

（二）长安城薪炭短缺及北方林木供应开始依赖南方

学者注意到了长安城薪炭短缺之状况:"随着秦汉以来对关中平原附近林木的过度采伐,特别是都城人口由几十万到上百万的增加,到唐代,长安的薪炭供应已出现了短缺的现象。"⑥这种论述是客观的。一些史料也反映了长安城燃料紧张及短缺情况的出现。

隋唐时期京城曾经有人认为薪材奇货可居,这种情况也折射出京城薪炭供应紧张的情况。在隋大业末,刘义节,家财丰裕,曾任鸿胪卿的官职,任此职时"倾府库为军赏,帑财大乏",刘义节建议道:"今京师屯兵多,樵贵帛贱,若伐街

①蓝勇:《历史时期西南经济开发与生态变迁》,云南教育出版社,1992年,第58页。
②本书第四章第三节已对隋唐南方林木消耗问题作了探讨,这里只是加以简略补充。
③莫休符:《桂林风土记》,中华书局,1985年,第6页。
④莫休符:《桂林风土记》,中华书局,1985年,第8页。
⑤吴松弟:《中国移民史·第三卷·隋唐五代时代》,福建人民出版社,1997年,第9页。
⑥程遂营:《北宋东京的木材和燃料供应——兼谈中国古代都城的木材和燃料供应》,《社会科学战线》2004年第5期。

苑树为薪,以易布帛,岁数十万可致。"①足见长安薪炭资源的紧张。唐末,朱温准备篡唐时也非常看重木材的重要性,把长安城的木材资源悉数运走。史载天祐元年(904 年)正月,"壬戌,车驾发长安,全忠以其将张廷范为御营使,毁长安宫室百司及民间庐舍,取其材,浮渭沿河而下,长安自此遂丘墟矣"②。

在五代十国时期,城市中也出现了因为薪炭紧张而砍伐桑枣为薪的做法,政府对此予以制止。后汉乾祐元年(948 年),殿中少监胡松上言道:"请禁斫伐桑枣为薪,城门所由,专加捉搦。"皇帝听从了此建议③。

为了做好薪炭资源分配和供应的管理,政府对京城官员的薪炭供应实行配额制:

> 凡京官供给炭,五品以上日二斤。蕃客在馆,第一等人日三斤,以下各有差。其和市木橦一十六万根,每岁纳寺;如用不足,以苑内蒿根柴兼之。其京兆、岐、陇州募丁七千人,每年各输作木橦八十根,春、秋二时送纳。若驾在都,则于河南府诸县市之,少尹一人与卿相知检察。④

在这里,把皇城禁苑内的柴草("蒿根柴")作为官吏薪炭供应之补充,也可见长安薪炭供应不是很宽裕。

由于长安城周边及关中地区森林资源受到严重破坏,到隋唐时期,在林木供应方面,北方已逐渐开始依赖南方。隋代营建东都的时候,规模宏大,以尚书令杨素为营作大监,"每月役丁二百万人",当时东都的营建表现出大手笔:"徙洛州郭内人及天下诸州富商大贾数万家,以实之。新置兴洛及回洛仓。又于皁涧营显仁宫,苑囿连接,北至新安,南及飞山,西至渑池,周围数百里。课天下诸州,各贡草木花果、奇禽异兽于其中。开渠,引谷、洛水,自苑西入,而东注于洛。又自板渚引河,达于淮海,谓之御河。河畔筑御道,树以柳。"与此同时,大肆采

---

①[宋]欧阳修、宋祁:《新唐书》卷八十八《刘义节传》,中华书局,1975 年,第 3743 页。另,据《册府元龟》记载,当时在长安的军队有数十万。见:[宋]王钦若等:《册府元龟》卷四百八十四《邦计部·经费》,中华书局,1960 年,第 5785 页。

②[宋]司马光编著,[元]胡三省音注:《资治通鉴》卷二百六十四《唐纪八十》,中华书局,1956 年,第 8626 页。

③[宋]薛居正等:《旧五代史》卷一百一《隐帝纪上》,中华书局,1976 年,第 1344 页。

④[唐]张九龄等原著,袁文兴、潘寅生主编:《唐六典全译》卷十九,甘肃人民出版社,1997 年,第 527 页。

办南方巨木,采伐运送林木者多有累死者:"又命黄门侍郎王弘、上仪同于士澄,往江南诸州采大木,引至东都。所经州县,递送往返,首尾相属,不绝者千里。而东都役使促迫,僵仆而毙者,十四五焉"①。

唐代张玄素指出隋代建造宫殿所用木材取自南方,也说明了北方难以采伐到巨木的情况。《旧唐书》载:

> 贞观四年,诏发卒修洛阳宫干阳殿以备巡幸,玄素上书谏曰:……臣又尝见隋室造殿,楹栋宏壮,大木非随近所有,多从豫章采来。二千人曳一柱,其下施毂,皆以生铁为之,若用木轮,便即火出。铁毂既生,行一二里即有破坏,仍数百人别赍铁毂以随之,终日不过进三二十里。略计一柱,已用数十万功,则余费又过于此。臣闻阿房成,秦人散;章华就,楚众离;及干阳毕功,隋人解体。且以陛下今时功力,何如隋日?役疮痍之人,袭亡隋之弊,以此言之,恐甚于炀帝。②

隋朝不顾运输艰难从南方采木,表现了隋朝大兴土木、好大喜功的情况,也表明了北方林木资源已经遭到严重破坏,尤其是北方巨木和珍贵名木已比较稀缺。

到唐代,多有取木江南的情况。典型的事例是,武则天花费大量钱财,派人长途跋涉"采木江岭"。史籍记载了天册万岁元年(695 年)的情况:

> 初,明堂既成,太后命僧怀义作夹纻大像,其小指中犹容数十人,于明堂北构天堂以贮之。堂始构,为风所摧。更构之,日役万人,采木江岭,数年之间,所费以万亿计,府藏为之耗竭。怀义用财如粪土,太后一听之,无所问。每作无遮会,用钱万缗;士女云集,又散钱十车,使之争拾,相蹈践有死者。③

---

① [唐]魏征等:《隋书》卷二十四《食货志》,中华书局,1973 年,第 686 页。
② [后晋]刘昫等:《旧唐书》卷七十五《张玄素传》,中华书局,1975 年,第 2639—2640 页。
③ [宋]司马光编著,[元]胡三省音注:《资治通鉴》卷二百五《唐纪二十一》,中华书局,1956 年,第 6498 页。

第二节 晋唐帝王狩猎与生态影响
——以猎捕虎类活动为中心

中国虎类分布的缩小与人类对它们的捕杀密切相关。虎处于森林食物链的顶端,被称为百兽之王,考察中国古代猎虎、捕虎活动不仅具有文化意义,也具有生态价值。北方人习惯于狩猎,尤其是山区民众,更是如此,这对当时动物生态环境产生了深远的影响。

学界对历史时期虎类问题的研究主要是对明清时期"虎患"及相关问题所进行的分区域的研究。但现有研究对晋唐时期猎虎问题尤其是帝王猎虎行为尚缺乏专门考察。此部分对晋唐时期帝王猎虎问题做一考察,并思考其生态影响。

一、帝王崇尚猎捕虎类之概况

帝王狩猎行为主要是捕获鹿等食草类动物,但也有通过野外狩猎行为以捕获老虎的。虎类毕竟难以捕杀,帝王猎虎行为无疑显示了帝王的才干和勇敢。这里列举一些帝王猎虎的相关记载。比如,吴主孙权在东汉建安二十三年(218年)曾经"亲乘马射虎于庱亭",当时的场面是"马为虎所伤,权投以双戟,虎却废"[1]。北魏太宗明元帝在神瑞六年(419年)"西巡,猎于柞山,亲射虎,获之"[2];北魏和平四年(463年),高宗到"西苑"猎苑,"亲射虎三头"[3];《魏书》还载,皇兴二年(468年)春二月,显祖"田于西山,亲射虎豹"[4]。在唐代,唐太宗时期曾"射虎于武德北山"[5],等等。

史书对此时期统治者爱好狩猎尤其是猎虎的事迹有不少生动记载。比如,三国时期何定就是因为广泛收集猎犬以捕兔,而得到孙皓的信任:"定又使诸将各上好犬,皆千里远求,一犬至直数千匹。御犬率具缨,直钱一万。一犬一兵,养以捕兔供厨。所获无几。吴人皆归罪于定,而皓以为忠勤,赐爵列侯。"[6]石季

①[晋]《三国志》卷四十七《吴主传》,中华书局香港分局,1971年,第1120页。
②[北齐]魏收:《魏书》卷三《帝纪第三》,中华书局,1974年,第61页。
③[北齐]魏收:《魏书》卷五《帝纪第五》,中华书局,1974年,第121页。
④[北齐]魏收:《魏书》卷六《帝纪第六》,中华书局,1974年,第128页。
⑤[宋]欧阳修、宋祁:《新唐书》卷二《本纪第二》,中华书局,1975年,第43页。
⑥[晋]陈寿:《三国志》卷四十八《吴书三》,中华书局香港分局,1971年,第1170页。

龙(295年—349年),也就是石虎,早年丧父,其人作战英勇,弓马娴熟,但性格残忍,喜好捕猎。事迹如下:石季龙"性既好猎,其后体重,不能跨鞍",于是"造猎车千乘"[1]。

晋唐时期的皇帝经常外出打猎,有时出现皇帝在猎场上偶遇贤才并日后加以重用的情况。有如此记载:

> 玄宗在藩邸时,每岁畋于城南韦、杜之间。尝因逐兔,意乐忘反,与其徒十余人,饥倦休息于大树下。忽有一书生,杀驴拔蒜,为具甚备。上顾而奇之。及与语,磊落不凡,问姓名,王琚也。自此每游,必过其舍。或语,多合上意,乃益亲之。及韦氏专制,上忧甚,密言之。琚曰:"乱则杀之,又何虑焉。"上遂纳其谋,平国内难,累拜琚为中书侍郎,预配享。[2]

皇帝在畋猎之时有时还把爱妃带在身边。唐武宗在射猎时便常常把宠爱的王才人带在身边,并且王才人穿上男装,骑马射箭,和皇帝的影像大致相同,连在旁观看的人都分不清楚哪个是武宗,哪个是王才人。《唐语林》之《辑佚》记载:"武宗王才人有宠。帝身长大,才人亦类。帝每从禽作乐,才人必从。常令才人与帝同装束。苑中射猎,帝与才人南北走马,左右有奏事者,往往误奏于才人前,帝以为乐。帝好道术,召天下方士殆尽。"唐武宗喜好道教丹药以求长生不死,后因服食丹药而死,而王才人也因为唐武宗之死而殉情,"见帝已崩,自缢而绝"[3]。

二、帝王崇尚猎捕虎类原因之探讨

(一)擅长猎虎能显示帝王的英勇及才干

正史中《本纪》篇对帝王狩猎活动有许多记载,一般只是笼统地说"猎"或"狩猎"某处,而不说猎到哪些动物。但对猎杀老虎的事迹却能明确记载,因为能猎杀到老虎等凶猛动物足以彰显帝王之权威、武功与英勇,有助于帝王统治正当性的强化。大臣也对皇帝能捕猎到老虎多有赞誉。

皇帝在射猎场上常常能做到一马当先、临危不惧、威风凛凛,这无疑可以显示出帝王或大臣的飒爽英姿。《唐语林》卷一记载了唐太宗以与野猪搏斗为勇

---

①[唐]房玄龄等:《晋书》卷一百六《石季龙载记》,中华书局,1974年,第2777页。
②[宋]王谠撰,周勋初校证:《唐语林校证》,中华书局,1987年,第325—326页。
③[宋]王谠撰,周勋初校证:《唐语林校证》,中华书局,1987年,第758页。

武的情况：

> 太宗射猛兽于苑内，有群豕突出林中，太宗引弓射之，四发，殪四豕。有一雄豕直来冲马，吏部尚书唐俭下马搏之。太宗拔剑断豕，顾而笑曰："天策长史，不见上将击贼耶，何惧之甚？"俭对曰："汉祖以马上得之，不以马上理之。陛下以神武定四方，岂复逞雄心于一兽？"太宗善之，因命罢猎。①

皇家子弟若面对老虎袭击的情况能做到临危不惧，也能彰显其骁勇精神。关于这方面记载不少。比如三国时期曹真，是太祖族子，曾经跟随太祖打猎，被老虎所追逐，曹真"顾射虎，应声而倒。太祖壮其鸷勇，使将虎豹骑"②。拓跋可悉陵，"年十七，从世祖猎，遇一猛虎，陵遂空手搏之以献"，魏世祖便赞誉其为"才力绝人"③。另如，《宋书》记载了臧质的父亲臧熹"字义和，武敬皇后弟也"，"尝至溧阳，溧阳令阮崇与熹共猎，值虎突围，猎徒并奔散，熹直前射之，应弦而倒"④。

（二）帝王猎虎秉承了北方游牧民族崇尚狩猎的传统及习俗

我国北方民族崇尚骑射，"马上得天下"的冷兵器时代更加强了这种习俗。据研究，"我国早在殷代就有乘骑之习，也有少量骑兵"⑤。

北方游牧民族把骑马打猎作为日常生活的重要内容，比如唐代的突厥部落，就是如此。唐太宗与颉利可汗之战，颉利可汗被生擒送于京师，唐太宗念及与颉利可汗渭水之盟后"从此以来，未有深犯"之功，对颉利可汗较为优待，见颉利可汗"郁郁不得志，与其家人或相对悲歌而泣"，于是授颉利为虢州刺史，"以彼土多獐鹿，纵其畋猎，庶不失物性"，这也是考虑到了颉利可汗所浸染的骑马打猎的习俗，但颉利"辞不愿往，遂授右卫大将军，赐以田宅"⑥。

晋唐时期，统治者多具北方游牧民族血统，他们以射猎为爱好的情况史不绝书。因为爱好在猎场驰骋，皇帝在射猎场上与大臣谈论公事便不足为奇。魏

①［宋］王谠撰，周勋初校证：《唐语林校证》，中华书局，1987年，第34页。
②［晋］陈寿：《三国志》卷九《诸夏侯曹传》。中华书局香港分局，1971年，第280页。
③［北齐］魏收：《魏书》十五《列传第三》，中华书局，1974年，第375页。
④［南朝梁］沈约：《宋书》卷七十四《列传第三十四》，中华书局，1974年，第1909页。
⑤袁庭栋，刘泽模：《中国古代战争》，四川省社会科学院出版社，1988年，第318页。
⑥［后晋］刘昫等：《旧唐书》卷一百九十四《列传第一百四十四上》，中华书局，1975年，第5159页。

知古与唐玄宗之间有这样的事例:"魏知古,性方直。景云末,为侍中。明皇初即位,猎于渭川,时知古从驾,因献诗以讽。手诏褒美,赐物五十段,后兼知吏部尚书,典选事,深为称职。所荐用人,咸至大官。"①

另如,姚崇与唐玄宗之间也有此情况。《唐语林》卷二记载,"姚崇以拒太平公主,为申州刺史,玄宗深德之。太平既诛,征为同州刺史",之后唐玄宗"校猎于渭滨,密令会于行所",唐玄宗问姚崇说:"卿颇猎乎?"姚崇对曰:"此臣少所习也。臣年三十,居泽中,以呼鹰逐兔为乐,犹不知书。张璟藏谓臣曰:'君当位极人臣,无自弃也。'尔来折节读书,以至将相。臣少为猎师,老而犹能。"唐玄宗大悦,于是与姚崇"偕为臂鹰,迟速在手,动必称旨","玄宗欢甚,乐则割鲜,间则咨以政事。备陈古今理乱之本上之,可行者必委曲言之"②。

北方民族还把猎捕到的兽类作为日用装饰材料,其中就包括虎豹之类。这也反映了山民射猎习俗对捕杀老虎的影响。比如东北地区人民在魏晋时期即善射猎,有"头插虎豹尾"③之习俗。其他地区山地居民也常以打猎为生,他们把虎皮作为装饰,比如《旧唐书》记载,东谢蛮"其地在黔州之西数百里",该地区人男子"右肩上斜束皮带,装以螺壳、虎豹猿狖及犬羊之皮,以为外饰"④。这些习俗对老虎等大型山林动物的捕杀也有影响。

从上述记载来看,帝王猎虎的方式主要是射杀,这与北方民族"马上得天下"的特点是一致的。记载也显示,明代、宋代等汉人统治的朝代,帝王猎虎活动相对是比较少见的。这也间接说明了北方"马上得天下"的民族掌握政权以后,其长期形成的狩猎习俗及生活方式等文化因素对狩猎活动的重要影响。

（三）帝王猎虎能起到军事演练的功用

大规模射猎常常带有军事演习的性质。此种狩猎不是以游乐为目的,而是比较正规的训练,杜佑撰《通典》对巡狩仪式有详细的记载⑤。

史书对此种具有军事演练性质的狩猎事迹多有介绍。比如三国时期,王朗曾上书对文帝"颇出游猎,或昏夜还宫"之事上疏劝谏言:"近日车驾出临捕虎,

---

① [宋]王谠撰,周勋初校证:《唐语林校证》,中华书局,1987年,第456页。

② [宋]王谠撰,周勋初校证:《唐语林校证》,中华书局,1987年,第109页。

③ [北齐]魏收:《魏书》卷一百《列传第八十八》,中华书局,1974年,第2220页。

④ [后晋]刘昫等:《旧唐书》卷一百九十七《列传第一百四十七》,中华书局,1975年,第5274页。

⑤ [唐]杜佑:《通典》卷一百一十八《巡狩》,中华书局,1988年,第3012—3016页。

日昃而行,及昏而反,违警跸之常法,非万乘之至慎也。"文帝解释道:"方今二寇未殄,将师远征,故时入原野以习成备。至于夜还之戒,已诏有司施行。"①

三国末期的孙秀是孙权侄孙,由于是宗室身份,又拥兵在外,被吴末帝孙皓忌惮,建衡二年(270年),"秋九月,何定将兵五千人上夏口猎",何定射猎阵容强大,使得孙秀内心恐慌,而投奔西晋,被司马炎任骠骑将军职②。

《魏书》也载:尔朱荣"性好猎",元天穆曾经对尔朱荣劝谏言:"大王勋济天下,四方无事,惟宜调政养民,顺时蒐狩。何必盛夏驰逐,伤犯和气。"尔朱荣对元天穆辩解道:"今若止猎,兵士懈怠,安可复用也。"③这说明了狩猎活动对军事训练的重要性。

另如,《世说新语·规箴》记述了南郡公桓玄喜欢打猎,打猎俨然是一场军事演练,并具有喜爱捆绑人的粗暴恶习,其时桓道恭用自带绵绳的办法委婉对桓玄予以劝谏:

> 桓南郡好猎,每田狩,车骑甚盛,五六十里中,旌旗蔽隰,骋良马,驰击若飞,双甄所指,不避陵壑。或行阵不整,麋兔腾逸,参佐无不被系束。桓道恭,玄之族也,时为贼曹参军,颇敢直言。常自带绛绵绳着腰中,玄问:"用此何为?"答曰:"公猎,好缚人士,会当被缚,手不能堪芒也。"玄自此小差。④

三、帝王猎捕虎类的负面作用及生态影响

帝王耽于射猎,不仅存在危险,还会让大臣认为有玩物丧志的倾向,大臣予以劝谏的情况屡次发生,甚至还会出现劝谏的大臣由此被大加责罚的情况。比如三国魏黄初元年(220年),"长水校尉戴陵谏不宜数行弋猎,帝大怒,陵减死罪一等"⑤。

(一)猎捕虎类活动充满危险

猎捕虎类活动中,老虎突围容易致使多人受伤或死亡。比如三国时期,孙权射虎时"虎常突前攀持马鞍",军师张昭对此予以劝谏⑥。北魏太和六年(482

---

① [晋]陈寿:《三国志》卷十三《钟繇华歆王朗传》,中华书局香港分局,1971年,第409页。
② [晋]陈寿:《三国志》卷四十八《吴书三》,中华书局香港分局,1971年,第1168页。
③ [北齐]魏收:《魏书》卷七十四《列传第六十二》,中华书局,1974年,第1653—1654页。
④ [南朝宋]刘义庆著,黄征、柳军晔注:《世说新语》,浙江古籍出版社,1998年,第242页。
⑤ [晋]陈寿:《三国志》卷二《文帝纪》,中华书局香港分局,1971年,第76页。
⑥ [晋]《三国志》卷五十二《张顾诸葛步传》,中华书局香港分局,1971年,第1220页。

年)三月,高祖拓跋宏行幸虎圈,诏曰:"虎狼猛暴,食肉残生,取捕之日,每多伤害".① 指出了捕猎虎狼对人民生命安全的威胁。《魏书》曾记载了宿石的事迹,宿石曾经跟随高宗射猎,"高宗亲欲射虎。石叩马而谏,引高宗至高原上。后虎腾跃杀人。诏曰:'石为忠臣,鞚马切谏,免虎之害。后有犯罪,宥而勿坐。'赐骏马一匹。尚上谷公主,拜驸马都尉"②。后周周世宗期间,世宗好猎,宋偓是射虎好手,曾射虎救世宗:"世宗尝次于野,有虎逼乘舆,偓引弓射之,一发而毙。"③

苻坚喜爱狩猎,伶人王洛曾经以狩猎活动有危险性加以劝谏:

> 坚尝如邺,狩于西山,旬余,乐而忘返。伶人王洛叩马谏曰:"臣闻千金之子坐不垂堂,万乘之主行不履危。故文帝驰车,袁公止辔;孝武好田,相如献规。陛下为百姓父母,苍生所系,何可盘于游田,以玷圣德。若祸起须臾,变在不测者,其如宗庙何! 其如太后何!"坚曰:"善。昔文公悟愆于虞人,朕闻罪于王洛,召过也。"自是遂不复猎。④

慕容皝在射猎的过程中就曾经遇到受伤的情况,整个事情的描述有些宿命主义:

> 皝尝畋于西鄙,将济河,见一父老,服朱衣,乘白马,举手麾皝曰:"此非猎所,王其还也。"秘之不言,遂济河,连日大获。后见白兔,驰射之,马倒被伤,乃说所见。舆而还宫,引俊属以后事。以永和四年死,在位十五年,时年五十二。俊僭号,追谥文明皇帝。⑤

射虎的过程中也常常误射人类。比如尔朱荣的祖父代勤,系"太武敬哀皇后舅也","曾围山而猎,部人射虎,误中其髀"⑥,代勤对部下误射不加以罪。辽兴宗时期皇帝射猎因为"草木蒙密,恐猎者误射伤人",所以"命耶律迪姑各书姓名于矢以志之"⑦。

---

①[北齐]魏收:《魏书》卷七上《帝纪第七》,中华书局,1974 年,第 151 页。

②[北齐]魏收:《魏书》卷三十《列传第十八》,中华书局,1974 年,第 724 页。

③[元]脱脱:《宋史》卷二百五十五《列传第十四》,中华书局,1977 年,第 8906 页。

④[唐]房玄龄等:《晋书》卷一百一十三《苻坚载记上》,中华书局,1974 年,第 2894 页。

⑤[唐]房玄龄等:《晋书》卷一百九《慕容皝载记》,中华书局,1974 年,第 2826 页。

⑥[唐]李延寿:《北史》卷四十八《列传第三十六》,中华书局,1974 年,第 1751 页。

⑦[元]脱脱等:《辽史》卷十九《本纪第十九》,中华书局,1974 年,第 226 页。

（二）猎捕虎类的活动助长了统治者奢靡享乐的风气

帝王猎虎除了为了宣扬君威,还有满足帝王奢靡生活或个人爱好的目的。吴主孙权喜欢射虎,后来军师张昭劝谏道:"夫为人君者,谓能驾御英雄,驱使群贤,岂谓驰逐于原野,校勇于猛兽者乎? 如有一旦之患,奈天下笑何?"孙权于是不再骑马射虎,但喜好射虎之习仍不能止,"乃作射虎车,为方目,间不置盖,一人为御,自于中射之。时有逸群之兽,辄复犯车,而权每手击以为乐"①。甚至帝王为了满足猎虎的爱好,而在皇家禁苑中对虎圈内部老虎进行射杀以取乐。《魏书》记载了设置虎圈的事迹:"太和二年,高祖及文明太后,率百僚与诸方客临虎圈,有逸虎登门阁道,几至御座。"②北魏太宗明元帝,就曾经"登虎圈射虎"③。

莫浅浑被前燕将领慕容翰大败的过程中,就有莫浅浑"荒酒纵猎"的因素,史载"宇文归遣其国相莫浅浑伐皝,诸将请战,皝不许。浑以皝为惮之,荒酒纵猎,不复设备。皝曰:'浑奢怠已甚,今则可一战矣。'遣翰率骑击之,浑大败,仅以身免,尽俘其众。皝躬巡郡县,劝课农桑,起龙城宫阙"④。

一些帝王对狩猎过程围捕不力的手下还常常予以重责。统治者猎捕乐趣得到满足的同时,不时有无辜他人因此受死。比如《魏书》载,尔朱荣"性好猎,不舍寒暑,至于列围而进,必须齐一,虽遇阻险,不得回避,虎豹逸围者坐死。其下甚苦之"⑤。《北史》记载尔朱荣喜欢射猎,曾有一名属员看见猛兽便走,尔朱荣便斩杀此人,"自此猎如登战场。曾见一猛兽在穷谷中,乃令余人重衣空手搏之,不令复损。于是数人被杀,遂禽得之。持此而乐焉。列围而进,虽阻险不得回避,其下甚苦之"⑥。

（三）从生态的角度看狩猎行为

从捕猎活动如此多方面的原因来看,我们可以发现,在人类具有自以为足够的工具或装备能对抗猛兽、取胜猛兽的时候,表现的是一种以人类自己为中心的态度。这种态度,在对待非猛兽的时候,更是如此。比如,对待鸟类,就是

①[晋]《三国志》卷五十二《张顾诸葛步传》,中华书局香港分局,1971年,第1220页。
②[北齐]魏收:《魏书》卷九十三《列传恩幸第八十一》,中华书局,1974年,第1988页。
③[北齐]魏收:《魏书》卷三《帝纪第三》,中华书局,1974年,第51页。
④[唐]房玄龄等:《晋书》卷一百九《慕容皝载记》,中华书局,1974年,第2822页。
⑤[北齐]魏收:《魏书》卷七十四《列传第六十二》,中华书局,1974年,第1653页。
⑥[唐]李延寿:《北史》卷四十八《列传第三十六》,中华书局,1974年,第1758页。

人类中心主义的态度。唐中宗的女儿安乐公主曾经穿百鸟裙,使得鸟类遭殃:"中宗女安乐公主,有尚方织成毛裙,合百鸟毛,正看为一色,旁看为一色,日中为一色,影中为一色,百鸟之状,并在裙中。……自安乐公主作毛裙,百官之家多效之。江岭奇禽异兽毛羽,采之殆尽。"在唐玄宗时期,面对大臣对如此奢靡生活风气的劝谏,唐玄宗"悉命宫中出奇服,焚之于殿廷,不许士庶服锦绣珠翠之服。自是采捕渐息,风教日淳"①。

山民在捕猎鸟类的时候不仅制造了各种工具、装备,还会采用"智取"的办法,比如用驯养的野鸡作诱饵来猎捕野鸡。记载西汉轶事的笔记小说《西京杂记》云:"茂陵文固阳,本琅琊人,善驯野雉为媒,用以射雉。每以三春之月,用茅障以自翳,用觟矢以射之,日射百数。"②

皇帝和大臣进行大肆捕猎的时候,就是各种动物物种资源遭到摧残的时候。如果采取伐木捕猎的方式,砍伐大量林木资源无疑会导致对山林自然生态更为明显的破坏。比如,何定因为善于谄媚,受到三国孙皓的重用,其逐猎过程中对生态的破坏引起了孙皓手下大臣贺邵的注意和愤慨:

> 夫小人求入,必进奸利,定间妄兴事役,发江边戍兵以驱麋鹿,结置山陵,芟夷林莽,殚其九野之兽,聚于重围之内,上无益时之分,下有损耗之费③。

打猎往往焚毁林木,滥杀无辜动物。这种狩猎对整个狩猎场地的动物资源来说,是一场生命的浩劫,而且,对森林资源的破坏及对空气的污染都非常明显。唐太宗在《出猎》中描述了此类场景:"楚王云梦泽,汉帝长杨宫。岂若因农暇,阅武出辕嵩。三驱陈锐卒,七萃列材雄。寒野霜氛白,平原烧火红。雕戈夏服箭,羽骑绿沉弓。怖兽潜幽壑,惊禽散翠空。长烟晦落景,灌木振严风。所为除民瘼,非是悦林丛。"④

猎捕活动对生态的破坏除了表现在对动物资源的肆意破坏、对林木资源的砍伐和焚毁,还表现在对农作物的损坏。

猎虎活动常常实行围猎,围猎追击老虎等猛兽的时候便会践踏农作物。

---

① [后晋]刘昫等:《旧唐书》卷三十七《志第十七·五行志》,中华书局,1975年,第1377页。
② [晋]葛洪:《西京杂记》,中华书局,1985年,第30页。
③ [晋]陈寿:《三国志》卷六十五《吴书二十》,中华书局香港分局,1971年,第1457页。
④ 《全唐诗》卷一,中华书局,1999年,第6—7页。

《新五代史》记载道,"唐庄宗好畋猎,数践民田",广州人何泽"乃潜身伏草间伺庄宗",大胆向皇帝进谏,指出猎捕虎豹猛兽之害处,史载庄宗为之停止围猎①。

第三节　晋唐战争与生态影响

晋唐时期,统治阶级之间相互争夺政权,再加上中古时期的尚武精神等因素②,使得晋唐时期战争频繁,对生态环境有严重的破坏。三国两晋南北朝时期在中国历史上是战争频率最高的时期,此时期共发生较大的作战 630 余次③。在隋唐五代时期,总共发生较大的作战 350 余次④。战争对晋唐时期生态环境产生了多方面的影响,主要表现在下面几个方面。

一、火攻战术及对生态的影响

晋唐时期战争频繁,作战双方为了取胜,对各种手段无所不用其极,火攻战术就是一种常用的方法。唐人甚至专门总结了火攻的五种方法:火兵、火兽、火禽、火盗、火矢⑤。

1. 焚毁战船及桥梁的情况

晋唐时期在平原地带的战争常常会涉及水战,这时焚毁作战船只便是重要战争手段。南方多河湖,焚毁战船在南方的战争中颇为常见。比如,南朝时的垣护之年少倜傥,不拘小节,"形状短陋",他在战争中就曾经焚毁战船,"因风纵火,焚其舟乘,风势猛盛,烟焰覆江"⑥。南朝陈高祖陈霸先在与北齐战斗的时候,其手下大将侯安都也对北齐采用过火攻的方法,"高祖遣侯安都领水军夜袭

①［宋］欧阳修:《新五代史》卷五十六《杂传第四十四》,中华书局,1974 年,第 647 页。

②有人指出,"从比较论而言,中国中古骑斗表现的好武之风,可与欧洲中世纪的骑士精神互相辉映,反映乱世中武力重建秩序的发展通则","唐宋之际,割据与统一战争反复开展,阵前悍将不绝于史,成功塑造动荡时期的尚武精神"由于尚武的战争文化的影响,"唐末五代,中国由中世转向近世阶段,武人战争成为结束此一时期的必然手段"。见赵雨乐:《唐末五代阵前骑斗之风——唐宋变革期战争文化考析》,《西北大学学报(哲学社会科学版)》2005 年第 6 期。

③参见许海山主编:《中国古代战争简史》,线装书局,2006 年,第 144 页。

④参见许海山主编:《中国古代战争简史》,线装书局,2006 年,第 192 页。

⑤［唐］李筌:《太白阴经》,见陈国勇编著:《中华古典文学丛书》,广州出版社,2003 年,第 56 页。

⑥［南朝梁］沈约:《宋书》卷六十八《列传第二八》,中华书局,1974 年,第 1805 页。

胡墅,烧齐船千余艘"①,可见火攻规模之大。五代时期,李周系后唐唐庄宗李存勖之名将,在与后梁的战斗中,李周遇到包围,断粮三日,便"遣人驰趋庄宗求救"。唐庄宗李存勖采用火烧战船的战术为李周解了围困:"庄宗以巨筏积薪沃油,顺流纵火焚梁舰,梁兵解去。"②

火攻不仅焚烧战船,还有焚烧造船基地的情况。鲁广达是南朝陈时的大臣。在太建初年陈与北周的战斗中,鲁广达发觉北周在蜀水边上大规模进行建造船只,"大造舟舰于蜀",并运贮粮草,就与郢州刺史钱道戢一起,秘密发兵偷袭,纵火焚烧了北周的造船基地,然后带领部下返回巴州驻地③。

晋唐时期战争过程中焚毁桥梁的情况也不少。北齐时期,武平六年(575年)八月,"是月,周师入洛川,屯芒山,攻逼洛城,纵火船焚浮桥,河桥绝"④。北魏著名官吏李苗,孝昌年间任尚书左丞,他在与尔朱荣的堂弟尔朱世隆的战斗中,采用火攻。当时李苗率领部队趁夜色顺流而下,距离大桥几里,他就放火烧船,不一会儿桥梁就被烧断,落入水中死掉的敌军很多:"去桥数里,放火烧舡,俄然桥绝,贼没水死者甚众。"⑤高颎是隋朝杰出的政治家,隋代名相。尉迟迥担忧杨坚专权对北周不利,公开起兵反对杨坚,当时尉迟迥便派其子尉迟惇率军十万进抵武德,杨坚派高颎应战。高颎到达前线后,尉迟惇在与高颎的战争试图使用火攻战术,尉迟惇的部队从上游放下火筏,企图焚桥;高颎命士卒在上游构筑水中障碍"土狗",以阻火筏近桥。"土狗"是前锐后广,前高后低,状如坐狗的土墩。待全军渡河完毕,高颎又下令焚桥,以绝士卒反顾之心⑥。

2. 焚毁军营及纵火攻城的方式

晋唐战争中的火攻,还常采用焚毁敌方军营以取胜的方法,这种火攻方式无疑会对大量木质装备造成焚毁,滚滚浓烟不仅会污染空气,而且,后续装备更新的活动也会造成林木资源额外的消耗。

据《梁书》记载,吕僧珍精于战术,深得高祖信任,曾采用焚烧军营的方式打败东昏侯部下大将王珍国:"东昏大将王珍国列车为营,背淮而阵。王茂等众军

①[唐]姚思廉:《陈书》卷一《本纪第一》,中华书局,2000年,第6页。
②[宋]欧阳修:《新五代史》卷四十七《杂传第三五》,中华书局,1974年,第525页。
③[唐]李延寿:《南史》卷六十七《列传第五七》,中华书局,1975年,第1645页。
④[唐]李百药:《北齐书》卷八《帝纪第八》,中华书局,2000年,第72页。
⑤[唐]李延寿:《北史》卷四十五《列传第三三》,中华书局,1974年,第1665页。
⑥[唐]魏征等:《隋书》卷四十一《列传第六》,中华书局,1973年,第1180页。

击之,僧珍纵火车焚其营。即日瓦解。"①又如:隋代开皇十一年(591年),越州高智慧在江南起兵反隋,当时"贼据浙江岸为营,周亘百余里,船舰被江,鼓噪而进"。隋文帝命杨素率军平叛,隋朝名将来护儿随杨素出征。来护儿对杨素说:"吴人轻锐,利在舟楫。必死之贼,难与争锋。公且严阵以待之,勿与接刃,请假奇兵数千,潜度江,掩破其壁,使退无所归,进不得战,此韩信破赵之策也。"来护儿采用火攻战术:"护儿乃以轻舸数百,直登江岸,袭破其营,因纵火,烟焰张天。贼顾火而惧,素因是动,一鼓破之。"来护儿通过烧毁敌方营寨的方式而取胜②。

王世充曾经与瓦岗军首领李密在邙山(今河南洛阳市北)一带作战,王世充采取"伏兵蔽山而上""潜登北原,乘高而下"的方式攻击李密的部队,趁着李密部队混乱之际,王世充部队"即入纵火",采用火攻的方式,使瓦岗军瓦解,溃不成军③。又如,隋朝末期农民起义军领导者杜伏威在大业九年(613年),率众起义,后势力大增,自称将军。隋将宋颢"率兵讨之",杜伏威的部队"阳为奔北,引入葭芦中,而从上风纵火,迫其步骑陷于大泽,火至皆烧死"④。

在影响大唐帝国命运的潼关大战中,唐玄宗手下大将哥舒翰迎战安禄山手下将领崔乾佑。哥舒翰发现崔乾佑的兵力不多,"轻之,遂促将士令进,争路拥塞,无复队伍",崔乾佑见状,遂将几十辆草车阻住哥舒翰部队,"午后,东风急,乾祐以草车数十乘纵火焚之,烟焰亘天。将士掩面,开目不得,因为凶徒所乘,王师自相排挤,坠于河"⑤。哥舒翰的部队腹背受敌,崔乾佑攻克了潼关。

战争中烧毁城门的情况也不时存在。在东晋攻打成汉时,便有纵火焚烧城门的情况。347年,东晋大将桓温西上攻蜀,之后,晋军兵临成都城下,十六国成汉皇帝李势大将昝坚的部下缺乏斗志,纷纷溃散,桓温部队四面纵火焚烧城门,"温至城下,纵火烧其大城诸门。势众惶惧,无复固志,其中书监王瑕、散骑常侍常璩等劝势降"⑥,兵败后,李势赤裸肩背,叫左右把自己捆绑了出城求降,成汉亡。南朝梁太清二年(548年),侯景之乱爆发,羊侃奉命坚守建康。在羊侃抵御侯景叛军的战争过程中,侯景叛军采取了纵火攻城的战术:"贼攻东掖门,纵

①[唐]姚思廉:《梁书》卷十一《列传第五》,第00212页,中华书局,1973年,第212—213页。

②[唐]李延寿:《北史》卷七十六《列传第六四》,中华书局,1974年,第2590—2591页。

③[唐]李延寿:《北史》卷七十九《列传第六七》,中华书局,1974年,第2663页。

④[后晋]刘昫等:《旧唐书》卷五十六《列传第六》,中华书局,1975年,第2267页。

⑤[后晋]刘昫等:《旧唐书》卷一百四《列传第五四》,中华书局,1975年,第3215页。

⑥[唐]房玄龄等:《晋书》卷一百二十一《载纪第二一》,中华书局,1974年,第3048页。

火甚盛,侃亲自距抗,以水沃火,火灭,引弓射杀数人,贼乃退。"①

尉迟运是中国南北朝时期北周将领。建德三年(574年),北周宗室大臣宇文直起兵造反,想攻入皇宫,但是被当时在皇宫守卫的尉迟运和其他人给挡了下来。宇文直试图烧毁城门而入,尉迟运便加大火势使宇文直不得进入:

> 建德三年,帝幸云阳宫,又令运以本官兼司武,与长孙览辅皇太子居守。俄而卫剌王直作乱,率其党袭肃章门。览惧,走行在所。运时偶在门中,直兵奄至,不暇命左右,乃手自阖门。直党与运争门,斫伤运指,仅而得闭。直既不得入,乃纵火。运恐火尽,直党得进,乃取宫中材木及床等以益火,更以膏油灌之,火转炽。久之,直不得进,乃退。运率留守兵因其退以击之,直大败而走。是夜微运,宫中已不守矣。武帝嘉之,授大将军,赐以直田宅、妓乐、金帛、车马、什物等不可胜数。②

唐景云元年(710年)八月,时任均州刺史的唐中宗第二子李重福在均州称帝,并从均州到东都洛阳,希望西进潼关入长安,争夺皇位。这时洛阳各衙厅官员闻讯遁匿,李重福便试图夺取"右屯营",这时营中将士矢如雨下,李重福在之后再夺取城门的过程中"遂纵火以烧城门"③。此后,李重福兵败,被逼无奈,赴水自尽。

除了因为战争焚烧城门,焚烧城内楼阁的情况也很常见。八王之乱是发生于中国西晋时期的一场皇族为争夺中央政权而引发的动乱,从元康元年(291年)起至光熙元年(306年),共持续16年。八王之乱中,司马乂发兵攻打司马冏府。司马冏派遣董艾陈兵于皇宫西边,司马乂派遣宋洪等人率军放火焚烧各座观阁以及千秋门、神武门,"乂又遣宋洪等放火烧诸观阁及千秋、神武门"④。司马乂擒获司马冏,之后司马冏在阊阖门外被处斩,首级被示众六军,司马冏的党羽属官两千多人都被诛杀并被夷灭三族。又如,北魏熙平二年(517年)正月,北魏大乘教流匪重新聚集起来,冲入瀛州。北魏将领宇文福之子宇文延率领手下的奴仆和佃客抗拒敌兵。流匪"纵火烧斋阁",宇文福当时在斋阁内,宇

---

①[唐]姚思廉:《梁书》卷三十九《列传第三三》,中华书局,1973年,第557、560页。
②[唐]李延寿:《北史》卷六十二《列传第五》,中华书局,1974年,第2215页。
③[后晋]刘昫等:《旧唐书》卷八十六《列传第三六》,中华书局,1975年,第2836页。
④[唐]房玄龄等:《晋书》卷五十九《列传第二九》,中华书局,1974年,第1610页。

文延冒死冲入火中,将父亲宇文福抱出斋阁外①。

战争中烧毁城楼,对城内木质建筑造成的是毁灭性的破坏。比如,在南朝与北周的大战中,北周大将史宁"率众四万,乘虚奄至",并且对南朝大将孙场的部队使用火攻,"周军又起土山高梯,日夜攻逼,因风纵火,烧其内城南面五十余楼",孙场部队不满千人,"乘城拒守"②。

二、战争过程焚毁森林及人为纵火

火攻的过程中还常常出现焚毁森林的情况。这种对森林的焚毁烈焰熏天,污染了大气环境,对山地林木生态也是一种毁灭性的破坏,对山地动物资源来说更是飞来横祸,猿悲鹤怨。在三国时,魏蜀吴之间多有火攻之战略,"三国时战乱相寻,森林多受兵燹之害,如诸葛亮火烧博望坡,陆逊火烧虢亭,因战略上之关系,使数百方里之森林,化为焦土,岂不可叹"③。

两晋南朝时期,火攻焚毁森林的情况也不少。据《宋书》记载:"高祖躬先士卒以奔之,将士皆殊死战,无不一当百,呼声动天地。时东北风急,因命纵火,烟焰张天,鼓噪之音震京邑。"④

获胜的部队在城市抢掠、人为纵火的事件也时有出现。比如,755 年安史之乱爆发后,由于中央政府实力不足,唐政府不得不对外借兵平叛。作为唐朝的邻国,回纥应唐政府之请,派大军助唐平叛,对唐有社稷再造之功。在回纥帮助唐朝打败史朝义的战争后,被允许在洛阳大肆焚烧和抢掠。史载"初,回纥至东京,以贼平,恣行残忍,士女惧之,皆登圣善寺及白马寺二阁以避之。回纥纵火焚二阁,伤死者万计,累旬火焰不止"。当时唐朝将领郭英乂以其权势任东都留守,不能制止暴行,纵容手下兵士与朔方、回纥之众大肆掠夺都城,"朔方军及郭英乂、鱼朝恩等军不能禁暴,与回纥纵掠坊市及汝、郑等州,比屋荡尽,人悉以纸为衣,或有衣经者"⑤。

传统时期的战争注重兵家谋略,有时一方部队会使用焚烧产生浓烟的方法来形成战术性伪装,以迷惑敌军。唐朝时就有通过燃烧木料而假装烽火台的情

①[唐]李延寿:《北史》卷二十五《列传第一三》,中华书局,1974 年,第 930 页。

②[唐]姚思廉:《陈书》卷二十五《列传第一九》,中华书局,2000 年,第 222—223 页。

③陈嵘:《中国森林史料》,中国林业出版社,1983 年,第 21 页。

④[南朝梁]沈约:《宋书》卷一《本纪第一》,中华书局,1974 年,第 9 页。

⑤[后晋]刘昫等:《旧唐书》卷一百九十五《列传第一四五》,中华书局,1975 年,第 5204 页。

况,这样对方会误以为有救兵到来,此类活动对大气生态环境有明显影响。比如,唐武后垂拱二年(686 年)九月,唐左鹰扬卫大将军黑齿常之屡建战功,他曾经燃烧木料产生浓烟以假装烽火台,在两井地区击破突厥兵,史载"垂拱中,突厥复犯塞,常之率兵追击,至两井,忽与贼遇,贼骑三千方擐甲,常之见其嚣,以二百骑突之,贼皆弃甲去。其暮,贼大至,常之潜使人伐木,列炬营中,若烽燧然。会风起,贼疑救至,遂夜遁"①。

还有将领通过燃火的方法来伪装军营,从而使敌军判断失误。南北朝时期北周杰出的军事家韦孝宽,为了对付经常掳掠百姓的胡人,准备筑造一大城,于是派姚岳带人去筑城。筑城的过程中因为担忧北齐会派兵袭击,姚岳奉命让人在各个村落点柴纵火,让北齐误认为北周筑城的士兵众多,从而使得筑城事宜得以成功:"其夜,又令汾水以南,傍介山、稷山诸村,所在纵火。齐人谓是军营,遂收兵自固。版筑克就,卒如其言。"②

西魏大臣宇文测在对付突厥时常抢掠的问题时,也采取了通过燃火来伪装军营的伪装术,突厥因此认为西魏大军开到,便惊惧而逃:"是年十二月,突厥从连谷入寇,去界数十里,测命积柴处一时纵火。突厥谓大军至,惧而遁走,委弃杂畜辎重不可胜数。自是不敢复至。测因请置戍兵以备之。"③

三、战具制造行为对林木砍伐的影响

在晋唐时期频繁的战争过程中,作战方必然需要制造不少战争工具,这些战争工具中有不少是木制品或竹制品,比如木筏、竹筏、战船等,由此就会对林木资源有很大的消耗,对山地生态环境产生消极的影响。比如,北魏始光四年(427 年)春正月,北魏世祖太武帝拓跋焘为了讨伐赫连昌、赫连定而伐木制作战具:"己亥,行幸幽州。赫连昌遣其弟平原公定率众二万向长安。帝闻之,乃遣就阴山伐木,大造攻具。"④

有些战争会砍伐木材制作木筏或竹筏,这以发生在南方的战争为突出。比如南朝时期的周迪为陈朝的基业出力出粮,建立了不少功劳,但他顾恋家乡,没有入朝晋见陈文帝。陈文帝对周迪起了疑心,于是命章昭达领兵征讨陈宝应和

①[宋]欧阳修、宋祁:《新唐书》卷一百一十《列传第三五》,中华书局,1975 年,第 4122 页。
②[唐]李延寿:《北史》卷六十四《列传第五二》,中华书局,1974 年,第 2263 页。
③[唐]李延寿:《北史》卷五十七《列传第四五》,中华书局,1974 年,第 2071 页。
④[北齐]魏收:《魏书》卷四上《帝纪第四上》,中华书局,1974 年,第 72 页。

周迪。天嘉四年(563年),章昭达在讨伐的过程中便伐木为筏,陈宝应在此战中大败:

> 四年,陈宝应纳周迪,复共寇临川。又以昭达为都督讨迪。至东兴岭,而迪又退走。昭达仍逾岭,顿于建安,以讨陈宝应。宝应据建安、晋安二郡之界,水陆为栅,以拒官军。昭达与战不利,因据其上流,命军士伐木带枝叶为筏,施拍于其上,缀以大索,相次列营,夹于两岸。宝应数挑战,昭达按甲不动。俄而暴雨,江水大长,昭达放筏冲突宝应水栅,水栅尽破。①

韦睿是南朝梁武帝时名将。在动荡的南朝时期,他看好当时的雍州刺史萧衍,暗中结交萧衍。待萧衍起兵之时,韦睿聚兵二千、战马二百匹予以追随,史载他"率郡人伐竹为筏,倍道来赴",赶去增援②。萧衍夺得南朝政权,即位梁武帝,任韦睿为廷尉。

还有伐木作浮桥的情况。唐末五代,唐朝政权衰微,群雄纷争,各地藩镇不再听命,只有赵匡凝兄弟贡赋不绝。唐天祐二年(905年),赵匡凝因向朱温使者表示忠于唐朝的决心,于是遭到朱温(朱全忠)军攻击,后因兵败退回襄阳。之后朱温令杨师厚在阴谷口(今湖北襄阳西北汉江畔)作浮桥攻打赵匡凝,"全忠循江而南,师厚綟阴谷伐木为梁。匡凝以兵二万濒江战,大败",赵匡凝被打败③。

战争中还会砍伐树木制作栅栏,作为攻防的堡垒。唐朝建中四年(783年)朱泚在长安称帝。唐德宗逃往奉天,并令李晟勤王。李晟指挥大军直逼都城,朱泚的部队此时伐木制造栅栏抵抗,李晟的部队"拔栅以入",于是"贼崩溃",朱泚大败④。经过此战,朱泚率领败兵逃离长安,李晟派遣兵马使田子奇追击,其余叛军相继投降。

再来看一下后唐庄宗李存勖的部将李存进等人与张文礼及其子张处球战斗的事迹。李存进因为驻军所在地土质松软,"筑垒不能就",在不能筑垒的情

---

① [唐]姚思廉:《陈书》卷十一《列传第五》,中华书局,2000年,第122—123页。
② [唐]李延寿:《南史》卷五十八《列传第四十八》,中华书局,1975年,第1426页。
③ [宋]欧阳修、宋祁:《新唐书》卷一百八十六《列传第一一一》,中华书局,1975年,第5428页。
④ [宋]欧阳修、宋祁:《新唐书》卷一百五十四《列传第七九》,中华书局,1975年,第4867—4868页。

况下,李存进伐木为栅。李存进因为轻视敌人而派大部人马出营放牧,被对方攻击,李存进战死沙场:"晋军晨出刍牧,文礼子处球以兵千余逼存进栅,存进出战桥上,杀处球兵殆尽,而存进亦殁于阵。追赠太尉。"①

伐木制造攻城器具的情况也比较常见。比如唐朝高宗时期,位于葱岭(今帕米尔高原)以西的思结阙俟斤都曼原先统制众胡,因为率领其所部及疏勒等三国叛乱,唐朝以苏定方为安抚大使,讨伐叛军。苏定方伐木制造攻城器具,从而击败了叛军:

> 俄有思结阙俟斤都曼先镇诸胡,拥其所部及疏勒、朱俱般、葱岭三国复叛,诏定方为安抚大使,率兵讨之。至叶叶水,而贼保马头川。于是选精卒一万人、马三千匹驰掩袭之,一日一夜行三百里,诘朝至城西十里。都曼大惊,率兵拒战于城门之外,贼师败绩,退保马保城,王师进屯其门。入夜,诸军渐至,四面围之,伐木为攻具,布列城下。都曼自知不免,面缚开门出降。俟还至东都,高宗御乾阳殿,定方操都曼特勤献之,葱岭以西悉定。②

战争过程中所制造的木质战具还包括活动城墙,即"排城"。北魏末年,在关陇起义将领宿勤明达与北魏将领崔延伯的战斗中,崔延伯"伐木别造大排,内为锁柱,教习强兵,负而趋走,号为排城",此排城形成由巨木连成的活动城墙,被万俟丑奴、宿勤明达攻破,崔延伯军大败,"死伤者将有二万"③。

四、行军过程对林木的砍伐

晋唐时期,除了因为制作战争器具砍伐林木,在行军过程中也常常会伐木开道,从而对林木资源造成破坏。《周书》记载了杨㩗与侯景的战斗。侯景在与杨㩗的战斗过程中,就曾经伐木开道六十多里,可见对林木资源的严重破坏:"景闻至,斫木断路者六十余里,犹惊而不安,遂退还河阳,其见惮如此"④。另如,《水经注》对长江附近的伐木作战也有记载:"西南流,水积为湖,湖西有青林山。宋太始元年,明帝遣沈攸之西伐子勋,伐栅青山,见一童子甚丽,问伐者曰:取此何为? 答欲讨贼。童子曰:下旬当平,何劳伐此? 在众人之中,忽不复见。

①[宋]欧阳修:《新五代史》卷三十六《义儿传第二四》,中华书局,1974 年,第 394 页。
②[后晋]刘昫等:《旧唐书》卷八十三《列传第三三》,中华书局,1975 年,第 2779 页。
③[北齐]魏收:《魏书》卷七十三《列传第六一》,中华书局,1974 年,第 1638、1639 页。
④[唐]令狐德棻等:《周书》卷三十四《列传第二六》,中华书局,1974 年,第 592 页。

故谓之青林湖。"①

南诏王丰祐死，儿子酋龙立，酋龙自称皇帝，改元建极，与唐朝为敌。南诏与唐在和平共处几十年后又开战火，有伐木开道之举措："酋龙怨杀其使，十年，乃入寇。以军缀青溪关，密引众伐木开道，径雪峻，盛夏，卒冻死者二千人。"②五代十国时期，在杨行密攻打池州刺史赵锽的战斗中，也有伐木开道的情况。杨行密退到庐州后，杨行密的门客袁袭劝告他不要去江西，而是可以图谋宣州，于是进入宣州。当时，袁袭劝告杨行密采用"宣人求战，示以弱，待其怠，一举可禽"的策略，后来"行密不战，分奇兵伐木开道四出"，"遂围宣州"，"刺史赵锽粮尽，亲将多出降"，从而打败兼管宣州的池州刺史赵锽③。

行军过程中的伐木，除了有开道的作用外，还会将伐下的林木拥堵在行军道中，以阻塞敌军行进。东汉初年的隗嚣原本是光武帝刘秀的部属，东汉初，光武帝命令隗嚣从天水伐蜀，想以此来分化瓦解其心腹，但隗嚣上书婉拒，刘秀便知隗嚣终不肯为他所用。刘秀于是派遣建威大将军耿弇等七将军从陇道伐蜀，先派来歙向隗嚣晓谕刘秀旨意。隗嚣因怀疑而恐惧，率领兵士加以抗拒，并派王元据守陇坻，"伐木塞道"，砍下树木堵塞道路，想杀掉来歙，来歙由此逃归④。

南朝齐永元元年（499 年）十月，晋原人乐宝称等人杀死当地太守，由此叛乱，刘季连便率军讨伐，叛军也采取了"伐树塞路"的战术："十月，晋原人乐宝称、李难当杀其太守，宝称自号南秦州刺史，难当益州刺史。十二月，季连遣参军崔茂祖率众二千讨之，赍三日粮。值岁大寒，群贼相聚，伐树塞路。军人水火无所得，大败而还，死者十七八。"⑤此战，刘季连只带了三天干粮，大败而还。

①［北魏］郦道元著，陈桥驿注释：《水经注》卷三十五《江水》，浙江古籍出版社，2001 年，第 546 页。

②［宋］欧阳修、宋祁：《新唐书》卷二百二十二中《列传第一四七中》，中华书局，1975 年，第 6285 页。

③［宋］欧阳修、宋祁：《新唐书》卷一百八十八《列传第一一三》，中华书局，1975 年，第 5453 页。

④［南朝宋］范晔：《后汉书》卷十三《列传第三》，中华书局，1965 年，第 526 页。

⑤［唐］姚思廉：《梁书》卷二十《列传第一四》，中华书局，1973 年，第 308 页。

第五章　晋唐生态环境变迁的社会应对

第一节　官民社会力量对灾害的应对:以晋唐虎患为中心①

由于明清时期地方史料丰富,学界从区域性视角对明清时期的虎患及与生态环境的关系,作了诸多研究②。从时段上来看,对晋唐期间的虎患尤其是官民力量对虎患的应对问题更少有专论。从正史记载来看,晋唐时期虎患多有发生;面对虎患,人们采取了即时性捕杀和有组织捕杀的应对方式,而且,对此时期虎患问题的解读主要是伦理性的。本节对晋唐时期的虎患问题作专题性探讨,也会涉及宋元时期虎患的一些情况,以作对比。

一、晋唐时期的虎患概况

虎是山林中的凶猛动物,被称为百兽之王。虎患是指虎对人类及其家畜予以侵害的现象。正史对魏晋至隋唐期间的老虎出没及虎患多有记载。从现有记载看,此时期虎患在南北均有分布。在北方,北魏太和年间,北淯郡"尝有虎害"③;《魏书》还记载:"太祖登国中,河南有虎七,卧于河侧,三月乃去。"④北朝刘仕儁,彭城人,在母亲去世后"庐于墓侧"而存在"虎狼驯扰"⑤的情况。南朝时期,郢州、溧阳、徐州、湘州有虎患(据《宋书》卷七十四、《陈书》卷三十四、《梁

---

①说明:本节主要内容曾发表在《东北师大学报(哲学社会科学版)》2013年第1期。
②比如黄志繁、刘正刚、郑维宽、曹志红、袁轶峰、刘兴亮、蓝勇、闵宗殿、周正庆等对明清虎患问题的研究;另,王子今对秦汉时期虎患作了专论。王子今:《秦汉时期的"虎患""虎灾"》,《中国社会科学报》2009年7月16日。
③[北齐]魏收:《魏书》卷七十三《列传第六十一》,中华书局,1974年,第1635页。
④[北齐]魏收:《魏书》卷一百一十二上《志第十七》,中华书局,1974年,第2923页。
⑤[唐]李延寿:《北史》卷八十四《列传第七十二》,中华书局,1974年,第2838页。

书》卷二十三);《南齐书》提及建武四年(497年)春"夜虎攫伤人"①。《梁书》还记载天监六年(507年)零陵地区"郡多虎暴"②。

在隋唐时期,因长安城周围林木的砍伐和森林的破坏,长安地区及附近虎的生存环境遭到破坏,有虎进入长安城周边地区。唐代大历四年(769年)八月"虎入京师长寿坊宰臣元载家庙"③。唐代建中三年(782年)九月"虎入宣阳里,伤人二"④。唐代显示虎患出没的地点较为广泛,比如北平、登封、韶州、桐城地区(据《新唐书》卷二百二、卷四十一,《旧唐书》卷一百九十一)。

下面对《宋史》上的部分记载作一列举。开宝八年(975年)十月,"江陵府白昼虎入市,伤二人";太平兴国三年(978年),"果、阆、蓬、集诸州虎为害,遣殿直张延钧捕之,获百兽。俄而七盘县虎伤人,延钧又杀虎七以为献";太平兴国七年(982年),"虎入萧山县民赵驯家,害八口";至道元年(995年)六月,"梁泉县虎伤人";至道二年(996年)九月,"苏州虎夜入福山砦,食卒四人";大中祥符九年(1016年)三月,"杭州浙江侧,昼有虎入税场";绍兴二十年(1150年),海州地区"有二虎入城,人射杀之,虎亦搏人";绍熙四年(1193年),"鄂州武昌县虎为人患";咸淳九年(1273年)十一月"有虎出于扬州市"。从上述《宋史》的记载可知,老虎伤人、食人的情况有时很严重,可以推测宋元经济开发活动与虎类生存环境存在冲突。实际上虎类之间,或者虎与其他兽类之间为生存而进行的相互厮杀也有记载,也可证虎类生存状况之趋于恶化。比如北宋咸平二年(999年)十二月,"黄州长析村二虎夜斗,一死,食之殆半";南宋淳熙十年(1183年)"滁州有熊虎同入樵民舍,夜,自相搏死"⑤。

《宋史》的列传部分也揭示了老虎出没的情况,并且虎患地点甚为广泛。比如咸平年间江阴人陈思道"丧父,事母兄以孝悌闻",在母亲去世以后,"结庐墓侧,日夜悲恸","昼则白兔驯狎,夜则虎豹环其庐而卧"⑥;宋代杜谊,台州黄岩

---

①[南朝梁]萧子显:《南齐书》卷十九《志第十一》,中华书局,1972年,第387页。
②[唐]姚思廉:《梁书》卷五十三《列传第四十七》,中华书局,1973年,第773页。
③[宋]欧阳修、宋祁:《新唐书》卷三十五《志第二十五》,中华书局,1975年,第923页。
④[宋]欧阳修、宋祁:《新唐书》卷三十五《志第二十五》,中华书局,1975年,第923页。
⑤[元]脱脱:《宋史》卷九十六《志第十九》,中华书局,1977年,第1451—1452页。
⑥[元]脱脱:《宋史》卷四百五十六《列传第二百一十五》,中华书局,1977年,第13396页。

人,在父母坟前"芟舍墓旁"存在"虎狼交于墓侧"①的情况。《宋史》其他列传显示虎患出没地点还有:韶州、五原、陕州、五原卑邪州、洪州分宁、鄞之通远乡(据《宋史》卷三百二十三、卷三百八、卷四百五十六、卷四百六十)。

总体来看,宋辽金时期虎伤人事件的相关记载比前代为多,显示了虎患更为严重的趋势。而且宋辽金时期虎患发生的区域比以前更为广泛,表现在位于长江流域的府州存在虎患,比如杭州、扬州、江陵府等府州,这应该与唐宋以后中国经济重心的南移有关。可以说,若从纵向对比的角度考察,虎患在晋唐时期没有之后的宋元时期严重。

二、应对措施一:官民应急性捕虎杀虎行为

在晋唐时期,面对虎患,官方和民间采取了相应的措施。针对虎对人类及其家畜的侵害,被侵害的人多采取了应急性的捕虎行为。至于捕虎方式,官府和军营面对老虎的入侵,多采取了射杀的应对办法。而民间百姓则有很多是徒手相搏或用手边简单的工具予以驱赶和捕杀。此外,官府面对虎患较为严重的地方,还会采取有计划的捕杀行为。

(一)官方的即时性射杀

老虎临时性侵入皇宫及城市区域,官方发现后予以就地格杀,以免老虎伤人。与平民百姓不同,官府和军营往往有射击武器,所以面对老虎的入侵,官方一般采取的是射杀的方式,这种捕杀方式利用了远距离捕虎的优势。这些记载对地方官吏及军士的勇武、忠君为民精神予以赞扬的立场是可以明晰的,反映了封建儒家文化的价值观。

比如,北魏太和年间有将军杨大眼为荆州刺史,其时"北淯郡尝有虎害",杨大眼"搏而获之,斩其头悬于穰市"②。《魏书》还记载了穆崇的第四子穆颧的事迹,将军穆颧"曾从世祖田于崞山,有虎突出,颧搏而获之"③,世祖对此大为赞扬。

在唐代,建中三年(782年)九月"虎入宣阳里,伤人二,诘朝获之"④;唐代大

---

①[元]脱脱:《宋史》卷四百五十六《列传第二百一十五》,中华书局,1977年,第13402页。
②[北齐]魏收:《魏书》卷七十三《列传第六十一》,中华书局,1974年,第1635页。
③[北齐]魏收:《魏书》卷二十七《列传第十五》,中华书局,1974年,第675页。
④[宋]欧阳修、宋祁:《新唐书》卷三十五《志第二十五》,中华书局,1975年,第923页。

历四年(769 年)八月"虎入京师长寿坊宰臣元载家庙,射杀之"①。

宋元时期也不乏官方即时性捕杀入侵人类生存领地老虎的情况。大中祥符九年(1016 年)三月,在杭州,大白天有老虎进入税场,"巡检俞仁祐挥戈杀之"②。宋代向宝,其因勇猛曾被宋神宗称赞为"飞将",以之比于薛仁贵,年少即"善骑射",及成年便以勇闻名,曾"有虎踞五原卑邪州,东西百里断人迹,宝一矢殪之"③。

实际上,在生存环境受到挤压的情况下,不仅虎类逸入城市,狼豹等兽类也有逸入城市的情况,官方也是采取捕杀的措施。比如《隋书》记载:东魏武定三年(545 年)九月,"豹入邺城南门,格杀之"④。唐代永徽年间"河源军有狼三,昼入军门,射之,毙"⑤。

（二）民间驱赶及捕杀

除了官方对虎侵入城市、军营等场所的应急性射杀活动,民间常常徒手驱赶或用简易工具与虎搏斗,以应对虎患。这与虎患发生时刻常常是百姓出行等没有防备时的情况有关,也与普通百姓对专门捕虎工具及射击工具的缺乏有关。此类与虎作斗争的行为,远比一些武将远距离射杀虎类以解决虎患更为困难。据正史记载,民间百姓与入侵老虎作斗争的过程惊险迭出,感人至深。这些记载凸显了官方对百姓孝义精神的表彰。

比如《梁书》记载了人虎相斗的故事:"宣城宛陵有女子与母同床寝,母为猛虎所搏,女号叫挈虎,虎毛尽落,行十数里,虎乃弃之。女抱母还,犹有气,经时乃绝。"⑥

宋代列女传记中也多有与虎相斗的巾帼英雄,比如彭姓列女"生洪州分宁农家。从父泰入山伐薪,父遇虎,将不脱,女拔刀斫虎,夺其父而还"⑦。童八娜,

①[宋]欧阳修、宋祁:《新唐书》卷三十五《志第二十五》,中华书局,1975 年,第 923 页。
②[元]脱脱:《宋史》卷六十六《志第十九》,中华书局,1977 年,第 1451 页。
③[元]脱脱:《宋史》卷三百二十三《列传第八十二》,中华书局,1977 年,第 10468 页。
④[唐]魏征:《隋书》卷二十二《志第十七》,中华书局,第 640 页。
⑤[宋]欧阳修、宋祁:《新唐书》卷三十五《志第二十五》,中华书局,1975 年,第 922 页。
⑥[唐]姚思廉:《梁书》卷四十七《列传第四十一》,中华书局,1973 年,第 648 页。
⑦[元]脱脱:《宋史》卷四百六十《列传第二百一十九》,中华书局,1977 年,第 13478 页。

因为"虎衔其大母",于是她"手拽虎尾,祈以身代。虎为释其大母,衔女以去"①。

三、应对措施之二:官方有计划、有组织的捕杀

对于临时性的虎患,人们能即时性予以斗争或捕杀。但对一些虎患较为严重的地区,比如出现群虎为患的情况,虎患便成为中央和地方政府所要解决的重要问题之一。严重虎患对当地百姓的生产、生活造成了较大影响,而单个百姓难以应付。这时官方就要安排专门人员进行有计划、有组织的捕虎,有时采取招募人员或悬赏捕杀的方式,甚至由中央政府直接制定悬赏捕虎的措施。此类捕杀常常作为善政的一种解读。官方是否采取有计划、有组织的捕虎措施,也可以作为考察虎患问题严重程度的一个可以参照的标准。

这方面的记载不少。比如在六朝时期,周朗为庐陵内史,庐陵郡"郡后荒芜,频有野兽",周朗之母薛氏想见识猎兽场面,周朗"乃合围纵火,令母观之",这时"火逸,烧郡廨",周郎因猎虎而导致的小型火灾事故"为州司所纠",周朗是这样对皇帝解释此次围猎所致火灾的:"州司举臣愆失,多有不允。臣在郡,虎三食人,虫鼠犯稼,以此二事上负陛下。"②又如,《宋书》记载了沈攸之被委任"监郢州诸军、郢州刺史",曾经"闻有虎,辄自围捕,往无不得,一日或得两三"③。

在宋代,此类事迹亦不少。比如,开宝五年(972 年)四月,皇帝"遣使诸州捕虎"④。太平兴国三年(978 年)"阆、蓬、集诸州虎为害,遣殿直张延钧捕之,获百兽。俄而七盘县虎伤人,延钧又杀虎七以为献"⑤。淳化元年(990 年)十月,"桂州虎伤人,诏遣使捕之"⑥。李继宣,宋开封浚仪人,乾德年间"尝命往陕州捕虎,杀二十余,生致二虎、一豹以献"⑦。咸淳九年(1273 年)十一月,有老虎在扬州市出现,"毛色微黑,都拨发官曹安国率良家子数十人射之"⑧。

---

①[元]脱脱:《宋史》卷四百六十《列传第二百一十九》,中华书局,1977 年,第 13491 页。

②[南朝梁]沈约:《宋书》卷八十二《列传第四十二》,中华书局,1974 年,第 2101 页。

③[南朝梁]沈约:《宋书》卷七十四《列传第三十四》,中华书局,1974 年,第 1931 页。

④[元]脱脱:《宋史》卷三《本纪第三》,中华书局,1977 年,第 38 页。

⑤[元]脱脱:《宋史》卷六十六《志第十九》,中华书局,1977 年,第 1451 页。

⑥[元]脱脱:《宋史》卷九十六《志第十九》,中华书局,1977 年,第 1451 页。

⑦[元]脱脱:《宋史》卷三百八《列传第六十七》,中华书局,1977 年,第 10144 页。

⑧[元]脱脱:《宋史》卷六十六《志第十九》,中华书局,1977 年,第 1452 页。

四、对虎患问题的伦理性和生态性解读

上述记载说明了，晋唐时期，面对虎患，官方、民间都积极采取措施予以驱赶、射杀，或予以有计划、有组织的捕杀。捕杀的方式也有多种多样，射杀、围捕、徒手搏击等方法都有使用。这是针对虎患问题的主要反应。但是，正史对虎患问题是一种什么样的解读呢？

（一）伦理性解读

虎与人各有各的生存空间。虎患的解读本应该从虎类与人类之间生存空间的争夺这个方面来认识，本应注重考察虎类赖以生存的生态环境状况以及人与虎之间和谐共处的程度。但正史记载对虎患解读的角度却主要是伦理性的。

从记载来看，对虎侵入人类生活领地以及伤人的记载主要在正史的三个部分。一是在《五行志》里，把虎的入侵及伤害人畜的行为作为阴阳五行失调的一种表现，很少对虎类生存环境的变化作分析；二是在帝王和大臣的传记里，通过记载帝王和大臣对虎患的反制措施的描述，来为他们的善政、英勇、贤能、才干作论证；三是在《孝义列传》和《列女列传》里对此类英勇斗虎事迹的描述，此类记载描述了在斗虎事件中媳妇对公婆、儿女对父母的保护，以生动的案例来对中国传统孝道作出表彰。

不仅在斗虎事件中是一种伦理性视角，而且，对"虎不为患"事件的记载也凸显了伦理性因素。本来，虎类极度饥饿的生存状态，鹿类等食物来源的减少，虎对人类的恐惧和防范等因素，均会增加虎类攻击人的概率。反之，虎对人的攻击概率会降低。但正史不是从这些方面解读"虎不为患"的情况，而是从宗教、道德方面解释这种现象。下面作一举证。

第一，宗教的角度。虎在中国文化中有一种神秘的元素，比如虎能变化为人，这在古代史籍中比较常见，《太平广记》卷四百二十六有多则捕虎及虎化人等神异的故事①。在古代，虎还能与社会人事相联系，"具体到虎而言，虎作为一种拥有神秘力量的生物，既可以代表祥瑞幸福，也可以预示灾荒祸乱"②。

此外，宗教角度的解释还常常把虎与宗教修行的表征联系起来。虎患是自

① ［宋］李昉等：《太平广记》卷四百二十六《虎》，中华书局，1961 年，第 3465—3473 页。
② 赵亮：《中国古代动物文化思想概论——基于'中华大典·林业典·林业思想与文化分典'的研究》，见尹伟伦、严耕编：《中国林业与生态史研究》，中国经济出版社，2012 年，第 58 页。

然灾害的一种,当人们对自然灾害无力抗衡或处理措施达不到预计效果时,人们常常会考虑到宗教的力量。实际上,正史中多有宣扬宗教修行者凭借着自己的道德修为而导致"虎不为患"的情况,并且,此时期官民也有利用宗教祈祷作为消弭虎患的辅助措施。

有记载指出高僧在宗教修行过程能够做到与虎相伴。比如禅宗六祖慧能住韶州广果寺,"韶州山中,旧多虎豹,一朝尽去,远近惊叹,咸归伏焉"①。道教中也有与虎为伴的修道高人,比如真大道教,始自金季,至元代至元二十年(1283年)左右,传而至张清志,"其教益盛",在其传道期间,"东海珠、牢山旧多虎,清志往结茅居之,虎皆避徙,然颇为人害。清志曰:'是吾夺其所也!'遂去之"②。

还存在为消弭虎患而对山神加以祈祷的情况。这与人们在水旱灾害发生时对神灵的祈祷具有共性。比如唐代进士顾少连"以拔萃补登封主簿。邑有虎孽,民患之,少连命塞陷阱,独移文岳神,虎不为害"③。元代也有因祈祷山神而帮助虎患消弭的记载,皇庆初,洛阳人卜天璋为归德知府,后改授饶州路总管,在救灾事宜中曾经因及时赈济民饥而有"民赖全活"之善政,其治理期间,"鸣山有虎为暴,天璋移文山神,立捕获之"④。

第二,是道德修为的因素。"虎不为患"与虎是凶猛野兽的特征不符。虎具有主宰人间善恶的另一文化意蕴,似乎可解释这一矛盾。正如黄志繁在研究明清南方地区虎患问题时所揭示的,在传统社会,应付自然灾害时的心态是"民众道德水平的提升与官府政治修明乃是应付自然灾荒之根本"⑤。这种用道德教化的观点来解读虎患的情况同样出现于晋唐时期。

这方面的记载主要体现在两类人群,一是贤良官吏,二是孝子,都是道德修为很高的人。前者反映传统政治倡导仁政的治国理念,后者是孝道感动万物的

①[后晋]刘昫等:《旧唐书》卷一百九十一《列传第一百四十一》,中华书局,1975年,第5110页。

②[明]宋濂等:《元史》卷二百二《列传第八十九》,中华书局,1976年,第4529页。

③[宋]欧阳修、宋祁:《新唐书》卷一百六十二《列传第八十七》,中华书局,1975年,第4994页。

④[明]宋濂等:《元史》卷一百九十一《列传第七十八》,中华书局,1976年,第4362页。

⑤黄志繁:《"山兽之君"、虎患与道德教化》,《中国社会历史评论》,2006年。

体现。

在官方史书记载中，地方官吏的善政会对老虎有所感化，而出现"虎不为患"的情况。正史记载了因受良吏之仁政感动而虎害绝迹之事，比如良吏孙谦的事迹。南朝梁天监六年（507年）孙谦出任零陵太守，"先是，郡多虎暴，谦至绝迹"，而在孙谦离任的那天夜晚，"虎即害居民"①。

此外，人们若着意道德修行，或推行孝义之道，也会感化老虎从而出现"虎不为患"的情况。此类记载不少。比如，北朝刘仕儁，彭城人，在母亲去世后"庐于墓侧，负土成坟，列植松柏，虎狼驯扰，为之取食"②；《梁书》记载了庾黔娄这一大孝子的事迹，黔娄常为人讲诵《孝经》，在所治理之县，"先是，县境多虎暴"，但黔娄来了以后"虎皆渡往临沮界，当时以为仁化所感"③；《梁书》还记载了南朝梁时期桂阳郡王象的事迹，王象"事所生母以孝闻"，其为湘州刺史治理湘州时，"湘州旧多虎暴，及象在任，为之静息，故老咸称德政所感"。史家因此作评曰："桂阳王象以孝闻，在于牧湘，猛虎息暴，盖德惠所致也。昔之善政，何以加焉。"④唐代张士岩是大孝子，对父母孝行颇多而读之令人感动，并且"父亡，庐墓，有虎狼依之"⑤。

宋代时期也常描绘贤人或孝子不为虎豹所伤的事情，以作为孝道文化应该弘扬的例证。《宋史》记载：孔旼，是孔子第四十六代孙，"居山未尝逢毒蛇虎豹"⑥。宋代孝义之人被记入了正史，比如杜谊，在父母坟前"芟舍墓旁""日一饭，不荤。虽虎狼交于墓侧，谊泰然无所畏"⑦；《宋史》还记载：宋太宗期间，江阴人陈思道是大孝子，在母亲去世以后，"结庐墓侧，日夜悲恸"，此种孝道甚至感动了虎豹，即"昼则白兔驯狎，夜则虎豹环其庐而卧"⑧。又如宋代进士李访的孝义之事，李访"庐父母墓，有虎暴伤旁人而不近访"⑨。

①［唐］姚思廉：《梁书》卷五十三《列传第四十七》，中华书局，1973年，第773页。
②［唐］李延寿：《北史》卷八十四《列传第七十二》，中华书局，1974年，第2838页。
③［唐］姚思廉：《梁书》卷四十七《列传第四十一》，中华书局，1973年，第650页。
④［唐］姚思廉：《梁书》卷二十三《列传第十七》，中华书局，1973年，第364—365页。
⑤［宋］欧阳修、宋祁：《新唐书》卷一九五《列传第一百二十》，中华书局，1975年，第5578页。
⑥［元］脱脱：《宋史》卷四百五十七《列传第二百一十六》，中华书局，1977年，第13435页。
⑦［元］脱脱：《宋史》卷四百五十六《列传第二百一十五》，中华书局，1977年，第13402页。
⑧［元］脱脱：《宋史》卷四百五十六《列传第二百一十五》，中华书局，1977年，第13396页。
⑨［元］脱脱：《宋史》卷四百五十六《列传第二百一十五》，中华书局，1977年，第13404页。

（二）生态性解读

从史籍对虎患记载的特点以及对虎患发生与否的解读，可以看出，主要是从伦理性的角度。但即便如此，对史料仔细研读和梳理，也可看出此时期虎患状况与生态环境之间的关系。

虎患的发生是人的生存空间与虎的生存空间发生冲突所致。这种冲突的主要因素是人类行为。

首先是人类活动挤占虎类生存环境。从森林角度考察，我国森林资源在远古时代极为丰富，最高时期森林覆盖率可达 60% 以上，随着历史的发展，森林资源渐趋减少。到战国末年，森林覆盖率约为 46%；到唐代降为 33%；到明初为 26%①。人类开发活动导致了森林资源的减少，会对山林动物的生存构成威胁。正如伊懋可所指出的"大象退却之处，通常是精耕细作的农业所到之地"②，虎类的生存空间，也同样受到了人类开发活动的挤压。实际上，隋唐以来，密集性、掠夺式开发使得人与虎的缓冲地带的林木变少，老虎的生存环境遭受破坏，生态失衡，虎患灾害趋于严重。这种情况有直接的例证，比如皖北沿江的桐城地区，在唐开元年间迁徙治所，迁到山区地带，而此山区"地多猛虎、毒虺"，人虎冲突在所难免，最后结果是人类经济开发活动取得胜利：在元和八年（813 年），"令韩震焚薙草木，其害遂除"③。

人类在深山进行经济开发时，势必对虎的生存空间进行挤压，人虎冲突便在所难免，比如《太平广记》卷四百二十六载，开元年间，南方巴人在山中伐木的时候，"攸尔有虎数头，相继而至，噬巴殆尽，唯五六人获免"④。这是人类开发导致虎患产生的生动案例之一。

晋唐以来虎患趋于严重还可从这几方面体现。一是延至宋元，虎伤人的记录更为频繁，发生地点比之前更广泛，对南方地区更为如此。二是官方多次派遣专人捕杀为害之虎的状况。如宋开宝五年（972 年）四月丙寅，"遣使诸州捕虎"；宋淳化元年（990 年）十月，"桂州虎伤人，诏遣使捕之"。三是相关记录中

---

① 樊宝敏、董源：《中国历代森林覆盖率的探讨》，《北京林业大学学报》2001 年第 4 期。

② ［英］伊懋可著，梅雪芹、毛丽霞、王玉山译：《大象的退却：一部中国环境史》，江苏人民出版社，2014 年，第 89 页。

③ ［宋］欧阳修、宋祁：《新唐书》卷四十一《志第三十一》，中华书局，1975 年，第 1054 页。

④ ［宋］李昉等：《太平广记》卷四百二十六《虎》，中华书局，1961 年，第 3472 页。

虎伤人的情节更为严重,甚至老虎白昼入城伤人,比如前面指出的宋代"虎入萧山县民赵驯家,害八口",等等。

其次,人的生存空间与虎的生存空间发生冲突还有一种情况,即虎受到人类捕杀时对人的伤害。这种虎伤人事件的记载也不少。比如《魏书》曾记载了朔方人宿石,曾经跟随高宗射猎,"高宗亲欲射虎",宿石对高宗以危险为由予以劝阻,高宗在高处观看时,果然见"虎腾跃杀人"之情景①。《魏书》记载太和二年(478 年),"高祖及文明太后,率百僚与诸方客临虎圈,有逸虎登门阁道,几至御座"②,此时幸亏有王叡击退此虎。后周周世宗期间,世宗好猎,宋偓是射虎好手,曾射杀老虎而救世宗③。

再次,虎患的发生还与自然灾害等生态因素有关。比如,苻健僭称大秦天王期间,"关中大饥,蝗虫生于华泽,西至陇山,百草皆尽,牛马至相噉毛,虎狼食人,行路断绝"④。苻健死后,其子苻生僭立,苻生掌权期间,"虎狼大暴,从潼关至于长安,昼则断道,夜则发屋,不食六畜,专以害人。自其元年秋,至于二年夏,虎杀七百余人,民废农桑,内外恼惧",由此官吏向苻生奏请禳灾,苻生却言"野兽饥则食人,饱当自止,终不累年为患也"⑤。此记载以显示苻生昏庸为意旨,但虎在灾害发生时因饥饿食人的状况也是显而易见的。

最后,王朝易代之际土地荒芜,人类一些开发地带因荒芜而出现杂草丛生的情况,这为老虎的占据及虎患的发生提供了条件,也体现了虎患与生态之间的关系。比如元代皖北的虎患即有此情况,《元史》记载了"别的因"捕虎的事迹,元世祖任命"别的因"为寿颍二州屯田府达鲁花赤,当时寿颍二州有老虎吃掉百姓妻子的情况,即有"地多荒芜"⑥的生态背景。

五、余论：官民对其他灾患的态度

我们对官方和民众对虎患的问题作了探讨。从中可以看出,传统儒家学说对虎患是采取积极入世的态度,即使是宗教性解读,也注重对现实社会人际伦

①[北齐]魏收:《魏书》卷三十《列传第十八》,中华书局,1974 年,第 724 页。
②[北齐]魏收:《魏书》卷九十三《列传第八十一》,中华书局,1974 年,第 1988 页。
③[元]脱脱:《宋史》卷二百五十五《列传第十四》,中华书局,1977 年,第 8906 页。
④[北齐]魏收:《魏书》卷九十五《列传第八十三》,中华书局,1974 年,第 2074 页。
⑤[北齐]魏收:《魏书》卷九十五《列传第八十三》,中华书局,1974 年,第 2075 页。
⑥[明]宋濂等:《元史》卷一百九十三《列传第八》,中华书局,1976 年,第 2994 页。

理及社会治理的积极介入。实际上,晋唐时期天人感应学说的阐释,固然有浓厚的教化目的,我们也要知道,这种阐释主要针对的是人力不能控制的事件或偶然性很强的事件上。

这种阐释模式在其他灾害的解读上也是大致如此。这里以旱灾和蝗灾为例再加以说明,以进一步认识晋唐时期对灾害的解释角度。先来看旱灾的情况。

（一）旱灾的应对

传统时期,面对不严重的旱灾,农民依靠水车等灌溉工具在农田附近的水塘或山泉汲水灌溉,所以上等的田地常常是附近有水塘等水源的灌溉条件好的田地。但若遇到严重的旱灾,池塘干涸,大面积粮食生产绝收,甚至农民的饮水都没有来源,这时人们只有希冀上苍施恩降下甘霖了。

关于旱灾对人们生产生活的危害,史不绝书。史籍中时常旱蝗灾害一并记载。比如,史载唐开成二年(837年)"河南、河北旱,蝗害稼;京师旱尤甚,徙市,闭坊南门"①。

相比较而言,面对蝗灾的发生,人们尚且可以考虑捕捉的措施,发挥一定的主观能动性。但大面积旱灾发生后,在古代缺乏人工降雨、远距离输水、现代灌溉设施和工具的情况下,人类实际上是无能为力的。皇帝、大臣在面对民食无着的现实危机面前常常是焦虑万分,自省为政之得失或祈祷上苍之事便会粉墨登场。唐玄宗面对严重的旱灾是采取自省的措施。开元二年(714年),"正月壬午,以关内旱,求直谏,停不急之务,宽系囚,祠名山大川,葬暴骸"②。

唐文宗李昂统治时期,面对旱蝗灾害的发生,便忧心如焚,祈祷上天,当然祈祷没有产生天降甘霖的效果。史载开成四年(839年)六月,"天下旱,蝗食田,祷祈无效,上忧形于色",这个时候,在"天人感应"学说的影响下,唐文宗李昂认为这种灾害是赋予他统治权的上天在示警了。这时宰臣劝说道:"星官奏天时当尔,乞不过劳圣虑。"但唐文宗李昂憪然改容曰:"朕为天下主,无德及人,致此灾旱。今又彗星谪见于上,若三日内不雨,当退归南内,卿等自选贤明之君

①[后晋]刘昫等:《旧唐书》卷三十七《五行志》,中华书局,1975年,第1365页。
②[宋]欧阳修、宋祁:《新唐书》卷五《玄宗本纪》,中华书局,1975年,第123页。

以安天下。"宰臣闻听此言,便"呜咽流涕不能已"①。

除了中央层面的祈祷,地方官吏的旱灾祈祷也很常见。比如,《太平寰宇记》记载,在繁昌县,灵山有龙池"泉水长流,有龙堂,每亢旱祷祈有应"②。

按照天人感应之说,贤能官吏治理的区域,应该不会有旱灾。实际上,所谓施行善政的官吏所统治的地区,旱灾也会出现,这让地方官忧虑不已。地方官祈祷无效后,还会向地方上所谓会巫术的人寻求帮助,在现代人看来真可谓"病急乱投医"。比如,唐代宗时期遇有旱灾,黎干请巫觋祈祷,不成功后又向孔子祈祷,但唐代宗似乎不怎么相信。《唐语林》卷三记载:

> 代宗时久旱,京兆尹黎干于朱雀门街造龙,召城中巫觋舞雩。干与巫觋史起舞,观者骇笑。经月不雨,干又请祷于文宣王。上闻之曰:"丘之祷久矣。"命毁土龙,罢祈雨,减膳节用,以听天命。及是大霈,百官入贺。③

唐武宗时期也有地方官请巫觋祈祷的情况,史籍记载了巫觋的装神弄鬼、谎话连篇的伎俩,以及官员的焦灼万分、诚惶诚恐的心理。比如《唐语林》卷一对此作了生动的记载:

> 会昌中,晋阳令狄惟谦,梁公之后,善为政。州境亢阳,涉春夏,数百里水泉耗竭。祷于晋祠者数旬,无应。有女巫郭者,攻符术厌胜之道。有监军携至京师,因缘出入宫掖。其后归,遂号"天师"。天既久不雨,境内莫知所为,皆曰:"若得天师至晋祠,则旱不足忧矣。"惟谦请于主帅,曰:"灾厉流行,畎庶焦灼。若非天师一救,万姓恐无聊生。"于是主帅亲自为请,巫者许之。惟谦具幡盖,迎自私室,躬为控马。既至祠所,盛设供帐饮馔。自旦及夕,立于庭下,如此者两日。语惟谦曰:"为尔飞符于上帝,请雨三日,雨当足矣。"观者云集,三夕,雨不降。又曰:"此土灾沴,亦由县令无德。为尔再请,七日当有雨。"惟谦引罪于己,奉之愈恭。及期,又无应,郭乃骤索马入州宅。惟谦曰:"天师已为百姓此来,更乞祈祷。"勃然怒骂曰:"庸琐官人,不知礼! 天时未肯下

---

① [后晋]刘昫等:《旧唐书》卷三十七《五行志》,中华书局,1975 年,第 1365 页。
② [宋]乐史:《宋本太平寰宇记》卷一百五,中华书局,1999 年,第 142 页。
③ [宋]王谠撰,周勋初校证:《唐语林校证》,中华书局,1987 年,第 197 页。

雨,留我复奚为?"惟谦谢曰:"明日排比相送。"迟明,郭将归,肴醴一无所设。坐于堂上,大怒。曰:"左道女子,妖惑日久,当须毙此,焉敢言归?"叱左右曳于神堂前,杖背三十,投于潭水。祠后有山极高,遂令设席焚香,端笏立于其上。阖县骇云:"长官打杀天师。"驰走者纷纭。祠上忽有云如车盖,覆惟谦。逡巡四合,雷震数声,甘泽大澍数尺。于是士民自山顶拥惟谦而下。州将初责以专杀巫者,既而嘉其精诚有感,与监军表言其事,制书褒曰:"狄惟谦剧邑良才,忠臣华胄。睹此天厉,将殚下民,当请祷于晋祠,类投巫于邺县。曝山极之畏景,事等焚躯;起天际之油云,法同剪爪。遂使旱风潜息,甘泽施流。昊天犹鉴于克诚,余志岂忘于褒善。特颁朱绂,俾耀铜章。勿替令名,更昭殊绩。"赐章服,并钱五十万。后历绛、隰二州刺史,所治皆有名称。[1]

除了巫觋在旱灾祈祷中担任人神沟通的主角外,道士、高僧也常常为旱灾祈祷。

学者指出:"隋唐时代,道士以符咒幻术干权贵,为封建统治者举行斋醮祈禳以邀宠的事,也非常之多。封建统治者不仅幻想以此达到长生成仙,而且遇有水旱灾异,吉凶祸福,疾病死亡,乃至皇后不生子等等,都要道士为他们祠祷。唐玄宗较为突出。"[2]

在旱灾发生之际,道士的祈雨活动很常见。关于唐宪宗元和年间所谓道士祈雨成功的典型事例,有如下记载:

> 元和初,南岳道士田良逸、蒋含宏有道业,远近称之,号曰"田、蒋"。良逸天资高峻,虚心待物,不为表饰。吕侍郎渭、杨侍郎凭、观察湖南,皆师事之。潭州旱,祈雨不应,或请邀之。杨曰:"田先生岂为人祈雨者耶?"不得已迎之。良逸蓬发敝衣,欣然就舆。到郡亦终无言,即日降雨。所居岳观,内建黄箓坛场已具,而天阴晦,弟子请先生祈晴,良逸亦无言,岸帻垂发而坐。左右整冠履,扶而升坛,亦遂晴霁。

①[宋]王谠撰,周勋初校证:《唐语林校证》,中华书局,1987年,第76—77页。
②卿希泰:《中国道教思想史纲·第二卷·隋唐五代北宋时期》,四川人民出版社,1985年,第383页。

尝有村老持一绢褥来施,良逸对众便著,坐客窃笑,不以介意。①

在隋唐时期,佛教僧人有一种强烈的现实关怀。正如美国学者太史文(Ste-phenF. Teiser)所指出的,"在中国,佛僧鲜有完全置身于社会之外的,他们只是外在于家庭这个特定的社会群体"②。严重旱灾发生的时候,晋唐时期人们也会请佛教高僧来祈雨。这方面的事例也不少,比如下例:

> 玄宗尝幸东都,天大旱,且暑。时圣善寺有竺干僧无畏,号曰三藏,善召龙致雨之术。上遣力士疾召无畏请雨,无畏奏曰:"今旱,数当然尔。召龙兴烈风雷雨,适足暴物,不可为也。"上使强之,曰:"人苦暑久矣!虽暴风疾雷,亦足快意。"无畏辞不获已,遂奉诏。有司为陈请雨具,而幡幢像设甚备。无畏笑曰:"斯不足以致雨。"悉令撤之。独盛一钵水,无畏以小刀于水钵中搅旋之,梵言数百咒水。须史之间,有龙,其状如指,赤色,首瞰水上。俄顷,没于水钵中。无畏复以刀搅水,咒者三。有顷,白气自钵中兴,如炉烟,径上数尺,稍引去讲堂外。无畏谓力士曰:"亟去,雨至矣!"力士驰马,去而四顾,见白气疾旋,自讲堂而西,若尺素腾上。既而昏霾,大风震雷,暴雨如泻。力士驰及天津之南,风雨亦随马而至矣。街中大树多拔。力士复奏,衣尽沾湿。孟温礼为河南尹,目见其事。温礼子尝言于李栖筠,与力士同在先朝。吏部员外郎李华撰《无畏碑》,亦云前后奉诏,禳旱致雨,灭火回风,昭昭然遍诸耳目也。③

要注意的是,此时期的旱灾祈雨并不是一个纯民间或地方政府的行为。实际上,中央层面在上述事例中是积极参与其中的。并且,整个祈祷过程并不是随意作为,而是有固定的仪式。杜佑撰《通典》对祈祷旱灾仪式有详细的记载④。《唐六典》卷四也记载道:"凡京师孟夏以后旱,则先祈岳、镇、渎、海及诸山川能兴云雨者,皆于北郊望祭。又祈社稷,又祈宗庙,每七日一祈,不雨,还从

---

① [宋]王谠撰,周勋初校证:《唐语林校证》,中华书局,1987年,第394—395页。

② [美]太史文著,侯旭东译:《幽灵的节日:中国中世纪的信仰与生活》,浙江人民出版社1999年,第189页。

③ [宋]王谠撰,周勋初校证:《唐语林校证》,中华书局,1987年,第467页。

④ [唐]杜佑:《通典》卷一百二十《时旱祈太庙》,中华书局,1988年,第3053—3056页。

岳、渎为初。旱甚,则修雩。秋分以后,虽旱不雩。雨足皆报祀。"①

现在人谁都明白,祈祷对天降甘霖是不起作用的办法。当然,这种所谓的借助巫觋、道士、高僧祈祷使得上天降下甘霖的情况,只是天象的巧合。这种巧合如果发生了,定会把它作为皇帝或地方官员的善政或虔诚感动上天的典型事例,并在史书上记载下来。比如,"玄宗时,亢旱,禁中筑龙堂祈雨。命少监冯绍正画西方,未毕,如觉云气生梁栋间,俄而大雨"②。正如杨庆堃所言:"通过履行经济功能,官方崇拜农神的庄严仪式成了一种象征,令人意识到国家的集体存在。若非这些仪式,朝廷对于以家庭为中心的农民而言,将只是遥远而无形的存在。"③在农民感到绝望的时候,与不闻不问的态度相比,官方及时登场加以祈祷无疑是一种充满智慧的做法。即使灾情的严重程度存在官方水利兴修不尽责等人为的因素,但在官方汗流浃背的祈雨景象之中,民众最主要看到的便是官员的勤勉、忧民、爱民的形象,或者夹杂着对炎炎烈日的上天的怨愤之情感。

严重旱灾发生时,大臣会利用此类灾异事件对皇帝的不端行为进行劝谏。比如,据《新唐书》记载,"玄宗开元初,大旱,关中饥,诏求直言",于是张廷珪上疏提出了一系列改良内政的具体建议,并指出:"或谓天戒不足畏,而上帝冯怒,风雨迷错,荒馑日甚,则无以济下矣;或谓人穷不足恤,而亿兆携离,愁苦昏垫,则无以奉上矣。斯安危所系,祸福之原,奈何不察?"④

因为旱灾,唐代的权德舆曾经向皇帝提出系列赈济措施的建议,特别强调了善政的重要性。权德舆上奏言:

> 陛下斋心减膳,闵恻元元,告于宗庙,祷诸天地,一物可祈,必致其礼,一士有请,必听其言,忧人之心可谓至已。臣闻销天灾者修政术,感人心者流惠泽,和气洽,则祥应至矣。畿甸之内,大率赤地而无所

①[唐]张九龄等原著,袁文兴、潘寅生主编:《唐六典全译》卷四,甘肃人民出版社,1997年,第147页。

②[宋]王谠撰,周勋初校证:《唐语林校证》,中华书局,1987年,第464页。

③[美]杨庆堃著,范丽珠等译:《中国社会中的宗教:宗教的现代社会功能与其历史因素之研究》,上海人民出版社2006年,第76页。

④[宋]欧阳修、宋祁:《新唐书》卷一百一十八《张廷珪传》,中华书局,1975年,第4262—4263页。

望,转徙之人,毙踣道路,虑种麦时,种不得下。宜诏在所裁留经用,以种贷民。今兹租赋及宿逋远贷,一切蠲除。设不蠲除,亦无可敛之理,不如先事图之,则恩归于上。去十四年夏旱,吏趣常赋,至县令为民殴辱者,不可不察。①

在旱灾发生时,皇帝或地方官常常出现祈祷不灵验的情况。此情况若发生了,可以为一些大臣劝谏皇帝或批评时政提供一个契机。他们会声称,之所以祈祷不灵验或者灾异频现,是因为缺乏善政,天灾是对统治者大兴土木、纵情享乐等行为的一种警告。比如,韦嗣立被武则天任命为凤阁舍人,当时"学校颓废,刑法滥酷",韦嗣立上疏劝谏要审察冤案的存在与否,并说,"昔杀一孝妇,尚或降灾,而滥者盖多,宁无怨气! 怨气上达则水旱所兴,欲望岁登,不可得也"。"幽明欢欣,则感通和气;和气下降,则风雨以时;风雨以时,则五谷丰稔"②。在古人看来,自然界的祥瑞现象很多是对人世间随后所呈现的吉凶的一种先兆,日本所藏唐代佚书《天地瑞祥志》言:"所谓瑞祥者,吉凶之先见,祸福之后应,犹响之起空谷,镜之写质形也。"③

（二）蝗灾的应对

蝗灾是封建社会统治者非常重视的自然灾害。毕竟,在传统社会,蝗灾的发生难以有效控制,另外,一旦大面积发生,对民食和社会稳定都会产生直接的影响。

试举三则唐代史料为例:

广德二年(764 年),"是秋,蝗食田殆尽,关辅尤甚,米斗千钱"④。

兴元二年(785 年)夏,"蝗尤甚,自东海西尽河、陇,群飞蔽天,旬日不息。经行之处,草木牛畜毛,靡有孑遗。关辅已东,谷大贵,饿馑枕道。京师大乱之后,李怀光据河中,诸军进讨,国用罄竭。衣冠之家,多有殍殍者。旱甚,灞水将竭,井皆无水。有司奏国用裁可支七旬。德宗减膳,不御正殿。百司不急之费,

①［宋]欧阳修、宋祁:《新唐书》卷一百六十五《权德舆传》,中华书局,1975 年,第 5077 页。
②［后晋]刘昫等:《旧唐书》卷八十八《韦嗣立列传》,中华书局,1975 年,第 2868 页。
③（日)水口干记著、陈小法译:《日本所藏唐代佚书〈天地瑞祥志〉略述》,《文献季刊》2001 年第 1 期。
④［后晋]刘昫等:《旧唐书》卷十一《代宗本纪》,中华书局,1975 年,第 276 页。

皆减之"①。

开成四年(839年),"河南府界黑虫食苗。河南、河北蝗,害稼都尽。镇、定等州,田稼既尽,至于野草树叶细枝亦尽"②。

从这些描述可知,蝗灾的发生会使得灾害发生地饿殍满道,对社会秩序的维持是极大的隐患,地方政府不得不高度重视和应对。

与虎患类似,此时期对虫害常常采取的是捕杀的态度。唐玄宗与姚崇针对蝗灾的对话及采取的策略颇能说明这一点。唐开元年间,山东发生蝗灾,姚崇"奏请遣使分捕",但唐玄宗言:"蝗虫,天灾也,由朕不德而致焉。卿请捕之,无乃违天乎?"但姚崇认为捕杀蝗虫古有先例,是"所以安农除害,国之大事也",唐玄宗决定采纳通过捕蝗以应对,并且对大臣言"与贤相讨论已定。捕蝗之事,敢议者死"。结果是"捕蝗十分去四"③。

这里唐玄宗原本指望依靠反省治国措施以退蝗灾,但在现实面前,也不得不采取捕蝗的对策。这里再介绍一下这次捕蝗策略的具体实施。《旧唐书》有如此记载:

> 开元四年五月,山东螟蝗害稼,分遣御史捕而埋之。汴州刺史倪若水拒御史,执奏曰:"蝗是天灾,自宜修德。刘聪时,除既不得,为害滋深。"宰相姚崇牒报之曰:"刘聪伪主,德不胜妖;今日圣朝,妖不胜德。古之良守,蝗虫避境,若言修德可免,彼岂无德致然。今坐看食苗,忍而不救,因此饥馑,将何以安?"率行埋瘗之法,获蝗一十四万,乃投之汴河,流者不可胜数。朝议喧然,上复以问崇,崇对曰:"凡事有违经而合道,反道而适权者,彼庸儒不足以知之。纵除之不尽,犹胜养之以成灾。"帝曰:"杀虫太多,有伤和气,公其思之。"崇曰:"若救人杀虫致祸,臣所甘心。"八月四日,敕河南、河北检校捕蝗使狄光嗣、康瓘、敬昭道、高昌、贾彦璿等,宜令待虫尽而刈禾将毕,即入京奏事。谏议大夫韩思复上言曰:"伏闻河北蝗虫,顷日益炽,经历之处,苗稼都尽。臣望陛下省咎责躬,发使宣慰,损不急之务,去至冗之人。上下同心,君

① [后晋]刘昫等:《旧唐书》卷三十七《五行志》,中华书局,1975年,第1365页。
② [后晋]刘昫等撰:《旧唐书》卷三十七《五行志》,中华书局,1975年,第1365页。
③ [宋]王谠,周勋初校证:《唐语林校证》,中华书局,1987年,第56页。

臣一德,持此至诚,以答休咎。前后捕蝗使望并停之。"上出符疏付中书姚崇,乃令思复往山东检视虫灾之所,及还,具以闻。①。

从上例可知,唐玄宗时期面对蝗灾的应对之策,高层官员之间针对是不是采取捕杀蝗虫的应对策略存在不同的看法。但在"修德"除蝗和捕蝗以保民生这两个对立的观点之下,最终采取了捕蝗的措施。所以,官方对蝗灾的发生不是仅仅采取自省为政之德的方式,而是采用了积极应对的方法。

在宗教氛围浓厚的传统中国,大量捕杀蝗虫的行为,难免会与佛教"不杀生"的慈悲的理念有些冲突,但这种内心矛盾在蝗灾的严重危害面前会占据次要地位。甚至,有的地方把捕来的蝗虫作为食物来吃:兴元元年(784年)秋"关辅大蝗,田稼食尽,百姓饥,捕蝗为食,蒸曝,扬去足翅而食之"②。

对蝗虫的看法没有采取神秘主义的态度,还体现在正史对生物天敌可以灭蝗的事例的忠实记载。比如开元二十五年(737年),"贝州蝗食苗,有白鸟数万,群飞食蝗,一夕而尽。明年,榆林关有蚼蚄食苗,群雀来食,数日而尽"③。天宝三年(744年),"贵州紫虫食苗,时有赤鸟群飞,自东北来食之"④。

此类事例也许说明了当时人们对灾异看法的一些变化。唐代对于灾异的认识更加深入、更加客观,人们已认识到灾变有常,已注意到从自然和社会方面去认识灾异的原因,也会采用非神秘化的方式予以应对。虽然"阴阳五行论"和"天人感应论"是汉唐时期人们看待灾异、认识灾异的基本理论,但是,"与汉代相比,天命禳弭措施虽然在唐代仍旧盛行,但是却遭到了有识官员的摒弃,切实有效的减灾对策被逐渐看重"⑤。

有意思的是,对于人类难以彻底制服、取胜的自然灾害的看法,还会因统治者的不同而有差异。皇帝不同,看法可能有很大差别。比如,在唐代,唐玄宗采取捕蝗的措施,而唐太宗则据说采取了吃蝗的举动,并且会为蝗灾的发生深刻自省,断食肉类,以素食来应对。

唐太宗面对灾害采取过戒肉食的举措。贞观十一年(637年),"大雨,谷水

① [后晋] 刘昫等:《旧唐书》卷三十七《五行志》,中华书局,1975年,第1364页。
② [后晋] 刘昫等:《旧唐书》卷三十七《五行志》,中华书局,1975年,第1365页。
③ [后晋] 刘昫等:《旧唐书》卷三十七《五行志》,中华书局,1975年,第1364页。
④ [后晋] 刘昫等:《旧唐书》卷三十七《五行志》,中华书局,1975年,第1364页。
⑤ 潘明娟:《汉唐灾异认识论初探》,《唐都学刊》2012年第2期。

溢,冲洛城门,入洛阳宫,平地五尺,毁宫寺十九,所漂七百余家",唐太宗李世民对侍臣说道:"朕之不德,皇天降灾。将由视听弗明,刑罚失度,遂使阴阳舛谬,雨水乖常。矜物罪己,载怀忧惕。朕又何情独甘滋味? 可令尚食断肉料,进蔬食。文武百官各上封事,极言得失。"①

史载贞观二年(628年)"京师旱,蝗虫大起",李世民咒曰:"人以谷为命,而汝食之,是害于百姓。百姓有过,在予一人,尔其有灵,但当蚀我心,无害百姓。"准备吞下手中的蝗虫,左右官员以吃下去会生病为由予以劝阻,但李世民说:"所冀移灾朕躬,何疾之避?"于是吃下手中的几只蝗虫,"自是蝗不复为灾"②。我们要注意的是上述记载的"自是蝗不复为灾"的结果。试想,若不是此种结果,唐太宗很有可能会采取捕杀蝗虫的措施。

游修龄曾探讨了历史上天人合一的宇宙观对应付蝗灾的矛盾心态,指出:"在统治者方面,认为蝗灾是上天对吏治过失的惩诫,必须自我谴责思过;另一方面,迫于蝗灾的损害惨重,又不得不进行捕蝗灭蝗措施。在民间方面,认为蝗灾是蝗神显威,必须虔诚祭祀蝗神,以求蝗神宽恕。同样,由于蝗灾并非祭祀所能解决,民间也不得不进行各种治蝗灭蝗的斗争,积累了一定的经验,到明清时期开始出现了治蝗的专书。"③通过上述考察,可知上述论断是客观公允的,也是适合我国晋唐时期这一时段的。

第二节　晋唐宗教社会力量的生态实践:以僧侣为中心

佛教传记史料对中国古代高僧的活动多有记载,这些记载试图论证中国高僧因为笃信佛教而感动神灵的状况,对佛法无边起了诠释作用。笔者认为,此类神迹记载存在宣传上的目的以及可能存在的夸张成分,此外,从丰富的高僧传记史料中我们还可以了解到中国古代高僧的多方面的生态实践。以高僧传记史料为资料对中国晋唐时期高僧生态实践的探讨还比较缺乏。下面对此加以考察。

---

① [唐]吴兢编著,王贵标点:《贞观政要》卷十《论灾祥》,岳麓书社,1991年,第344页。
② [唐]吴兢编著,王贵标点:《贞观政要》卷八《务农》,岳麓书社,1991年,第280页。
③ 游修龄:《中国蝗灾历史和治蝗观》,《华南农业大学学报(社会科学版)》2003年第2期。

一、禳灾活动状况、方式及影响

（一）禳灾活动状况

高僧禳灾活动主要是祈雨，毕竟干旱是中国古代重要灾害，天不降雨常常导致大面积农作物颗粒无收，所以祈雨活动是中国古代高僧人文关怀行为的重要方面，晋唐时期也是如此。

高僧传记里几乎充斥着对祈雨成功事例的记载，以显示佛法无边。如果高僧刚开始祈雨暂时没有如愿，高僧便试图对其给出时机不对、天意所为等解释，然后天降甘霖便会出现。比如隋代隋文帝时，法师昙延受旨意祈雨，起先"雨不降，帝问故"，昙延对曰"事由一二"并解释道："陛下躬万机之政，群臣致股肱之力。虽通治体，然俱愆玄化。欲雨不下，事由一二也。"之后"帝识其意，敕有司择日于正殿设仪，命延授以八戒。群臣以次受讫，方炎威如焚，而大雨沛然倾注"①。皇家和官方在要求高僧祈雨的时候，有时约定了降雨的期限。比如在大历年间"京师春夏不雨"，皇帝诏令释不空祈雨，但约定"如三日内雨，是和尚法力；三日已往而需然者，非法力也"。这次祈雨过程中释不空获得了成功，在约定之后第二日便有大雨②。

有时皇帝诏令祈雨的时候，高僧解释干旱是天意所为，但皇帝仍执意祈雨。这反映出皇帝对缓解旱情的急迫要求，也可看出皇帝希望能借此非常时期验证高僧法力的真实性而排除托词的可能。比如，唐开元年间的善无畏在印度即有祈雨感应事迹，来中国后碰到"暑天亢旱"的情况，皇帝招来善无畏祈雨，善无畏解释道："今旱，数当然也。若苦召龙致雨，必暴，适足所损，不可为也。"但皇帝却强求高僧祈雨，说道："人苦暑病矣，虽风雷亦足快意。"善无畏没法推辞，只得祈雨，于是"既而昏霾大风震电""街中大树多拔焉"③。

除了祈雨，晋唐时期人们生产及生活中还有其他灾害，高僧大德也常常参与到其他各种禳灾活动中，包括蝗灾、风灾等诸多方面，这体现了中国古代佛教

①[元]释念常：《佛祖历代通载》，见《钦定四库全书》第1054册，上海古籍出版社，1985年，第392页。

②[宋]释赞宁：《宋高僧传》，见《钦定四库全书》第1052册，上海古籍出版社，1985年，第12页。

③[宋]释赞宁：《宋高僧传》，见《钦定四库全书》第1052册，上海古籍出版社，1985年，第16页。

的人文关怀。比如 880 年，"有蝗飞翳天，下食田苗"，唐代人释文喜施法除蝗成功①。也有禳除风灾的情况，唐代高僧释代病面对"三城间多暴风雹，动伤苗稼雉堞"的情况，而施法除患②。当火灾发生时，有些高僧的寺庙不会受到灾害的侵袭。比如唐代长庆年间高僧释明觉在修行过程中，出现"野火蔓延欲烧院，僧惶懅"的情况，释明觉曰"吾与此山有缘，火当速灭"，很快便雷雨骤作，于是"其火都灭，远近惊叹"③。

（二）禳灾方式

我们发现，晋唐时期高僧禳灾活动屡屡成功强化了民众对神灵存在的宗教信仰。高僧禳灾方式无疑是宗教性的，但采用的方式不是单一方式，这包括结坛祈请、咒语使用、祈祷甚至责骂等多种方式。

"结坛祈请"是禳灾的方式之一，这在祈雨中最常见到。高僧借助结坛的方式祈请菩萨和龙王的帮助而降雨，显示了佛教所推崇的呼风唤雨之神验。比如唐代金刚智"在所住处起坛，深四肘，躬绘七俱胝菩萨像，立期以开光，明日定随雨焉"，在第七日"午后方开眉眼，即时西北风生，飞瓦拔树，崩云泄雨，远近惊骇"，并据京城人士所言出现"智获一龙穿屋飞去"④的情况。释不空也是此法，"空奏立孔雀王坛，未尽三日雨已浃洽"⑤。

祈雨过程常伴随着咒语的应用。佛教经典中有不少通过咒语迎请龙王的事例，高僧所念当就是此类经文。比如晋代人释法相"盖能神咒请雨，为杨州刺史司马元显所敬"⑥。唐开元年间释善无畏祈雨的方式是"乃盛一钵水以小刀

---

① [宋]释赞宁：《宋高僧传》，见《钦定四库全书》第 1052 册，上海古籍出版社，1985 年，第 169 页。

② [宋]释赞宁：《宋高僧传》，见《钦定四库全书》第 1052 册，上海古籍出版社，1985 年，第 374 页。

③ [宋]释赞宁：《宋高僧传》，见《钦定四库全书》第 1052 册，上海古籍出版社，1985 年，第 149 页。

④ [宋]释赞宁：《宋高僧传》，见《钦定四库全书》第 1052 册，上海古籍出版社，1985 年，第 7 页。

⑤ [宋]释赞宁：《宋高僧传》，见《钦定四库全书》第 1052 册，上海古籍出版社，1985 年，第 10 页。

⑥ [梁]释慧皎撰，汤用彤校注：《高僧传》中华书局，1992 年，第 459 页。

搅之,梵言数百咒之"①。唐代人释代病禳除风雹灾害也是如此,"代病为诵密语"②。

祈祷也是一种禳除灾害的宗教行为方式。比如唐代释清虚在神龙二年(706年)受诏祈雨的方式是:"即于佛殿内精祷并炼一指,才及一宵雨周千里,指复如旧。"③唐代善信禅师在宝历二年(826年)祈雨:"信即入山比之岩穴,宴坐冥祷,雷雨大作数月。"④唐代慈忍灵济大师祈雨方式是"宴坐冥祷,雷雨大作"⑤。在唐代,"恒阳节度使张君患炎旱",邀请释自觉祈雨,释自觉"乃虔恪启告龙神,未移暑刻,天辄大雨,二辰告足"⑥。

但也有采用责骂神灵的方式以期望达到禳除灾害的事例,这种情况常常见诸祈祷不灵验之后的情况。唐代天宝年间僧人释志贤面对大旱灾情,望空击石并对诸龙作如此谩骂:"若业龙无能为也,其菩萨龙王胡不遵佛敕救百姓乎?"结果是,"敲石才毕,需然而作"⑦。唐代元和年间旱灾,释灵默看到"青蛇夭矫瞪目,如视行人不动"的情况,咄之曰:"百姓溪竭苗死,汝胡不施雨救民邪?"到了晚上,天下了大雨,"至夜果大雨,合境云足"⑧。唐代人释文喜禳除蝗害也是斥责的方式,史载:"喜自将拄杖悬挂袈裟,标于畎浍中。其虫将下,遂厉声叱之,

①[宋]释赞宁:《宋高僧传》,见《钦定四库全书》第1052册,上海古籍出版社,1985年,第16页。

②[宋]释赞宁:《宋高僧传》,见《钦定四库全书》第1052册,上海古籍出版社,1985年,第374页。

③[宋]释赞宁:《宋高僧传》,见《钦定四库全书》第1052册,上海古籍出版社,1985年,第351页。

④[明]朱时恩辑:《佛祖纲目》,见蓝吉富主编:《禅宗全书》第15册,北京图书馆出版社2004年,第177页。

⑤[元]释觉岸:《释氏稽古略》,见《钦定四库全书》第1054册,上海古籍出版社,1985年,第129页。

⑥[宋]释赞宁:《宋高僧传》,见《钦定四库全书》第1052册,上海古籍出版社,1985年,第366页。

⑦[宋]释赞宁:《宋高僧传》,见《钦定四库全书》第1052册,上海古籍出版社,1985年,第123页。

⑧[宋]释赞宁:《宋高僧传》,见《钦定四库全书》第1052册,上海古籍出版社,1985年,第136页。

悉翻飞而去,十顷之苗斯年独稔。"①

（三）禳灾活动的影响

祈雨等禳灾事迹体现了佛教关注现实的精神,同时,这种活动无疑增强了高僧的社会威望,常常促使法门大盛。比如唐代释代病为民救旱成功,于是"自此归心者众"②。

高僧禳灾多有应验,皇帝常常对此加以赏赐。这类例子很多。比如,唐代金刚智祈雨成功,"帝特降诏褒美"③。唐代释不空,系"北天竺婆罗门族",在净影寺有祈雨事迹,祈雨成功后,"帝大悦,自持宝箱赐紫袈裟一副,亲为披擭,仍赐绢二百匹"④。唐开元年间释善无畏祈雨成功,"帝稽首迎畏,再三致谢"⑤。

若受地方官的邀请而祈雨,高僧祈雨成功也常受到地方官的敬重。比如晋代人释法相"盖能神咒请雨,为杨州刺史司马元显所敬"⑥。

二、戒杀放生、治病济人的生态实践

晋唐时期高僧群体戒杀放生、治病济人的生态实践鲜明体现了佛教的慈悲。这些记载非常多,凸显了佛教的人文关怀精神。

（一）戒杀放生等活动显现了对生命的关爱

佛教主张众生平等,并且恪守戒杀生的戒律,由此高僧对各种动物具有一种慈悲心。一些高僧是关爱生命的典范。如齐梁期间傅大士在二十四岁时"溯水取鱼于稽亭塘下,获鱼已,沉笼水中曰:去者适,止者留"⑦。唐代百济人释真表者出家即是因为一件事:他曾经"折柳条贯虾蟆,成串置于水中,拟为食调",

---

①[宋]释赞宁:《宋高僧传》,见《钦定四库全书》第1052册,上海古籍出版社,1985年,第169页。

②[宋]释赞宁:《宋高僧传》,见《钦定四库全书》第1052册,上海古籍出版社,1985年,第374页。

③[元]释念常:《佛祖历代通载》,见《钦定四库全书》第1054册,上海古籍出版社,1985年,第467页。

④[宋]释赞宁:《宋高僧传》,见《钦定四库全书》第1052册,上海古籍出版社,1985年,第10页。

⑤[宋]释赞宁:《宋高僧传》,见《钦定四库全书》第1052册,上海古籍出版社,1985年,第16页。

⑥[南朝梁]释慧皎撰,汤用彤校注:《高僧传》,中华书局,1992年,第459页。

⑦[明]朱时恩辑:《佛祖纲目》,见蓝吉富主编:《禅宗全书》第15册,北京图书馆出版社2004年,第84页。

后来因为"入山网捕"忘了这事,到第二年春来到此地听到虾蟆鸣叫,于是"就水见去载所贯三十许虾蟆犹活",释真表把它们放生,并由此省悟而出家①。唐末五代时期智觉禅师(延寿大师)在二十八岁时,为华亭镇将,曾经"见渔船万尾戢戢,恻然悉易以投之江"②。这些事迹体现了佛教推崇的众生平等的人文关怀。

　　高僧们不仅自己是戒杀放生的典范,还劝人戒杀放生。比如唐代善信禅师在随州大湖山侧的时候,因"时当亢旱",当地人为了祈雨"具羊豕以祈湖龙",善信禅师见而悲之,劝他们不要"害命济命,重增乃罪",并亲自为乡民祈雨,于是"宴坐冥祷,雷雨大作数月"③。有一次,唐代人释法江在房中对门人说:"外有万余人尽戴帽"正在"从吾乞救",命令门人"速出寺外求之",门人出门看不见人,但见"有数十人荷檐竹器中螺子至",释法江指出刚才所言即此物,"命取钱赎之,投于水中矣"④。唐末五代时期禅师释师彦也类似,他曾经碰到村媪来参礼的情况,释师彦对她说:"汝休拜跪,不如疾归家,救取数十百物命,大有利益。"此媪到家后便见"儿妇提竹器拾田螺正归",便将这些田螺放生⑤。

　　根据高僧传记,一些高僧的戒杀及关爱生命的精神感动了一些人不再以杀生为职业。比如唐代智岩禅师"有猎者遇之,因改过修善"⑥。李华《润州鹤林寺故径山大师碑铭》记载了径山大师的感化力量,"有屠者恣刃,积骸如山,闻大师尊名,来仰真范,忽自感悟,忏伏求哀,大师受之"⑦。

　　高僧还救助动物。比如,唐代人释玄朗在修行时,曾经"有盲狗来至山门,

①［宋］释赞宁:《宋高僧传》,见《钦定四库全书》第1052册,上海古籍出版社,1985年,第191页。

②［明］瞿汝稷集:《指月录》,见蓝吉富主编:《禅宗全书》第12册,北京图书馆出版社2004年,第1705页。

③［明］朱时恩辑:《佛祖纲目》,见蓝吉富主编:《禅宗全书》第15册,北京图书馆出版社2004年,第177页。

④［宋］释赞宁:《宋高僧传》,见《钦定四库全书》第1052册,上海古籍出版社,1985年,第309页。

⑤［宋］释赞宁:《宋高僧传》,见《钦定四库全书》第1052册,上海古籍出版社,1985年,第174页。

⑥［宋］释道原:《景德传灯录》,见蓝吉富主编:《禅宗全书》第2册,北京图书馆出版社2004年,第63页。

⑦《全唐文禅师传记集》,见蓝吉富主编:《禅宗全书》第1册,北京图书馆出版社2004年,第402页。

长嗥宛转于地",释玄朗对此非常怜悯,"焚香精诚为狗忏悔,不逾旬日双目豁明。"①

以身饲虎更体现了佛教深刻的慈悲精神,记载显示中国高僧有以身饲虎的状况,但更为常见的情况是,虎豹为高僧的修为所感而不加伤害。比如唐代人释无相,本新罗国人,开元年间来到中国,"每入定多是五日为度",曾经出现"忽雪深有二猛兽来,相自洗拭裸卧其前,愿以身施其食",但"二兽从头至足嗅匝而去"②。五代后晋高僧释息尘也曾经"尝以身饲狼虎入山谷中",但"其兽近嗅而奔走"③。

（二）治病济人的生态实践

晋唐时期高僧治病济人的生态实践体现了深厚的人文关怀,这类例子很多。

晋唐时期高僧多有医治百姓病患的事例,但常以宗教因素解释病因。据研究,"在解释传染病时,僧人也以疫鬼之说为病因,以及类似民间传统使用的禁咒法来施加治疗,与民间信仰正相配合"④。当时的情况正是这样。比如,唐代释神智"恒咒水杯以救百疾,饮之多差"⑤。唐代人释智广的事迹是,"凡百病者造之,则以片竹为杖指其痛端。或一扑之,无不立愈"⑥。

高僧还常扶危济困。比如隋代大业年间因朝廷大发丁夫开通济渠,饥殍相枕,高僧慧安"乞食以救之,获济者甚众"⑦。唐中和年间浙东饥疫,杭州幼璋禅

①［宋］释赞宁:《宋高僧传》,见《钦定四库全书》第1052册,上海古籍出版社,1985年,第370页。

②［宋］释赞宁:《宋高僧传》,见《钦定四库全书》第1052册,上海古籍出版社,1985年,第275页。

③［宋］释赞宁:《宋高僧传》,见《钦定四库全书》第1052册,上海古籍出版社,1985年,第330页。

④范家伟:《晋隋佛教疾疫观》,《佛学研究》,1997年。

⑤［宋］释赞宁:《宋高僧传》,见《钦定四库全书》第1052册,上海古籍出版社,1985年,第357页。

⑥［宋］释赞宁:《宋高僧传》,见《钦定四库全书》第1052册,上海古籍出版社,1985年,第384页。

⑦［宋］释道原:《景德传灯录》,见蓝吉富主编:《禅宗全书》第2册,北京图书馆出版社2004年,第71页。

师"于温台明三郡,收瘗遗骸数千,时谓悲增大士"①。这种掩埋尸骸的行为对防止传染病的传播有重要意义。唐后期高僧玄沙和尚"凡所施为,必先于人。不惮风霜,岂倦寒暑。衣唯布纳,道在精专"②。五代时期释鸿莒修行过程中,曾经"有强盗入其室",但释鸿莒考虑到是天灾使然,"待之若宾客,躬作粥饭饲之",最后此强盗深为感动,"拜受而去"③。

三、植树掘泉等生态实践

高僧的生态实践还体现在对所居寺院居住环境的改造上,包括植树造林护林及掘取泉水资源等方面。

(一)造林护林实践及分析

晋唐时期僧人住在山中修行,常在寺庙附近种植松柏等植物,郁郁葱葱,这美化了生态环境。比如隋唐时期道信禅师在双峰山中修行时,"有一老僧,日惟种松,人呼为栽松道者"④。唐代人释守素在兴善寺"恒以诵持为急务",其寺院幽僻,"庭有青桐四株,皆素之手植"⑤。另如,唐代镇州义玄禅师也栽松⑥。五代后梁僧人青林师虔禅师也有栽松事迹⑦。

僧人栽松及护林活动起到了美化环境的作用。史载晋宋期间慧永"荷锡持钵,松下飘然而来,神气自若"⑧。唐代镇州临济义玄禅师栽松时,黄檗问道:

①[宋]释道原:《景德传灯录》,见蓝吉富主编:《禅宗全书》第2册,北京图书馆出版社2004年,第397页。

②南唐招庆寺静、筠二僧合编:《祖堂集》,见蓝吉富主编:《禅宗全书》第1册,北京图书馆出版社2004年,第621页。

③[宋]释赞宁:《宋高僧传》,见《钦定四库全书》第1052册,上海古籍出版社,1985年,第358页。

④[明]朱时恩辑:《佛祖纲目》,见蓝吉富主编:《禅宗全书》第15册,北京图书馆出版社2004年,第100页。

⑤[宋]释赞宁:《宋高僧传》,见《钦定四库全书》第1052册,上海古籍出版社,1985年,第353页。

⑥[明]瞿汝稷集:《指月录》,见蓝吉富主编:《禅宗全书》第11册,北京图书馆出版社2004年,第969页。

⑦[清]郭凝之:《先觉宗乘》,见蓝吉富主编:《禅宗全书》第15册,北京图书馆出版社2004年,第627页。

⑧[明]朱时恩辑:《佛祖纲目》,见蓝吉富主编:《禅宗全书》第15册,北京图书馆出版社2004年,第73页。

"深山里栽许多松作甚么?"义玄禅师便答曰:"一与山门作境致,二与后人作标榜。"①在这里,僧人起到了护林及美化环境的作用。

植树这一劳动方式,也是帮助高僧获得禅悟的一种途径,这在偈语及语录中得到了体现。比如五代后梁僧人师虔作偈曰:"长长三尺余,郁郁覆青草;不知何代人,得见此松老。"②

寺庙周围种植松柏,环境清幽,很适合僧人修行,有时松柏等植物的果实也可以作为僧人食用之物,此类简单饮食体现了隐居高僧清心寡欲的精神境界,有助于宗教修行。唐代鸟窠禅师与诗人白居易为友,"后见西湖之北秦望山有长松,枝叶繁茂,盘屈如盖,遂栖止其上"③。

（二）掘取泉水资源的生态实践

晋唐时期高僧修行地点常选择在远离人迹的深山老林,不可避免地要面临水源缺乏的状况,传记史料中常常记载高僧获得神灵的帮助而得到泉水,以宣扬神灵存在的理念。隋唐时期第四祖道信禅师在大业年间"遥见吉州,狂贼围城,百日已上,泉井枯涸",道信大师入城以后"劝诱道俗,令行般若波罗蜜,狂贼自退,城中泉井再泛"④。刘禹锡在《牛头山第一祖融大师新塔记》中也指出法融禅师在修行地"以慧力感通,故旱麓泉涌"⑤。唐代寰中禅师在杭州大慈山修行,原本缺水,准备另选佳址,但"夜梦神人止之,诘朝见二虎以爪跑地,泉自涌出"⑥。韦处厚在《兴福寺内道场供奉大德大义禅师碑铭》中指出唐贞元年间大

①[明]瞿汝稷集:《指月录》,见蓝吉富主编:《禅宗全书》第11册,北京图书馆出版社2004年,第969页。

②[清]郭凝之:《先觉宗乘》,见蓝吉富主编:《禅宗全书》第15册,北京图书馆出版社2004年,第627页。

③[元]释觉岸:《释氏稽古略》,见《钦定四库全书》第1054册,上海古籍出版社,1985年,第125页。

④[唐]佚名:《历代法宝记》,见蓝吉富主编:《禅宗全书》第1册,北京图书馆出版社2004年,第50页。

⑤《全唐文禅师传记集》,见蓝吉富主编:《禅宗全书》第1册,北京图书馆出版社2004年,第399页。

⑥[明]朱时恩辑:《佛祖纲目》,见蓝吉富主编:《禅宗全书》第15册,北京图书馆出版社2004年,第191页。

义禅师通过佛法协助礼部侍郎刘太真修复津梁的事迹①。王维在《大唐大安国寺故大德净觉禅师碑铭》指出净觉禅师修行地原先"涸泉枯柏"，后来枯涸的泉水出现"应焚香而忽涌"的状况②。唐代人释地藏在皖南九华山（即九子山）修行时"睹九子山焉，心甚乐之"，但"尝为毒螫"，史料记载言"俄有美妇人作礼馈药云：小儿无知，愿出泉以补过"，从而发现泉水③。

　　这些记载显示高僧由于得到神灵的帮助而获得水源。实际上，从科学的角度来看，高僧初到一地进行修行，除了需要建造简陋的房屋作遮风挡雨以及栖身之所外，一般还需要进行开凿道路、寻找山泉、开凿水源等活动。可以想见，在一个人迹罕至的深山，寻找水源等活动充满艰辛，连生存下来都很困难和存在不确定性。有时在深山发现水源具有很大的偶然性，人们若把这种偶然性的存在归之于宗教解释，在当时的背景下也是可以理解的。

　　高僧在深山修行的时候有时会遇到山民污染泉水而使泉水无法使用的情况，这时因高僧精进修行感动了神灵庇佑而使得泉水复清。比如晋代沙门竺昙摩罗察，即高僧法护，在隐居深山的时候，本来"山有清涧恒取澡漱"，但"后有采薪者，秽其水侧俄顷而燥"，法护感叹道"人之无德遂使清泉辍流，水若永竭真无以自给"，正要移去另寻修行之处，但因神灵庇佑而"泉流满涧"④。唐代惠能禅师也有这种情况，惠能禅师在修行时寺庙旁边因为瓦匠施工使得"水被触秽，旬日不流"，大师处分瓦匠，"令于水所焚香设斋，稽告才毕，水即通流"。另有"寺内前后两度经军马，水被触污，数日枯渴。军退散后，焚香礼谢，涓涓供用"⑤的事迹。这些都是高僧对水资源采取生态保护措施的生动案例。

　　上述记载目的是显示神灵感应的超自然力量的存在。实际上史料中还记

---

　　①《全唐文禅师传记集》，见蓝吉富主编：《禅宗全书》第 1 册，北京图书馆出版社 2004 年，第 369 页。

　　②《全唐文禅师传记集》，见蓝吉富主编：《禅宗全书》第 1 册，北京图书馆出版社 2004 年，第 390 页。

　　③［宋］释赞宁：《宋高僧传》，见《钦定四库全书》第 1052 册，上海古籍出版社，1985 年，第 289 页。

　　④［唐］释智昇：《开元释教录》，见《钦定四库全书》第 1051 册，上海古籍出版社，1985 年，第 52 页。

　　⑤《曹溪大师别传》，作者不详，见蓝吉富主编：《禅宗全书》第 1 册，北京图书馆出版社 2004 年，第 170 页。

载了高僧对泉水的发现及挖掘行为,此类生态实践不仅使得高僧在深山修行得以继续,也造福了当地百姓的日常生活和生产。这类资料很多。比如,隋代彭州子言庵主在"悬崖绝壑间"修行,发现"有石若蹲异兽,师凿以为室,中发异泉,无涸溢"①。唐代人释道宣修行时原本也是"所居乏水",但"神人指之穿地尺余,其泉迸涌,时号为白泉寺"②。唐代长安年间释清虚在悟真寺修行时,"旧无井泉,人力不及,远取于涧,挈瓶荷瓮运致极劳",于是释清虚祈泉,"即入弥勒阁内焚香,经声达旦者三",此后掘泉事迹为:"忽心中似见三玉女在阁西北山腹,以刀子剜地,随便有水。虚熟记其处,遂趋起掘之,果获甘泉,用之不竭。"③唐代智威禅师修行时因为"众苦乏水",便"浚一石井,深才三尺,日给千众,冬夏无竭"④。唐代晚期龙湖禅师,在修行地也是"遂钁地成穴,涌泉衍溢,乃为一湖"⑤。五代瓯宁南禅宝应寺无垢普随禅师"晚年谢院事,飞锡禅岩,灵异日著,尝于双髻岩下开田",但遇到"田成而无水"的状况,普随禅师"以拄杖划山,山为之裂,乃通水灌田,至今胜迹犹存"⑥。这则记载指出普随禅师有"通水灌田"的水利建设实践,同时提到普随禅师"拄杖划山",其目的则是显示高僧的神异。

第三节 技术角度分析:晋唐北方旱作农业技术体系的生态意义

对于晋唐时期北方农业,不得不提的是我国北方农业耕作方式的性质问题。梁家勉指出:"《齐民要术》虽然产生于北魏时代,实际上是秦汉以来我国北方精耕细作农业技术长期发展的系统总结,在我国农业科技史上起着承前启

---

①[清]聂先:《续指月录》,见蓝吉富主编:《禅宗全书》第13册,北京图书馆出版社2004年,第105页。

②[宋]释赞宁:《宋高僧传》,见《钦定四库全书》第1052册,上海古籍出版社,1985年,第183页。

③[宋]释赞宁:《宋高僧传》,见《钦定四库全书》第1052册,上海古籍出版社,1985年,第351页。

④[明]朱时恩辑:《佛祖纲目》,见蓝吉富主编:《禅宗全书》第15册,北京图书馆出版社2004年,第113页。

⑤[元]释觉岸:《释氏稽古略》,见《钦定四库全书》第1054册,上海古籍出版社,1985年,第145页。

⑥[明]元贤集:《建州弘释录》,见蓝吉富主编:《禅宗全书》第16册,北京图书馆出版社2004年,第933页。

后、继往开来的作用。"①针对魏晋南北朝时期北方农业耕作方式是粗放为主还是转向精耕细作的学术分歧,学界一般认为魏晋南北朝时期我国已形成精耕细作的农业技术体系。比如蒋福亚在《魏晋南北朝经济史探》中指出,"恰证精耕细作的耕作方式为本时期继承下来,并稍有发展"②。

笔者也主张,魏晋南北朝时期,北方旱地精耕细作技术已基本成熟,此后只是加以完善而已。作为丰富的农业实践经验的总结,农学名著《齐民要术》代表了当时世界农学最高水平,标志着我国北方精耕细作农业技术体系已经成型。魏晋南北朝时期北方旱地农业技术体系有丰富的生态思想,表现在"三才"农业思想,抗旱保墒、合理用水思想,合理用地、养地思想,植树造林思想,动植物生态习性的认识等方面。

一、精耕细作农业技术体系概况及形成背景

精耕细作,是魏晋南北朝时期北方旱作农业技术的基本特征。《齐民要术》详细记载了本时期精耕细作技术的基本精神,《序》中对此表达得十分明确:"盖言勤力可以不贫,谨身可以避祸。故李悝为魏文侯作尽地力之教,国以富强。"③在《杂说》中,贾思勰总结道:"凡人家营田,须量己力,宁可少好,不可多恶。"④

精耕细作技术体系强调精细耕作,这种技术特征在唐代仍得到传承。比如,唐代农书《四时纂要》对三月种水稻的精细管理有详细的介绍:"种水稻。此月为上时。先放水,十日后,碌轴打十遍。淘种子,经三宿,去浮者,漉裛。又三宿,芽生,种之。每亩下三斗,美田稀种,瘠田宜稠矣。"⑤对于四月的农事活动,《四时纂要》记载道:"锄禾。禾生半寸,则一遍锄,二寸则两遍。三寸、四寸,令毕功,一人限四十亩,终而复始。"⑥这些充分体现了精耕细作以尽地利的特征。

晋唐时期精耕细作农业的形成有其内在的原因,包括政策因素及人口因

①梁家勉主编:《中国农业科学技术史稿》,农业出版社,1989 年,第 244 页。

②蒋福亚:《魏晋南北朝经济史探》,甘肃人民出版社,2004 年,第 51 页。

③[后魏]贾思勰著,缪启愉校释,缪桂龙参校:《齐民要术校释》之《序》,农业出版社,1982 年,第 1 页。

④[后魏]贾思勰著,缪启愉校释,缪桂龙参校:《齐民要术校释》之《杂说》,农业出版社,1982 年,第 15 页。

⑤[唐]韩鄂撰,缪启愉校释:《四时纂要校释》,农业出版社,1981 年,第 80 页。

⑥[唐]韩鄂撰,缪启愉校释:《四时纂要校释》,农业出版社,1981 年,第 114 页。

素等。

魏晋南北朝时期实行重农政策,提倡精耕细作是魏晋南北朝时期劝课农桑政策的重要内容。据《晋书·傅玄传》,傅玄上疏指出当时农业存在"耕夫务多种而耕暵不熟,徒丧功力而无收"的状况,而之前的精耕细作情况是"近魏初课田,不务多其顷亩,但务修其功力"①,两相对比,此时颇有水旱之灾,"非与曩时异天地,横遇灾害也,其病正在于务多顷亩而功不修耳"②。这就是说,如果采用广种薄收的生产方式,不仅收成歉薄,而且会加重自然灾害。

该时期政府劝农诏令也强调牛耕、平整土地和中耕除草等耕种环节,显然不是提倡粗放型的耕作方式。北魏太和元年(477年)的诏令便显示出这一点:"今牧民者,与朕共治天下也。宜简以徭役,先之劝奖,相其水陆,务尽地利,使农夫外布,桑妇内勤"③。"其敕在所督课田农有牛者加勤于常岁,无牛者倍庸于余年……无令人有余力,地有遗利"④。

晋唐时期统治阶级重视农业生产,在每年农耕开始的时候会举行一定的仪式,以示对农耕的重视。杜佑撰《通典》对耕籍仪式有详细的记载⑤。《唐语林》卷八也记载:"今天下州郡,立春制一大牛,饰以文彩,即以彩杖鞭之,既而破之,各持其土以祈丰稔,不亦乖乎?"⑥

上述官方激励农民"务尽地利"的政策举措有助于精耕细作农业技术体系的逐渐形成和完善。此时期政府还设置有专门的官职和机构管理农业生产,也体现了对农业生产的重视。比如在唐代,司农卿之职是"凡孟春吉亥,皇帝亲籍田之礼,有事于先农,则奉进耒耜"⑦。此外,"工部尚书、侍郎之职,掌天下百工、屯田、山泽之政令。其属有四:一曰工部,二曰屯田,三曰虞部,四曰水部"⑧。

① [唐]房玄龄等:《晋书》卷四十七《傅玄传》,中华书局,1974年,第1321页。
② [唐]房玄龄等:《晋书》卷四十七《傅玄传》,中华书局,1974年,第1322页。
③ [北齐]魏收:《魏书》卷七上《高祖纪》,中华书局,1974年,第143页。
④ [北齐]魏收:《魏书》卷七上《高祖纪》,中华书局,1974年,第144页。
⑤ [唐]杜佑:《通典》卷一百十五《耕籍》,中华书局,1988年,第2945—2946页。
⑥ [宋]王谠撰,周勋初校证:《唐语林校证》,中华书局,1987年,第736页。
⑦ [唐]张九龄等原著,袁文兴、潘寅生主编:《唐六典全译》卷十九,甘肃人民出版社,1997年,第520页。
⑧ [唐]张九龄等原著,袁文兴、潘寅生主编:《唐六典全译》卷七,甘肃人民出版社,1997年,第226页。

中原地区之所以成为我国农业生产中精耕细作优良传统的发祥地,与人口密集分布也有密切关系。可以认为,北方人多地少促使了精耕细作技术体系的形成。

魏晋时期,北方人民在大族或本族豪酋的率领下修筑坞堡,他们凭借坞堡亦耕亦战,实行精耕细作的生产方式。《晋书》记载了韩谅的上疏,此上疏言及魏晋时期大量人口向坞堡集中的现象:"而百姓因秦晋之弊,迭相荫冒,或百室合户,或千丁共籍,依托城社,不惧熏烧。"①集中到坞堡的人民致力于土地开垦,比如晋朝的庾衮为了躲避战乱,"乃率其同族及庶姓保于禹山",带领众人"峻险厄,杜蹊径,修壁坞,树藩障,考功庸,计丈尺,均劳逸,通有无"②。此类凭借坞堡亦耕亦战的活动有利于人们实行精耕细作。

二、"三才"农业思想

农业生产作为利用、改造自然的一种活动,是自然再生产与社会再生产相结合的一个生产过程,与自然环境有着极为密切的联系。一方面,农业生产客观上改变着自然环境的某些方面;另一方面农业生产也会受到自然环境深刻的影响或者制约。

"三才"是中国传统哲学的一种宇宙模式,它把天、地、人看成宇宙组成的三大要素,并作为一种分析框架应用到各个领域。在"三才"理论中,"地"是生养万物的载体,而这里的"天"是自然之天,不是有意志的人格神或某种理念。《管子·形势解》载:"天覆万物而制之,地载万物而养之。"所以,"三才"中的天、地、人,比较接近于我们现在所说的人与自然的关系。"三才"理论把天、地、人作为宇宙间并列的三大要素,突出体现了中国传统哲学注重事物之间相互联系的特点。

上述"三才"理论及其反映的自然观的特点,在中国传统农学中获得典型的表现。《吕氏春秋·审时》言:"夫稼,为之者人也,生之者地也,养之者天也。"这是把农业生产看作天、地、人等各种因素相互联系、相互影响的有机整体,深刻体现了人和自然之间的相互依存、协调统一的关系。

北魏时期,贾思勰农学思想的中心就是"三才"理论。

①[唐]房玄龄等:《晋书》卷一百二十七《慕容德载记》,中华书局,1974年,第3170页。
②[唐]房玄龄等:《晋书》卷八十八《孝友列传》,中华书局,1974年,第2282—2283页。

《齐民要术·种谷》对谷物生长所依赖的"三才"和谐的关系有充分的认识,强调要"顺天时,量地利",要从天时的角度注意种植的早晚,要从地利的角度根据土壤性质进行耕种,由此再合理施加人力的作用,而不要做"入泉伐木"等违背天、地、人和谐的行为。其言如此:

> 凡谷,成熟有早晚,苗秆有高下,收实有多少,质性有强弱,米味有美恶,粒实有息耗(早熟者苗短而收多,晚熟者苗长而收少。强苗者短,黄谷之属是也;弱苗者长,青、白、黑是也。收少者美而耗,收多者恶而息也)。地势有良薄(良田宜种晚,薄田宜种早。良地非独宜晚,早亦无害;薄地宜早,晚必不成实也),山泽有异宜(山田种强苗,以避风霜;泽田种弱苗,以求华实也)。顺天时,量地利,则用力少而成功多。任情反道,劳而无获(入泉伐木,登山求鱼,手必虚;迎风散水,逆坂走丸,其势难)。①

这种"三才"理论要求人们尊重和顺应"天时""地利",特别是"物宜"的自然规律。同时强调农业生产要做到因时制宜、因地制宜和因物制宜,又十分注意发挥人的作用。在"三才"理论体系中,"人"与"天""地"并列,既非大自然("天""地")的奴隶,又非大自然的主宰。

这种集约利用自然,实现人与自然之间和谐关系的思想,不仅存在于谷物种植中,在农业的其他方面也是如此。比如,对于养鱼业,《四时纂要》有生动的经验总结,指出在四月的养鱼时节,"养鱼池。要须载取陂湖产大鱼处近水际土十余车,以布池底,三年之中即有鱼。以土中先有鱼子故也"②。这种养鱼业不是把鱼子捞上来投放到另一个湖泊,而是重视鱼子原来赖以存活的原生态的水土环境,是"三才"理论的体现。

"三才"思想之所以可贵,就是因为它不把"人"作为绝对主导的因素,这与人类中心主义的主旨有根本区别。"三才"思想重视对地力的利用尤其是可持续利用,维持地力不衰是其中的闪光之处。比如,对苜蓿的利用体现了这种思想。《四时纂要》对"烧苜蓿"的农业活动有如此记载:"烧苜蓿。苜蓿之地,此

---

① [后魏]贾思勰著,缪启愉校释,缪桂龙参校:《齐民要术校释》,农业出版社,1982年,第43页。

② [唐]韩鄂撰,缪启愉校释:《四时纂要校释》,农业出版社,1981年,第115页。

月烧之,讫,二年一度,耕垄外,根斩,覆土掩之,即不衰。凡苜蓿,春食,作干菜,至益人。紫花时,大益马。"①这种记载不仅强调了农业生产要维持地力,保持可持续发展,而且注重对苜蓿利用时间的选择。

陈旉《农书》对"地力常新社"这一传统农学思想的精髓也有描述:"或谓土敝则草木不长,气衰则生物不遂,凡田土种三五年,其力已乏。斯语殆不然也,是未深思也。若能时加新沃之土壤,以粪治之,则益精熟肥美,其力常新壮矣,抑何敝、何衰之有?"②

三、抗旱保墒、合理用水技术及思想

(一)耕—耙—糖中的抗旱保墒

在北方干旱少雨这种不利的自然条件下,抗旱保墒的农业技术便显得颇为重要。魏晋时期,由于有了畜力拉耙的出现,土壤耕翻后反复耙耢,再加镇压和中耕,使得土壤保墒蓄墒的能力和持久性大大加强了。耕—耙—糖作业体系的诞生具有深远的历史意义,它标志着中国传统的旱作农业技术经过数千年的发展,至北朝时已经成熟③。《齐民要术》不仅总结出了这种耕—耙—糖的技术体系,而且经过概括和分析,把北方旱地耕作技术上升到了一定的理论高度。

1. 耕的环节

《齐民要术》对土壤耕作提出了许多具体的要求,比如非常重视秋耕。《齐民要术·种谷》言"春若遇旱,秋耕之地,得仰垄待雨"④。秋耕不仅便于翻压绿肥、增加土壤肥料,而且可以蓄纳秋雨。假如第二年春季发生旱灾,也可以借秋墒以春用,从而缓解春旱对农业生产的影响。这种以秋雨补春旱的做法,是农业减灾技术的重要进步。

耕的时候还应注意时机,《齐民要术·耕田》言"凡耕高下田,不问春秋,必须燥湿得所为佳"⑤。所谓"燥湿得所",就是土壤含水量要适当,土壤不太干,

---

① [唐]韩鄂撰,缪启愉校释:《四时纂要校释》,农业出版社,1981年,第261页。
② [宋]陈旉:《农书》,中华书局,1985年,第6页。
③ 梁家勉等:《中国农业科学技术史稿》,农业出版社,1989,第265、583页。
④ [后魏]贾思勰著,缪启愉校释,缪桂龙参校:《齐民要术校释》卷一《种谷》,农业出版社,1982年,第44页。
⑤ [后魏]贾思勰著,缪启愉校释,缪桂龙参校:《齐民要术校释》卷一《耕田》,农业出版社,1982年,第24页。

也不过于湿润。这种根据土壤墒情来确定翻耕的原则,是为了加大保墒防旱的效果。《齐民要术》对耕田的深浅也做了总结:"秋耕欲深,春夏欲浅。"[1]秋季要深耕,是因为深耕能接纳更多的雨水和冬雪,以增加蓄水能力;春夏多风旱或天气炎热,水分蒸发大,会跑墒,所以要浅耕。这种耕作深度随季节不同而有区别的经验凸显了我国劳动人民的智慧,对于应对北方干旱少雨的不利自然条件具有重要生态学的价值。

2. 耙的环节

"耙"就是把土地耙碎。魏晋南北朝时期,发明了畜力牵引的铁齿耙,是北方人民在农业生产工具方面重大的贡献。汉代虽有竹木耙和铁齿耙,但均属人力耙的范畴。畜力拉耙的明确记载,始见于《齐民要术》的"铁齿镖楱",也就是铁齿耙,有如此记载:"耕荒毕,以铁齿镖楱再遍耙之。"[2]在嘉峪关魏晋壁画的一块墓砖中,即有畜力拉耙的形象,"一男驱赶双套牛耱地,后随一女播种"[3]。这也是当时畜力拉耙存在的生动体现。

采用畜力拉耙的技术措施,在土壤耕翻后反复耙耱,能消灭土层中的大小坷垃,会形成上虚下实的土层,保墒蓄墒的能力从而大大增强。

3. 耱的环节

"耱"在耕—耙—耱旱作技术体系中具有重要地位。耱在《齐民要术》中就是"劳",在《耕田》篇和一些主要作物的介绍中,贾思勰多次提到耢。在耕作的各个环节中,"耙"的环节能破碎深层的卧垡和大块的坷垃,但"耢"的环节能磨碎表层土块。所言"耙而劳之",指耙后随即"劳"地,会进一步使地平土细,尽可能地减少水分蒸发,起到保墒防旱的作用。《齐民要术》强调"劳欲再",因为多次耢地,可使土块更加细小,有利于防旱保墒。《齐民要术》还注意到"劳"的时机,春天耕后要及时耙耢,以免跑墒;而秋耕则等待地面发白再耢,即"春耕寻

---

①[后魏]贾思勰著,缪启愉校释,缪桂龙参校:《齐民要术校释》卷一《耕田》,农业出版社,1982年,第24页。

②[后魏]贾思勰著,缪启愉校释,缪桂龙参校:《齐民要术校释》卷一《耕田》,农业出版社,1982年,第24页。

③张朋川:《河西出土的汉晋绘画简述》,《文物》1978年第6期。

手劳","秋耕待白背劳"①,因为湿劳会使土壤板结。这种对"劳"的时机的把握,体现了农业生产重视时令的意识,也是劳动人民旱作技术智慧的体现。

（二）中耕环节

《齐民要术》还认识到中耕不仅起到除草功效,而且还有松土、促使根系生长、防旱保墒的作用。《齐民要术·种谷篇》言:"春锄起地,夏为除草,故春锄不用触湿。"②这是因为,春锄锄地松土,可以切断毛细管水上升的通路,以创造比较好的水肥条件:"锄者非止除草,乃地熟而实多、糠薄、米息。"所以要"锄不厌数,周而复始,勿以无草而暂停"③。所以,这种中耕除草的功能是三方面的,就是除草、增施绿肥、松土保墒。而当代喷洒除草剂则只有一种除草的功能,两相对比,也可见魏晋时期中耕除草的生态学的价值。

《齐民要术》在《杂说》中还讲到锄草的深浅要领,"第一遍锄,未可全深,第二遍,惟深是求,第三遍,较浅于第二遍,第四遍较浅"④。这种"浅、深、浅、浅"的安排,正适合谷子生长发育的要求,多次锄草也有助于防旱保墒。《齐民要术》对于水稻种植,还指出"先放水,十日后,曳陆轴十遍。遍数唯多为良"⑤。这种耕种方法是先将田中的水放掉,等过了十天以后再拽拉着辘轴轧碾十遍,也有生态学的价值。

（三）合理用水

魏晋南北朝时期,为了发展农业生产,官方对水利设施多有兴建。三国时期皇甫隆在敦煌的时候对灌溉事业大有推广:"其后皇甫隆为敦煌太守,敦煌俗不作楼犁,及不知用水,人牛功力既费,而收谷更少。隆到,乃教作楼犁,又教使

---

①[后魏]贾思勰著,缪启愉校释,缪桂龙参校:《齐民要术校释》卷一《耕田》,农业出版社,1982年,第24页。

②[后魏]贾思勰著,缪启愉校释,缪桂龙参校:《齐民要术校释》卷一《种谷》,农业出版社,1982年,第44页。

③[后魏]贾思勰著,缪启愉校释,缪桂龙参校:《齐民要术校释》卷一《种谷》,农业出版社,1982年,第44页。

④[后魏]贾思勰著,缪启愉校释,缪桂龙参校:《齐民要术校释》卷之《杂说》,农业出版社,1982年,第16页。

⑤[后魏]贾思勰著,缪启愉校释,缪桂龙参校:《齐民要术校释》卷二《水稻》,农业出版社,1982年,第100页。

灌溉。岁终率计,所省庸力过半,得谷加五,西方以丰。"①晋唐时期人们重视人工修建蓄水之塘,陈旉《农书》对陂塘兴建作了总结:"若高田视其地势,高水所会归之处,量其所用而凿为陂塘,约十亩田即损二三亩以潴畜水;春夏之交,雨水时至,高大其堤,深阔其中,俾宽广足以有容;堤之上,疏植桑柘,可以系牛。"②设法开发灌溉水源也是北方旱作灌溉水利技术的一方面。魏晋时重视引河灌溉,魏明帝时期徐邈主管凉州,凉州"土地少雨,常苦乏谷",徐邈"上修武威、酒泉盐池,以收虏谷。又广开水田,募贫民佃之,家家丰足,仓库盈溢"③。北魏太平真君五年(444 年),出任北魏薄骨律镇(灵武)镇将的刁雍,上书朝廷,指出"夫欲育民丰国,事须大田。此土乏雨,正以引河为用。观旧渠堰,乃是上古所制,非近代也"④。

在水利设施的管理方面,魏晋南北朝时期存在一定的经验总结和制度规定,以保证合理用水得以实现。《魏书·刁雍传》载有"一旬之间,则水一遍,水凡四溉,谷得成实"的灌水次数和每次间隔时间的经验,以合理用水⑤。另外,当时还采取了拆除妨碍水利设施的对策,以起到保证水流畅通的作用。比如,在晋代,刘颂为河内太守,"帝以颂持法失理,左迁京兆太守,不行,转任河内。临发,上便宜,多所纳用。郡界多公主水碓,遏塞流水,转为浸害,颂表罢之,百姓获其便利"⑥。针对洪水冲毁了一些陂堨塘堰,官方也会有针对性地对陂堨进行修缮。杜预上疏指出:"其汉氏旧陂旧堨及山谷私家小陂,皆当修缮以积水。其诸魏氏以来所造立,及诸因雨决溢蒲苇马肠陂之类,皆决沥之",朝廷听从了此项建议⑦。

四、合理用地养地技术及思想

因地制宜,合理规划安排土地,有助于最大限度发挥土地生产潜力,这一思想和做法在魏晋南北朝时期得到了体现。此时期不仅注意到对土地的充分利

---

① [唐]房玄龄等:《晋书》卷二十六《食货志》,中华书局,1974 年,第 785 页。
② [宋]陈旉:《农书》,中华书局,1985 年,第 2 页。
③ [唐]房玄龄等:《晋书》卷二十六《食货志》,中华书局,1974 年,第 784 页。
④ [北齐]魏收:《魏书》卷三十八《刁雍传》,中华书局,1974 年,第 868 页。
⑤ [北齐]魏收:《魏书》卷三十八《刁雍传》,中华书局,1974 年,第 868 页。
⑥ [唐]房玄龄等:《晋书》卷四十六《刘颂传》,中华书局,1974 年,第 1293—1294 页。
⑦ [唐]房玄龄等:《晋书》卷二十六《食货志》,中华书局,1974 年,第 789 页。

用,而且注意到要对土地施用绿肥以达到用地、养地的有机结合。

间、混、套作和复种轮作等多熟种植制度是对土地充分利用的重要方式。《齐民要术》记载了多种间、混作方式,以节约用地、合理用地。比如,林、粮间作的做法包括在桑树行间种植豆类:"其下常斸掘种菉豆、小豆。二豆良美,润泽益桑。"①蔬菜间作的情况包括:"葱中亦种胡荽,寻手供食,乃至孟冬为菹,亦无妨。"②

《齐民要术》还记载有多种作物的轮作方式。当时注意到了不能盲目用地,而应采用轮作,以休息地利,指出"稻,无所缘,唯岁易为良。选地欲近上流。地无良薄,水清则稻美也"③,"谷田必须岁易"④。注意到休息地力的思想在当时来说是难能可贵的。只有做到了休息地力,才会有此后地力的长期使用,这与当今的可持续发展的思想有类似之处。

合理用地思想,还表现在已注意到根据土壤的不同采取不同的耕作方法:"凡春种欲深,宜曳重挞。夏种欲浅,直置自生。"⑤还注意到耕作时节的掌握:"乃至冬初,常得耕劳。"⑥

魏晋南北朝隋唐时期已形成了较为丰富的养地技术,这对维持地力不衰意义重大。到北魏时期,中国北方已广泛利用绿肥栽培以培养地力。《齐民要术》中记载的绿肥作物有绿豆、小豆、芝麻等类。《齐民要术·耕田》载:"凡美田之法,绿豆为上,小豆、胡麻次之。悉皆五、六月中种,七月、八月犁掩杀之,为春谷

---

①[后魏]贾思勰著,缪启愉校释,缪桂龙参校:《齐民要术校释》卷五《种桑柘》,农业出版社,1982年,第230页。

②[后魏]贾思勰著,缪启愉校释,缪桂龙参校:《齐民要术校释》卷三《种葱》,农业出版社,1982年,第143页。

③[后魏]贾思勰著,缪启愉校释,缪桂龙参校:《齐民要术校释》卷二《水稻》,农业出版社,1982年,第100页。

④[后魏]贾思勰著,缪启愉校释,缪桂龙参校:《齐民要术校释》卷一《种谷》,农业出版社,1982年,第43页。

⑤[后魏]贾思勰著,缪启愉校释,缪桂龙参校:《齐民要术校释》卷一《种谷》,农业出版社,1982年,第43页。

⑥[后魏]贾思勰著,缪启愉校释,缪桂龙参校:《齐民要术校释》卷一《耕田》,农业出版社,1982年,第24页。

田,则亩收十石,其美与蚕矢、熟粪同。"①这些养地技术充分体现了我国古人的生态智慧。

《齐民要术·种葵》也指出,"若粪不可得者,五、六月中概种菉豆,至七月、八月犁掩杀之,如以粪粪田,则良美与粪不殊,又省功力"②。

在唐代,注重土壤施肥以维持地力的思想得到了延续。《四时纂要》如此记载道:"贮羊粪。牛羊粪正月贮之,充煎乳火软而无患,柴火则易致干焦也。"③该书还在肥田的方法方面承袭了《齐民要术》一些表述,有如下论述:"肥田法。菉豆为上,小豆、胡麻为次,皆以此月及六月概种之。七八月耕杀之,春种谷,即一亩收十石。其美与蚕沙、熟粪同矣。"④

这种绿肥轮作制的耕作方式,既说明人们对绿肥肥效有了相当明确的认识,也说明人们已经认识到合理利用土地、增加土壤肥力的重要性。

我国古代文明历久不衰,有限的土地能养活日益增多的人口,这种情况常常让外国人感到惊异不已。实际上,中国古代文明是在农业文明的基础上发展起来的,这种中国文明可持续发展的诀窍很大程度上在于农业技术的生态智慧。正如人们指出的:中国传统农学中最光辉的思想之一,是著名的宋代农学家陈旉提出的"地力常新壮"论。正是这种理论和实践,使一些原来瘦瘠的土地改造成为良田,并在提高土地利用率和生产率的条件下保持地力长盛不衰,为农业持续发展奠定了坚实的基础⑤。

所以,魏晋隋唐时期,我国劳动人民注重用地与养地相结合,采取多种方式和手段改良土壤。这种土壤生态学的合理内核,对我国古代旱作农业技术体系来说具有重要的生态意义。

五、林木种植技术及思想

魏晋南北朝隋唐时期,少数民族建立政权后,统治者在发展植树事业方面

---

①[后魏]贾思勰著,缪启愉校释,缪桂龙参校:《齐民要术校释》卷一《耕田》,农业出版社,1982年,第24页。

②[后魏]贾思勰著,缪启愉校释,缪桂龙参校:《齐民要术校释》卷三《种葵》,农业出版社,1982年,第128页。

③[唐]韩鄂撰,缪启愉校释:《四时纂要校释》,农业出版社,1981年,第40页。

④[唐]韩鄂撰,缪启愉校释:《四时纂要校释》,农业出版社,1981年,第130页。

⑤姜春云《序》,王利华主编:《中国农业通史·魏晋南北朝卷》,中国农业出版社,2009年。

作了很多努力。比如在前秦时期,苻坚在王猛辅佐下劝课农桑,厉禁奢侈,积极引导抗灾救灾,兴修水利。当时苻坚有富国之志,"以境内旱,课百姓区种",史载当时"关陇清晏,百姓丰乐,自长安至于诸州,皆夹路树槐柳",由此可见苻坚统治时期植树造林之成效,当时的百姓有如此歌谣:"长安大街,夹树杨槐。下走朱轮,上有鸾栖。英彦云集,海我萌黎。"①

《齐民要术》有专篇介绍植树的方法,对植树的生产技术及生态价值有总结。比如,《齐民要术》指出,将树种与其他草木种子混播,可使树的幼苗长直。将槐子"以水浸之",六七日后发芽,然后,在种麻的时候,将槐子"和麻子撒之",此混播的种植技术为:

> 当年之中,即与麻齐。麻熟刈去,独留槐。槐既细长,不能自立,根别竖木,以绳拦之。冬天多风雨,绳拦宜以茅裹;不则伤皮,成痕瘢也。明年斸地令熟,还于槐下种麻。胁槐令长。三年正月,移而植之,亭亭条直,千百若一。所谓"蓬生麻中,不扶自直。"②

唐末五代时期农书《四时纂要》对植树的技术也有丰富的总结。其指出:"凡栽树,须记南北枝。坑中著水作泥,即下树栽,摇令泥入根中,即四面下土坚筑,上留三寸浮土。埋须是深,浇令常润,勿令手近,及六畜抵触。"③《四时纂要》对六月种柳如何选择扦插之枝有记:"是月取春生小枝种之,皮青气壮,长倍矣。"④

魏晋南北朝时期还注意到植树的因地制宜,对植树的地理环境适应性问题作了归纳。比如《齐民要术》对种柳的技术总结道:"下田停水之处,不得五谷者,可以种柳。"⑤对于"柞"的种植,指出"宜于山阜之曲,三遍熟耕,漫散橡子,即再劳之"⑥。

①[唐]房玄龄等:《晋书》卷一百十三《苻坚载记》,中华书局,1974年,第2895页。

②[后魏]贾思勰著,缪启愉校释,缪桂龙参校:《齐民要术校释》卷五《槐柳楸梓梧柞》,农业出版社,1982年,第252页。

③[唐]韩鄂撰,缪启愉校释:《四时纂要校释》,农业出版社,1981年,第23页。

④[唐]韩鄂撰,缪启愉校释:《四时纂要校释》,农业出版社,1981年,第152页。

⑤[后魏]贾思勰著,缪启愉校释,缪桂龙参校:《齐民要术校释》卷五《槐柳楸梓梧柞》,农业出版社,1982年,第252页。

⑥[后魏]贾思勰著,缪启愉校释,缪桂龙参校:《齐民要术校释》卷五《槐柳楸梓梧柞》,农业出版社,1982年,第255页。

此外,《齐民要术》还特别列举林木产品的价值以说明植树造林的经济效益和社会效益。

比如,对于种榆树,《齐民要术》指出"地须近市。卖柴、荚、叶,省功也。"① "三年春,可将荚、叶卖之。五年之后,便堪作椽。不椟者,即可斫卖。一根十文"②。"卖柴之利,已自无赀;岁出万束,一束三文,则三十贯;荚叶在外也。况诸器物,其利十倍。于柴十倍,岁收三十万"③。此外还讲到种白杨的收益情况, "岁种三十亩,三年九十亩;一年卖三十亩,得钱六十四万八千文"④。

《齐民要术》指出,榆,"斫后复生,不劳更种,所谓一劳永逸。能种一顷,岁收千匹。唯须一人守护、指挥、处分。既无牛、犁、种子、人工之费,不虑水、旱、风、虫之灾。比之谷田,劳逸万倍"⑤。以上表明,这一时期的植树造林受到了人们的高度重视。

《齐民要术》还提到"杏林"的典故,记载了三国时期董奉的事迹:"董奉居庐山,不交人。为人治病,不取钱。重病得愈者,使种杏五株;轻病愈,为栽一株。数年之中,杏有数十万株,郁郁然成林。"⑥这显示了植树造林对于美化环境的意义和价值。

六、对动植物生态习性的认识

晋唐时期人们对生物生态习性多有认识,反映了当时人们在生态学方面知识的进展。《齐民要术》较为准确而详细地记述了不少生物的习性,这是前所未有的。

魏晋南北朝时期,人们已认识到选种和良种繁育是增产和提高品质的重要

---

①[后魏]贾思勰著,缪启愉校释,缪桂龙参校:《齐民要术校释》卷五《种榆白杨》,农业出版社,1982年,第243页。

②[后魏]贾思勰著,缪启愉校释,缪桂龙参校:《齐民要术校释》卷五《种榆白杨》,农业出版社,1982年,第243页。

③[后魏]贾思勰著,缪启愉校释,缪桂龙参校:《齐民要术校释》卷五《种榆白杨》,农业出版社,1982年,第243页。

④[后魏]贾思勰著,缪启愉校释,缪桂龙参校:《齐民要术校释》卷五《种榆白杨》,农业出版社,1982年,第244页。

⑤[后魏]贾思勰著,缪启愉校释,缪桂龙参校:《齐民要术校释》卷五《榆白杨篇》,农业出版社,1982年,第243页。

⑥[后魏]贾思勰著,缪启愉校释,缪桂龙参校:《齐民要术校释》卷四《种梅杏》,农业出版社,1982年,第200页。

因素之一。《齐民要术·收种》指出"种杂者,禾则早晚不均",强调对水稻品种的保纯防杂应特别重视,"不可徒然"①。为了防止品种的混杂,当时采取了精心选种和建立"种子田"的措施。对于粟、黍、穄、粱、秫等,《齐民要术》指出要"常岁岁别收,选好穗纯色者,劁刈高悬之"作为种子,并且要"至春治取,别种,以拟明年种子",还指出需要"先治而别埋(先治,场净不杂;窖埋,又胜器盛)。还以所治襄草蔽窖"②。这是古代良种繁育的有效途径。

晋唐时期对于林木生长习性也有丰富的认识。对于栗树,《四时纂要》指出须在十月"穰草裹之"③。此时期对嫁接技术等生态知识也有所阐述。嫁接技术在汉代即有采用,但在魏晋时期,嫁接技术有了长足的发展。《齐民要术》中有专门的一篇,讲梨树的嫁接,指出嫁接梨树所用嫁接枝条所在位置不一样,则嫁接出的梨树也不一样,显示了古代劳动人民农业生产经验的智慧:"凡插梨,园中者,用旁枝;庭前者,中心。旁枝,树下易收;中心,上耸不妨。用根蒂小枝,树形可憘,五年方结子;鸠脚老枝,三年即结子,而树丑。"④

《齐民要术》对蔬菜的种植也有进一步的认识。比如对于胡荽,指出"胡荽宜黑软青沙良地,三遍熟耕"⑤。此时注意到了蔬菜种植的经济效益,指出胡荽"一亩收十石,都邑粜卖,石堪一匹绢"⑥。

再比如,对于"葵"的种植,《齐民要术》作了详细介绍:

> 春必畦种、水浇。春多风、旱,非畦不得。且畦者地省而菜多,一畦供一口。畦长两步,广一步。……深掘,以熟粪对半和土覆其上,令厚一寸,铁齿杷耧之,令熟,足踏使坚平;下水,令彻泽。水尽,下葵子,

---

①[后魏]贾思勰著,缪启愉校释,缪桂龙参校:《齐民要术校释》卷一《收种》,农业出版社,1982年,第37页。

②[后魏]贾思勰著,缪启愉校释,缪桂龙参校:《齐民要术校释》卷一《收种》,农业出版社,1982年,第37页。

③[唐]韩鄂撰,缪启愉校释:《四时纂要校释》,农业出版社,1981年,第223页。

④[后魏]贾思勰著,缪启愉校释,缪桂龙参校:《齐民要术校释》卷四《插梨》,农业出版社,1982年,第204—205页。

⑤[后魏]贾思勰著,缪启愉校释,缪桂龙参校:《齐民要术校释》卷三《种胡荽》,农业出版社,1982年,第148页。

⑥[后魏]贾思勰著,缪启愉校释,缪桂龙参校:《齐民要术校释》卷三《种胡荽》,农业出版社,1982年,第149页。

又以熟粪和土覆其上,令厚一寸余。葵生三叶,然后浇之。浇用晨夕,日中便止。……凡畦种之物,治畦皆如种葵法,不复条列烦文。①

对于河湖所种植作物的生态习性,晋唐时期农书也有总结。《四时纂要》对于"种藕",记载云:"种藕:初春掘取藕根,取藕根节头著泥中种之,当年著花"②。对于"种芋",记载云:"种芋:芋宜近水肥地,和粪种之。……其烂芋生,一区可收一石。芋可以备凶年,宜留意焉。"③

此时期对畜牧业所放牧动物的习性也有不少认识。比如,对于优良品种耕牛的辨别问题,农书指出"拣耕牛法:耕牛眼去角近,眼欲得大,眼中有白脉贯瞳子,颈骨长大,后脚股开,并主使快。"④对于养猪行业,《四时纂要》指出要根据猪的习性加以喂养,在八月要对猪加以散养,"不要喂,直至十月",八月至十月之间"所有糟糠,留备穷冬饲之。猪性便水生之草,收浮萍水藻饲之,则易肥⑤。在南方,"濒海郡邑多马,有草叶类梧桐而厚",可以用来喂马,马很喜欢吃并且长得肥壮,这种草叫作"肥马草"⑥。

晋唐时期对当时各种驱除害虫以及防治杂草也有不少技术总结,此类总结对我们当前发展生态农业也有借鉴价值。比如,《四时纂要》记载道:"辟五果虫法:正月旦鸡鸣时,把火遍照五果及桑树上下,则无虫。时年有桑果灾生虫者,元日照者必免也"⑦。对于"辟蝗虫法",则有如下记载,生态价值非常明显:

> 辟蝗虫法:以原蚕矢杂禾种种,则禾虫不生。又取马骨一茎,碎,以水三石煮之三五沸,去滓,以汁浸附子五个。三四日,去附子,以汁和蚕矢各等分,搅合令匀,如稠粥。去下种二十日已前,将溲种,如麦饭状。常以晴日溲之,布上摊,搅令一日内干。明日复溲,三度即止。至下种日,以余汁再拌而种之。则苗稼不被蝗虫所害。无马骨,则全

---

① [后魏]贾思勰著,缪启愉校释,缪桂龙参校:《齐民要术校释》卷三《种葵》,农业出版社,1982 年,第 126 页。

② [唐]韩鄂撰,缪启愉校释:《四时纂要校释》,农业出版社,1981 年,第 21 页。

③ [唐]韩鄂撰,缪启愉校释:《四时纂要校释》,农业出版社,1981 年,第 54 页。

④ [唐]韩鄂撰,缪启愉校释:《四时纂要校释》,农业出版社,1981 年,第 35 页。

⑤ [唐]韩鄂撰,缪启愉校释:《四时纂要校释》,农业出版社,1981 年,第 200 页。

⑥ [晋]嵇含:《南方草木状》,广东科技出版社,2009 年,第 18 页。

⑦ [唐]韩鄂撰,缪启愉校释:《四时纂要校释》,农业出版社,1981 年,第 21 页。

用雪水代之。①

当时对园艺生产中害虫天敌的发现，也是一大进步，读来令人耳目一新。《南方草木状》记载，当时我国南方果农在防治柑桔害虫时，已经知道利用一种赤黄色的蚁来治虫，南方柑桔若无此蚁，则"其实皆为群蠹所伤，无复一完者矣"②。这种利用生物天敌来防治害虫的方法在当时是比较先进的。

对于虫蝗灾害，当时也存在一些利用迷信来应对和解释的内容，当然是我们需要加以摒弃的。比如，"其所以频年水旱虫蝗为灾害，饥馑荐臻，民卒流亡，未必不由失祈报之礼，而匮神乏祀以致其然"③。

除了驱除害虫，此时期对防治杂草问题也有不少技术总结。比如《齐民要术》对除草技术有深刻的总结："稻苗长七八寸，陈草复起，以镰侵水芟之，草悉脓死。稻苗渐长，复须薅。拔草曰薅。"④

第四节　制度建设分析：隋唐生态环境保护思想及措施

隋唐时期重视生态环境保护，制定了诸多环境保护方面的政策措施，表现在多个方面。这些措施包括植树造林及林木资源保护、水利建设、动物资源保护、园林建设等。

一、植树造林及林木资源的保护

森林植被能调节气候，防风固沙，素有"绿色水库"之称。植树造林活动对净化空气、保护生态环境具有重要意义。魏晋南北朝时期，"由于官民对林业生产都比较重视，此一时期的植树造林技术取得了不少发展"⑤。南北朝时期不仅对林木的乱砍滥伐依法惩处，"在田制上还规定了栽种林木的田地法律制度，规定了每人每年栽种林木的数量，这就标志着从保护林木进到栽种林木了"⑥。

---

① [唐]韩鄂撰，缪启愉校释：《四时纂要校释》，农业出版社，1981年，第31页。

② [晋]嵇含：《南方草木状》，广东科技出版社，2009年，第41页。

③ [宋]陈旉：《农书》，中华书局，1985年，第12页。

④ [后魏]贾思勰著，缪启愉校释，缪桂龙参校：《齐民要术校释》卷二《水稻》，农业出版社，1982年，第100页。

⑤ 王利华主编：《中国农业通史·魏晋南北朝卷》，中国农业出版社，2009年，第45页。

⑥ 严足仁：《中国历代环境保护法制》，中国环境科学出版社，1990年，第20页。

隋唐时期,人们对植树造林事宜存在制度化的安排。唐代对园囿、山泽等事宜设有专门的管理机构。唐代设虞部,隶属工部,虞部郎中、员外郎,各设一人。虞部郎中、员外郎管理下列事项:"虞部郎中、员外郎,各一人,掌京都衢巷、苑囿、山泽草木及百官蕃客时蔬薪炭供顿、畋猎之事。每岁春,以户小儿、户婢仗内莳种溉灌,冬则谨其蒙覆。"①唐朝的田制规定人们要在田地中种植一定数量的榆枣桑等林木类,鼓励人工种植林木。武德七年(624年)定口分永业田,规定"永业之田,树以榆枣桑及所宜之木皆有数"②。在唐代,"唐王朝在建国之初是继承了隋朝保护自然环境的经验,故在政府机构里设置了虞部,专职管理天下林木花草的种植,管理采摘捕捉开放禁闭的时间"③。

隋唐时期也重视宅旁和庭院植树,唐诗中对此多有记载。比如韩愈《示儿》诗云:"庭内无所有,高树八九株。"白居易也十分热爱植树,其《春葺新居》一诗写到"栽松满后院,种柳荫前墀"。

除了道路林木栽植、庭院植树,唐朝植树造林还表现在经济林种植等方面。隋唐时期,人们重视对经济林的种植,南方经济林种植中荔枝、桑、木棉等比较常见。比如,曹松曾在南海陪郑司空游览荔园,此荔园是南国名园。曹松的《南海陪郑司空游荔园》言:"荔枝时节出旌斿,南国名园尽兴游。乱结罗纹照襟袖,别含琼露爽咽喉。叶中新火欺寒食,树上丹砂胜锦州。他日为霖不将去,也须图画取风流。"④

唐代还注意到对林木资源的保护,采取各种措施禁止林木资源被无序砍伐。

唐代对所种植的树木多有保护措施,对损毁道路两旁树木的行为予以禁止。比如,开元二十八年(740年),"正月十三日,令两京道路并种果树"⑤。唐代宗大历八年(773年)七月令"诸道官路,不得令有耕种及砍伐树木"⑥。大历二年(767年)五月规定"诸坊市街曲,有侵街打墙、接檐造舍等,先处分一切不

---

① [宋]欧阳修、宋祁:《新唐书》卷四十六《百官志》,中华书局,1975年,第1202页。
② [宋]欧阳修、宋祁:《新唐书》卷五十一《食货志》,中华书局,1975年,第1342页。
③ 严足仁:《中国历代环境保护法制》,中国环境科学出版社,1990年,第21页。
④ 《全唐诗》卷七百一十七,中华书局,1999年,第8325页。
⑤ [宋]王溥:《唐会要》卷八十六《道路》,中华书局,1955年,第1573页。
⑥ [宋]王溥:《唐会要》卷八十六《道路》,中华书局,第1574页。

许，并令毁折……其种树栽植，如闻并已滋茂……不得使有斫伐，致令死损"①。

隋唐时期，如果道路两旁林木受到损毁，当时的政策规定要采取一定的补救措施。德宗时期（780年—805年），针对"官街树缺，所司植榆以补之"的情况，吴凑认为"榆非九衢之玩"，于是"亟命易之以槐。及槐阴成而凑卒，人指树而怀之"②。唐文宗太和九年（835年）八月敕令"诸街添补树，并委左右街使栽种，价折领于京兆府，仍限八月栽毕"③。

二、水利建设

水是农业生产的命脉，农田水利建设是传统时期农业生态环境建设的主要内容之一。隋唐时期，农田水利建设有比较完善的规章制度，并且建设的规模很大，成效明显。

隋唐时期重视水利建设，设有专官管理水利。在唐代，"设水部管理天下的大小江河、湖泽、沟渠塘堰、池塘水利的兴修和农田水利的灌溉"④。据《唐六典》记载："水部郎中、员外郎掌天下川渎、陂池之政令，以导达沟洫，堰决河渠。凡舟楫、溉灌之利，咸总而举之。凡天下水泉三亿三万三千五百五十有九，其在遐荒绝域，殆不可得而知矣。"⑤

北方黄土高原气候干旱少雨，这历来是制约其农业生产发展的最大因素。在这样的气候背景下，发展农田水利对北方经济发展意义重大。如在甘肃地区，唐代的郭元振任凉州都督、陇右诸军州大使，以善政著称，"令甘州刺史李汉通开置屯田，尽其水陆之利"⑥。

官方对水利建设多有举措。在魏晋时期，"兼修广淮阳、百尺二渠，上引河流，下通淮颍，大治诸陂于颍南、颍北，穿渠三百余里，溉田二万顷，淮南、淮北皆相连接"⑦。

---

① [宋]王溥：《唐会要》卷八十六《街巷》，中华书局，第1576页。

② [后晋]刘昫等：《旧唐书》卷一百八十三《外戚列传》，中华书局，1975年，第4748—4749页。

③ [宋]王溥：《唐会要》卷八十六《街巷》，中华书局，第1576页。

④ 严足仁：《中国历代环境保护法制》，中国环境科学出版社，1990年，第21页。

⑤ [唐]张九龄等原著，袁文兴、潘寅生主编《唐六典全译》卷七，甘肃人民出版社，1997年，第242页。

⑥ [后晋]刘昫等：《旧唐书》卷九十七《郭元振传》，中华书局，1975年，第3044页。

⑦ [唐]房玄龄等：《晋书》卷二十六《食货志》，中华书局，1974年，第785页。

唐代一些著名的诗人以诗作著称于世,他们的水利建设成就也值得人们肯定和纪念。白居易就是其中典型的一位。《唐语林》卷二记载:白居易在杭州的时候,"始筑堤捍钱塘潮,钟聚其水,溉田千顷。复浚李泌六井,民赖其汲"①。

隋唐时期重视对已建水利设施的维护和保护,对堤防保护制定了相应的法律规范。唐律指出"诸不修堤防,及修而失时者,主司杖七十",当时规定:"近河及大水有堤防之处,刺史、县令以时检校。若须修理,每秋收讫,量功多少,差人夫修理。若暴水泛溢,损坏堤防,交为人患者,先即修营,不拘时限。若有损坏,当时不即修补,或修而失时者,主司杖七十"②。

隋唐时期重视在河堤两岸植柳,这不仅能美化生态环境,还是保护堤岸的有效途径。白居易《东溪种柳》云:"倚岸埋大干,临流插小枝。"③白居易《隋堤柳悯亡国也》还云:"大业年中炀天子,种柳成行夹流水;西至黄河冬至淮,绿阴一千三百里。"④柳宗元《种柳戏题》云:"柳州柳刺史,种柳柳江边。谈笑为故事,推移成昔年。垂阴当覆地,耸干会参天。好作思人树,惭无惠化传。"⑤这些诗作生动地表明了政府对林木护堤的重视。

唐律对盗决堤防的情况制定了惩罚性措施,指出:"诸盗决堤防者,杖一百。(谓盗水以供私用。若为官检校,虽供官用,亦是。)若毁害人家,及漂失财物,赃重者,坐赃论。以故杀、伤人者,减斗杀、伤罪一等。若通水入人家,致毁害者,亦如之。"⑥

隋唐时期还重视对荒废水利设施的修缮。《唐语林》卷五记载道:

> 海州南有沟水,上通淮楚,公私漕运之路也。宝应中,堰破水涸,鱼商绝行。州差东海令李知远主役修复,堰将成辄坏,如此者数四,劳费颇多,知远甚以为忧。或说:梁代筑浮山堰,频有坏决,乃以铁数千万片填积其下,堰乃成。知远闻之,即依其言,而堰果立。初,堰之将坏也,辄闻其下殷如雷声,至是其声移于上流数里。盖金铁味辛,辛能

---

① [宋]王谠撰,周勋初校证:《唐语林校证》,中华书局,1987年,第145页。
② 曹漫之、王召棠、辛子牛等:《唐律疏议译注》,吉林人民出版社,1989年,第908、909页。
③ 《全唐诗》卷四百三十四,中华书局,1999年,第4814页。
④ 《全唐诗》卷四百二十七,中华书局,1999年,第4719页。
⑤ 《全唐诗》卷三百五十二,中华书局,1999年,第3949页。
⑥ 曹漫之、王召棠、辛子牛等:《唐律疏议译注》,吉林人民出版社,1989年,第910页。

害目,蛟龙护其目,避之而去,故堰可成。①

人们重视水源的维护,注意到要及时清除水中的杂物,以使水质清澈,维持良好的水源生态环境。据研究,"西湖经李泌、白居易之手辟为城中水源后,至五代钱武肃王时,湖中葑草蔓合,政府又专门设撩兵千人,专一撩除葑草,浚治西湖"②。

为了有效利用水资源,隋唐时期还对屯田和水利灌溉制定了管理措施。据《新唐书》记载,"屯田郎中、员外郎,各一人,掌天下屯田及京文武职田、诸司公廨田,以品给焉。"③唐代出现了以《水部式》为代表的系统的全国性的水利法规。据唐《水部式》(伯2507号),对于水利灌溉事业,规定斗门的设置"不得私造",并且"凡浇田皆仰预知,须亩依次取用"④。这些管理法规对于合理利用水资源有重要作用。

隋唐时期对水利设施的使用作出了具体规定,以合理利用水资源,防止民间纠纷的发生。《唐六典》对农田灌溉制定了规章制度,指出,"凡水有溉灌者,碾硙不得与争其利",规定:"自季夏及于仲春,皆闭斗门,有余乃得听用之。溉灌者又不得浸入庐舍,坏人坟隧。……若秋、夏霖潦、泛滥冲坏者,则不待其时而修葺。"⑤农田灌溉制度建设起到了合理利用水资源、节约水资源的作用。

总体而言,"唐朝时期的法律规范中关于对水资源的保护和利用,较之于唐以前的各个朝代的规定都更为详尽和充实,这既是古代环境法制的重要进步,同时也是唐朝经济社会发展的反映"⑥。

三、动物资源的保护

此时期法律对动物资源有保护性规定。唐朝法律规定,牛是耕种庄稼的根本,马能用作长距离驮运、供给军需,所以对于故意杀死马、牛的人,处徒刑一年

---

①[宋]王谠撰,周勋初校证:《唐语林校证》,中华书局,1987年,第494页。

②罗桂环、舒俭民编著:《中国历史时期的人口变迁与环境保护》,冶金工业出版社,1995年,第240页。

③[宋]欧阳修、宋祁:《新唐书》卷四十六《百官志》,中华书局,1975年,第1201页。

④郑炳林:《敦煌地理文书汇辑校注》,甘肃教育出版社,1989年,第101页。

⑤[唐]张九龄等原著,袁文兴、潘寅生主编:《唐六典全译》,甘肃人民出版社,1997年,第242页。

⑥赵安启、胡柱志主编:《中国古代环境文化概论》,中国环境科学出版社,2008年,第175页。

半①。《唐大诏令集》卷一百九《禁杀害牛马驴肉敕》指出："马牛驴皆能任重致远，济人使用。先有处分，不令宰杀。如闻比来尚未全断，群牧之内，此弊犹多。自今以后，非祠祭所须，更不得进献马牛驴肉，其王公以下及今天下诸州并诸军宴设及监牧，皆不得辄有杀害。（开元十一年十一月）"②

唐朝还设置了专门负责动物保护事务的机构。《唐六典》卷七指出：

> 虞部郎中、员外郎掌天下虞衡、山泽之事，而辨其时禁。凡采捕、畋猎，必以其时。冬、春之交，水虫孕育，捕鱼之器，不施川泽；春、夏之交，陆禽孕育，喂兽之药，不入原野；夏苗之盛，不得蹂籍；秋实之登，不得焚燎。若虎豹豺狼之害，则不拘其时，听为槛阱，获则赏之，大小有差。……凡京兆、河南二都，其近为四郊，三百里皆不得弋猎、采捕（每年五月、正月、九月，皆禁屠杀、采捕）。③

唐代还设立了禁猎区。《新唐书》云："京兆、河南府三百里内，正月、五月、九月禁弋猎。山泽有宝可供用者，以闻。"④据研究，"唐沿用了隋的都城和宫殿。西京长安周围是禁猎区。唐代宗大历四年（769 年）、十三年（778 年），文宗开成二年（837 年）都下过诏令，保护畿内动物，禁止采捕渔猎。在长安城的北面还设立了一大型的禁苑。它东西 27 里，南北 30 里。东靠浐水，北枕渭河，整个面积比唐长安城还要大。苑内生物资源非常丰富"⑤。很显然。隋唐设置禁猎区有利于各种野生动物资源的繁衍，起到了保护物种多样性的作用。

《唐大诏令集》卷八十《禁弋猎敕》也记载道："如闻京畿之内及关辅近地，或有豪家，时务弋猎，放纵鹰犬，颇伤田苗。宜令长吏常切禁察，有敢违令者，捕系以闻。（大和四年三月）"⑥

也存在诸多皇帝、大臣制定动物保护相关规定的生动事例。比如，《唐大诏

---

①曹漫之、王召棠、辛子牛等：《唐律疏议译注》，吉林人民出版社，1989 年，第546、547 页。

②［宋］宋敏求：《唐大诏令集》，学林出版社，1992 年，第518 页。

③［唐］张九龄等原著，袁文兴、潘寅生主编：《唐六典全译》，甘肃人民出版社，1997 年，第241 页。

④［宋］欧阳修、宋祁：《新唐书》卷四十六《百官志》，中华书局，1975 年，第1202 页。

⑤罗桂环、舒俭民编著：《中国历史时期的人口变迁与环境保护》，冶金工业出版社，1995 年，第112 页。

⑥［宋］宋敏求：《唐大诏令集》，学林出版社，1992 年，第418 页。

令集》卷六十六《断屠及渔猎采捕敕》记载道:"自古明王,仁及万物,今助天孽育,方将告成。其缘祭祀及在路供顿,牺牲牢醴不可缺。除此之外,天下诸州,今并断屠及渔猎采捕。"①这种针对随意捕杀动物资源现象的禁令,无疑对维持物种多样性及生态环境的良性循环具有重要的意义。

相关的记载还有很多。比如,咸亨四年(673年),"闰五月丁卯,禁作篓捕鱼、营圈取兽者"②。光宅元年(684年),"五月癸巳,以大丧禁射猎"③。垂拱四年(688年),"禁渔钓"④。开元十九年(731年)正月"己卯,禁捕鲤鱼"⑤。大历十三年(778年)"十月己丑,禁京畿持兵器捕猎"⑥。大和四年(830年)"三月癸卯,禁京畿弋猎"⑦。开成二年(837年)三月"禁京畿采捕"⑧。

对动物的保护有利于当时的动物物种资源保持较为丰富的状态。唐高祖武德元年(618年)出现"有大鸟五集于乐寿,群鸟数万从之,经日乃去"⑨的景象。这大体说明了当时鸟类种类较多,以及鸟类生存环境大致良好的情况。

四、园林建设

对于魏晋南北朝时期林政,"一方面,重视植树造林、弛山林之禁等林业政策促进了当时社会经济的发展,也推动了一些与森林直接相关的行业如造船业的发展;另一方面,森林开发的实际情况是毁林多植树少,林业资源破坏严重"⑩。

至隋唐时期,园林建设有多方面的突出表现。文化因素起到了保护生态环境的作用,比如寺观、皇家园林的建设对生态环境保护具有特殊意义。

唐时宗教发达,全国各地的佛道寺观很多,僧侣们常在其居处育林种花。有学者指出:对于陕西古代园林来说,"寺院道观本身,也非常注重建筑的园林

---

①[宋]宋敏求:《唐大诏令集》,学林出版社,1992年,第338页。

②[宋]欧阳修、宋祁:《新唐书》卷三《高宗本纪》,中华书局,1975年,第70页。

③[宋]欧阳修、宋祁:《新唐书》卷四《则天皇后本纪》,中华书局,1975年,第83页。

④[宋]欧阳修、宋祁:《新唐书》卷四《则天皇后本纪》,中华书局,1975年,第87页。

⑤[宋]欧阳修、宋祁:《新唐书》卷五《玄宗本纪》,中华书局,1975年,第135页。

⑥[宋]欧阳修、宋祁:《新唐书》卷六《代宗本纪》,中华书局,1975年,第180页。

⑦[宋]欧阳修、宋祁:《新唐书》卷八《文宗本纪》,中华书局,1975年,第233页。

⑧[宋]欧阳修、宋祁:《新唐书》卷八《文宗本纪》,中华书局,1975年,第237页。

⑨[宋]司马光编著,[元]胡三省音注:《资治通鉴》卷一百八十六《唐纪二》,中华书局,1956年,第5825页。

⑩李飞、袁婵:《魏晋南北朝林政初探》,见尹伟伦、严耕编:《中国林业与生态史研究》,中国经济出版社,2012年,第122页。

风格和设计艺术"①。这方面的例子确实很多。比如《唐语林》卷七记载："平泉庄在洛城三十里,卉木台榭甚佳。"②该书还记载道："平泉庄周围十余里,台榭百余所,四方奇花异草与松石,靡不置其后。"③

这种寺观园林对隋唐环境美化的作用不可忽视。诗人对唐代寺观重视绿化的描写和赞美不胜枚举。如柳宗元在柳州复建大云寺时,描写道:"立屋大小若干楹,凡辟地南北东西若干亩,凡树木若干本,竹三万竿,圃百畦。田若干塍。"④柳宗元在柳州营造东亭也是指出其"树以竹、箭、松、柽、桂、桧、柏、杉"⑤。《洛阳伽蓝记》云:"京师寺皆种杂果,而此三(指龙华、追圣、报德寺),园林茂盛,莫之与争。"⑥

除著名寺观外,唐代一般的山野小寺也都非常注重林木、园果和花卉的种植。杜甫《山寺》诗云:"野寺残僧少,山园细路高。麝香眠石竹,鹦鹉啄金桃。乱石通人过,悬崖置屋牢。上方重阁晚,百里见秋毫。"这些诗描写了这些普通寺庙种植各种花草的情景,显然这些活动对唐代生态环境会起到美化作用。

园陵是帝王的陵墓所在地,唐代对园陵生态环境有严格的保护性规定。唐律指出"诸盗园陵内草、木者,徒二年半。若盗他人墓茔内树者,杖一百"⑦。骊山是唐代的皇家园林地,《唐大诏令集》卷七十四《禁骊山樵采敕》规定了禁止骊山樵采事宜,认为骊山"乃灵仙之攸宅,惟邦国之所瞻",下令"自今以后,宜禁樵桑,量为葑域,称朕意焉。(开元四年正月十九日)"⑧。

出于古人认为山有山神的文化因素,唐代还存在封山育林的措施。无疑,这种山有山神的认识有局限性,但这种认识对保护名山的生态环境颇有帮助。《唐六典》载:"凡五岳及名山能蕴灵产异兴云致雨,有利于人者,皆禁其樵采,时

①赵琴华、秦建明:《陕西古代园林》,三秦出版社,2001年,第71页。

②[宋]王谠撰,周勋初校证:《唐语林校证》,中华书局,1987年,第616页。

③[宋]王谠撰,周勋初校证:《唐语林校证》,中华书局,1987年,第617页。

④《柳宗元集》卷二十八《柳州复大云寺记》,中华书局,1979年,第753页。

⑤《柳宗元集》卷二十九《柳州东亭记》,中华书局,1979年,第774页。

⑥[北魏]杨衒之撰,韩结根注:《洛阳伽蓝记》卷三《城南》,山东友谊出版社,2001年,第118页。

⑦曹漫之、王召棠、辛子牛等:《唐律疏议译注》,吉林人民出版社,1989年,第672页。

⑧[宋]宋敏求:《唐大诏令集》,学林出版社,1992年,第380页

祷祭焉。"①《新唐书》云:"凡郊祠神坛、五岳名山,樵采、刍牧皆有禁,距壝三十步外得耕种,春夏不伐木。"②

此外,隋唐时期,随着经济的繁荣,民间也建造了诸多园林,以美化环境。比如,唐朝名将王方翼幼时因为家庭变故居于乡下,种植林木,"时方翼尚幼,乃与佣保齐力勤作,苦心计,功不虚弃,数年辟田数十顷,修饰馆宇,列植竹木,遂为富室"③。

对于唐代园林建设,总体而言,"唐朝是我国封建社会的全盛时期,建设公共园林游览的情况较为普遍,这一时期的园林艺术较之魏晋南北朝更加兴盛"④。

---

①[唐]张九龄等原著,袁文兴、潘寅生主编:《唐六典全译》,甘肃人民出版社,1997年,第241页。

②[宋]欧阳修、宋祁:《新唐书》卷四十六《百官志》,中华书局,1975年,第1202页。

③[后晋]刘昫等:《旧唐书》卷一百八十五上《良吏传上》,中华书局,1975年,第4802页。

④罗华莉:《柳宗元公共园林营造思想的梳理及思考》,见尹伟伦、严耕编:《中国林业与生态史研究》,中国经济出版社,2012年,第78页。

第六章　晋唐思想与生态文化

第一节　晋唐佛教的生态思想

佛教自东汉传入中国,至魏晋南北朝时期,佛教迎来发展的黄金时期。有人注意到佛教在魏晋时期流行于民间的情况[1],与此同时,当时的统治者与佛教高僧也有密切交往。比如后秦弘始三年(401 年)姚兴亲迎鸠摩罗什入长安,组织了大规模的翻译佛经事业,并建造了逍遥宫:"姚兴常于逍遥园引诸沙门,听番僧鸠摩罗什演讲佛经,起逍遥宫,殿庭左右有楼阁,高百尺。"[2]

隋唐时期我国佛教进一步昌盛。王公以至富商与佛教界人士的交往不罕见。比如在隋代,西海觉寺,系"隋开皇四年(584 年)淮南公元伟舍宅为沙门法聪所立";南法明尼寺,系"隋开皇八年(588 年)长安富商王道买舍宅所立"[3]。唐高宗期间,千福寺,系"本章怀太子宅,咸亨四年(673 年),舍宅立为寺"[4]。

一、佛教生态观的哲学基础——缘起论

佛教生态观的哲学基础是缘起论。佛教的缘起说是佛教创始人释迦牟尼证悟的一种关于宇宙人生的理论。缘,就是因缘,条件;起,就是生起。合而言之,就是因缘和合,生起诸法,所以称之为缘起。缘起的重点是"缘","起"不过

---

①香港城市大学中国文化中心屈大成指出:"佛教方面有关其在西晋流传的记载颇丰富,但《晋书》等正史几无述及。由此可推想到佛教的流行局限于民间,未全面进入王室或上层社会,故不见于官方记载。"见屈大成:《西晋僧众活动考》,《五台山研究》2012 年第 4 期。

②[宋]宋敏求:《长安志》,见《中国方志丛书》第 290 号,成文出版社(台湾),1970 年,第122 页。

③[宋]宋敏求:《长安志》,见《中国方志丛书》第 290 号,成文出版社(台湾),1970 年,第233 页。

④[宋]宋敏求:《长安志》,见《中国方志丛书》第 290 号,成文出版社(台湾),1970 年,第236 页。

是表示缘的一种功用而已。佛法的缘起论强调,世界是一个由各种条件组合的动态结构。《阿含经》卷十二说:"此有故彼有,此生故彼生;此无故彼无,此灭故彼灭。"意思是说,因为某事物的存在和产生,才有另一事物的存在和产生,因为某事物灭亡,所以另一事物灭亡。宇宙间一切事物,都不是绝对存在,都是以相对的依存关系而存在的。

由此可知,缘起论指出,万物互为缘起,一切现象都处在相互依赖、相互制约的因果关系中。在人与自然的关系上,缘起论强调,个人与自然界万物紧密联系,一切生命都是自然界的有机组成部分。无论是人类、动物还是一草一木,都要有一个赖以生存的合适的生态条件。否则,就会直接或间接影响到生命的存在。这种思想不是把人作为自然界唯一的至高的主宰来看待,而是把人与自然界作为相互联系、相互作用的整体来看待。

在信仰佛教的高僧看来,人类在生活中所遇到的幸运、机会、危险等各种事情都是事出有因的,因缘而生,缘起不灭。他们往往运用缘起说来解释自己的遭遇和修行实践,比如唐代潭州沩山灵佑禅师到沩山时,此沩山峭绝,"蔓无人烟,虎狼纵横,莫敢往来",灵佑禅师到后,对自己佛教修行实践所遇到的这种"虎狼纵横"的现状,用因缘理论加以看待,他对虎狼说道:"我若于此山有缘,汝等各自散去;若其无缘,我充尔腹。"灵佑禅师说完则虫虎四散①。唐代僧人释慧闻也有类似情况:"又山路虎豹,闻或逢之,将杖叩其脑曰:汝勿害人;吾造功德,何不入缘? 明日虎衔野猪投闻前,弭尾而去。"②

二、佛教生态伦理思想——生命平等观

佛教将众生的世界分为地狱、饿鬼、畜生、人、阿修罗、天等六道,六道众生有四种产生方式:胎生、卵生、湿生、化生。这四者是平等的。佛教强调众生平等,自然界的一切动物同人一样具有自己的生命价值和生存权利。佛教强调人类与其他所有生物在生存权上都是绝对平等的,比如《大乘入楞伽经·断食肉品》指出:"一切众生从无始来,在生死中轮回不息。"生命平等观从生态道德的

---

①[明]瞿汝稷:《指月录》,见蓝吉富主编:《禅宗全书》第 11 册,北京图书馆出版社,2004年,第 859 页。

②[宋]释赞宁:《宋高僧传》,见《钦定四库全书》第 1052 册,上海古籍出版社,1985 年,第 305 页。

实践意义上去关爱和保护动物，为维持生态平衡奠定了坚实的理论基础。

佛教传入我国后的禅宗也是主张众生平等，万物平等。禅宗宣称"一切众生皆有佛性"，"一切众生皆可成佛"，提出"郁郁黄花，无非般若；清清翠竹，皆是法身"。实际上，"禅宗不仅肯定人和动物具有佛性和价值，而且肯定一切生物如草木等低级生命也有佛性和价值，因而明确要求人类要像爱护动物一样爱护植物"①。对普通人认为严重危害人们生命安全的凶猛动物比如虎豹等类，佛教也认为其具有佛性。比如唐代僧人释志满在黄山传法过程中指出猛兽也有佛性：

> （释志满）南游到黄山灵汤泉所，结茅茨而止。乡人见满喜跃。满问："此何处耶？"乡人曰："黄连山，属宣城也，愿师镇此，奈何虎豹多害"。满曰："虎亦有佛性"。乃焚香祝厌之，由兹弭息，遂成大禅院。②

因为佛教强调万物生命平等的观念，佛教僧人不是把山林动物作为可以一饱口福的对象，而是能做到与动物和谐相处。高僧在修行中能与猿猴、鸟类、麋鹿等山林动物共处一处、怡然自乐，维持生态和谐的关系。兹略举几则例子。隋唐时期千岁宝掌和尚与玄朗相处友善，他们二人在互通消息的时候，便是"掌遣白犬驰书，朗以青猿回使"③。唐代智威禅师传法之时就是"鸟雀旁止，有同家畜"④。唐开元间僧人释智威修行时"每有二兔一犬，庭际游戏各无间畏。盖大悲平等物我一均，故其然也"⑤。唐神龙年间释清虚"尝于山林持讽，有七鹿驯扰若倾听焉，声息而去"⑥。唐代人释玄朗修行的时候"或猿玃来而捧钵，或

①赵安启、胡柱志主编：《中国古代环境文化概论》，中国环境科学出版社，2008 年，第 137 页。

②［宋］释赞宁：《宋高僧传》，见《钦定四库全书》第 1052 册，上海：上海古籍出版社，1985 年，第 132 页。

③［明］朱时恩：《佛祖纲目》，见蓝吉富主编：《禅宗全书》第 15 册，北京图书馆出版社，2004 年，第 108 页。

④［明］朱时恩：《佛祖纲目》，见蓝吉富主编：《禅宗全书》第 15 册，北京图书馆出版社，2004 年，第 113 页。

⑤［宋］释赞宁：《宋高僧传》，见《钦定四库全书》第 1052 册，上海古籍出版社，1985 年，第 113 页。

⑥［宋］释赞宁：《宋高僧传》，见《钦定四库全书》第 1052 册，上海古籍出版社，1985 年，第 351 页。

飞鸟息以听经"①。唐代法钦禅师修行时"猛兽栖其旁,众禽集其室,白鹇乌鸦就掌而食,有二白兔拜跪于杖屦间"②。唐代法钦禅师弘法时"一麇常依禅室,不他游"③。

　　和谐生态关系,体现在上述事例所记载的信仰佛教的高僧与非肉食动物(比如猿猴、麋鹿、鸟类、白兔)等的和谐共处。不仅如此,人与外界的生态和谐关系甚至于表现在高僧与虎豹等肉食性动物或凶猛动物之间的和谐共处。在常人看来,人对虎豹的看法是恐惧心态或是可以射杀的对象,但在佛教看来,它们属于平等的众生,是可以和谐共处的对象。若佛典所记载的内容可信,一些名僧当时可能是饲养虎豹等动物作为宠物,这样才会出现"猛兽前导"的情况。晋唐时期这类例子不少。试举数例如下:

　　四祖道信传法牛头和尚法融,二人见面后,四祖问牛头和尚有无其他住处,牛头和尚引四祖来到庵所,只见"虎狼绕庵,麋鹿纵横四畔"④。唐代诗人王维指出净觉禅师修行的处所是"猛虎舐足,毒蛇熏体"⑤。唐代郑愚也指出大圆禅师在长沙郡大沩山修行之处"为熊豹虎兕之封,虺虺蚺蟒之宅"⑥。唐代僧人释善无畏,本中印度人,"尝结夏于灵鹫,有猛兽前导"⑦。唐代开元年间僧人释惠忠修行时"尝有虎鹿并各产子,驯绕入室,曾无惧色",开元二十七年(739年),长孙遂曾去拜访他,长孙遂"及到山半,猛虎当路咆吼",长孙遂感到惊怖而不知怎么办,释惠忠于是"出林晓喻",只见"虎因寝声伏于林中",释惠忠还曾遇强

----

　　①[宋]释赞宁:《宋高僧传》,见《钦定四库全书》第1052册,上海古籍出版社,1985年,第370页。

　　②[明]朱时恩:《佛祖纲目》,见蓝吉富主编:《禅宗全书》第15册,北京图书馆出版社,2004年,第151页。

　　③[明]朱时恩:《佛祖纲目》,见蓝吉富主编:《禅宗全书》第15册,北京图书馆出版社,2004年,第151页。

　　④[南唐]招庆寺静、筠二僧:《祖堂集》,见蓝吉富主编:《禅宗全书》第1册,北京图书馆出版社,2004年,第479页。

　　⑤《全唐文禅师传记集》,见蓝吉富主编:《禅宗全书》第1册,北京图书馆出版社,2004年,第390页。

　　⑥《全唐文禅师传记集》,见蓝吉富主编:《禅宗全书》第1册,北京图书馆出版社,2004年,第413页。

　　⑦[宋]释赞宁:《宋高僧传》,见《钦定四库全书》第1052册,上海古籍出版社,1985年,第16页。

盗来盗窃其供僧人使用的谷仓,也有虎类对此吼唤驱逐,从而出现"盗弃负器而逃"①的情况。

佛教是一个哲理基础深厚的宗教,其生命平等观的哲学思考对它的戒律以及修行方式都有影响。可以认为,"佛教生命平等观以其特有的思想深度为尊重生命的伦理提供了深层的理论根据,对于促进当代动物保护实践具有重要的现实意义"②。

三、佛教生态保护思想——慈悲观

佛教认为人融于自然之中,和其他生物在生命维度上是地位平等的。这样的话,人类不是高人一等,其他生命形式和人一样应受到充分的尊重与爱护。

佛教强调慈悲,没有慈悲,也就没有了佛法。关于慈悲,唐代著名的佛教诗圣王维在《燕子龛禅师》中说:"救世多慈悲,即心无行作。"这说明了佛教的慈悲能起到济世利物的作用。佛教慈悲思想所倡导的物种保护的外延广泛,"佛教的慈悲从一切生命体到森林植物,再到一切山山水水、一石一木,包括那些无生命的自然界,都在保护之列"③。这种慈悲观要求人们善待自然界的一切动植物,从而有力地保护了生态环境。

比如,佛教自汉明帝时期传入中国,深得人心。至南朝时,塔寺数以千计,因寺院多建于山林,所以称为"禅林"。一些佛教寺院曾长期进行封山活动,不准人们进入山林乱砍滥伐。《梵网经》卷下记载了对寺院自然生态的保护措施,规定禁止"放火烧山林旷野",否则会"犯轻垢罪",这对维持物种多样性起了重要作用。

根据佛教慈悲观,大慈,就是爱护众生,爱护它物、他人就是爱护自己。实际上,"佛教并不承认人是大地的征服者,也不是超自然的高级生灵,而是与万物同一的生物体。它追求的是人与自然的和谐共处。即我与万物同义,我与万物同在,我与万物同体。万物即我,我即万物,万物都是与我平等的有佛性的生灵之物,都享有与人平等的权利"④。

①[宋]释赞宁:《宋高僧传》,见《钦定四库全书》第1052册,上海古籍出版社,1985年,第281页。

②陈红兵:《佛教生态哲学研究》,宗教文化出版社,2011年,第79页。

③萧平汉:《佛教慈悲心理与环境生态学》,《世界宗教文化》2003年第3期。

④萧平汉:《佛教慈悲心理与环境生态学》,《世界宗教文化》2003年第3期。

　　慈悲观不仅是不乱杀动物,还注意保有动物的天性。比如,东晋名僧支道林先前好鹤,恰巧"有人遗其双鹤",过不了多久,双鹤"翅长欲飞",支道林因爱而不舍,便剪其翅,使其无法飞翔。断了翅膀的鹤"乃反顾翅,垂头视之,如有懊悔意"。这种可怜的神态激起了支道林的怜悯之心,自责道:"即有凌霄之姿,何肯为人作耳目近玩?"于是"令养其翮成,置使飞去"①。

　　慈悲是佛教内的思想基础。以慈悲思想对信仰佛教的统治者进行劝谏,往往是有效方式之一种。比如,张廷珪对武后营建佛祠曾有劝谏,武后"善之"。当时张廷珪言:"倾四海之财,殚万民之力,穷山之木为塔,极冶之金为象,然犹有为之法,不足高也。填塞涧穴,覆压虫蚁,且巨亿计。工员穷窭,驱役为劳,饥渴所致,疾疹方作。又僧尼乞丐自赡,而州县督输,星火迫切,鬻卖以充,非浮屠所谓随喜者。"②武德元年(618 年),李渊为高僧所立的慈悲寺,之所以这样取名,是因为"隋末饥馑,常以赈给贫乏为事"③。

　　佛教的慈悲,是以一种普度众生、怜悯众生的姿态出现,所以,这种慈悲的对象,不限于比自己弱小者,对于比人类强大的物种以及能伤害自身的物种,佛教认为也应该施以慈爱和悲悯。晋唐时期多有高僧对动物甚至是凶猛野兽具有慈悲心态的例子。比如,建中二年(781 年),唐代僧人释道澄在云阳山修行,曾经"有虎哮吼入其门",释道澄不是对这猛兽予以杀害,而是对其予以教诲,于是"其虎摇尾褘耳而退"④。唐代僧人释本净修行之山也是"诸猛虎横路为害,采樵者不敢深入",释本净于是抚摸着虎之头,对其"诫约丁宁",此虎便"弭耳而去"⑤。在高僧看来,这些猛兽都是佛教所需要普度和怜悯的对象。

　　佛教高僧传记对高僧裸身以让蚊虫叮咬的事例有许多记载。在当今人们看来,人们也许不赞同采取为了蚊虫的生存权利就必须牺牲自己健康的做法。但这种记载显示了高僧具有悲悯万物的情怀。甚至于佛教典籍还记载了诸多

①[南朝宋]刘义庆著,黄征、柳军晔注:《世说新语》,浙江古籍出版社,1998 年,第 50 页。

②[宋]欧阳修、宋祁:《新唐书》卷一百一十八《张廷珪传》,中华书局,1975 年,第 4261 页。

③[唐]韦述:《两京新记》,中华书局,1985 年,第 9 页。

④[宋]释赞宁:《宋高僧传》,见《钦定四库全书》第 1052 册,上海古籍出版社,1985 年,第 218 页。

⑤[宋]释赞宁:《宋高僧传》,见《钦定四库全书》第 1052 册,上海古籍出版社,1985 年,第 309 页。

高僧以身饲虎的情况,更可见其慈悲情怀。比如唐代明瓒禅师说法衡岳时,寺门外忽然出现成群的虎豹,明瓒禅师对各位僧人说道:"为尔尽驱彼,授我箠。众以箠授,瓒才出寺,一虎遽衔瓒去。"此后虎豹亦随之绝踪①。

实际上,"佛教不仅要求保护虫蚁的生命,而且认为像毒蛇、猛兽、蝎子之类,伤人是出于自然本能,虽有恶行却没有恶心,因此应该得到人类的同情和保护。保护一切生命是佛教重要的环境伦理原则。这对于保护生物多样性是十分有益的"②。

四、佛教戒律的生态意义

佛教不仅认为"众生平等",其因果报应的理论还认为,为善必得善报,为恶必得恶报,这是不可更移的定律。学者指出,佛学为宣扬"普度众生""拯救众生"的思想和行为,制定了森严的戒律,它规定"首恶"是杀死生命,"首戒"是不杀生,"这是佛教徒的第一戒律,表示它尊重生命的教义"③。佛教戒律中的杀戒有利于对动物的保护,赵杏根指出:"南北朝时期,包括皇帝在内的主流社会人物中,信仰佛教者甚多。杀戒是佛教大戒,因此,不食用肉类、不使用皮革制品、戒杀、放生等议论乃至政令不少。"④

出于佛教戒律中戒杀、放生的内在精神,一些高僧对受伤动物加以救护。对于凶猛的动物,即使救助它们要冒自身被伤害的风险,仍有高僧会冒险施救。比如,唐末五代时期,"尝一夜有虎中猎人箭,伏于寺阁哮吼不止",这时高僧释彦俦"悯之","忙系鞋秉炬下阁,言欲拔之",因救助虎类要冒被伤害的风险,释彦俦的弟子劝阻了三四次,释彦俦等弟子们都睡熟了以后,开始拔掉此虎所中之箭,此虎没有伤害释彦俦,"虎耽耳舐矢镞血,顾俦而瞑目焉"⑤。

在此戒律的规定下,佛教有放生的传统。放生是一种对于生命更积极的保护行为。佛教经典中有很多关于爱护生命和不许杀生的故事。专家对这方面

---

① [明]朱时恩:《佛祖纲目》,见蓝吉富主编:《禅宗全书》第15册,北京图书馆出版社,2004年,第143页。

② 赵安启、胡桂志主编:《中国古代环境文化概论》,中国环境科学出版社,2008年,第286页。

③ 余谋昌:《环境哲学:生态文明的理论基础》,中国环境科学出版社,2010年,第60页。

④ 赵杏根:《魏晋南北朝时期的生态理论与实践举要》,《鄱阳湖学刊》2012年第3期。

⑤ [宋]释赞宁:《宋高僧传》,见《钦定四库全书》第1052册,上海古籍出版社,1985年,第225页。

作了专门研究,"出于研究早期佛教对动物看法之目的,我将集中研究基于小乘佛教传统的 550 则故事。这 550 则故事中,整整一半(即 225 则)提及动物,而且通常作为故事的主角。在这 225 则故事中共提及 70 种不同的动物,有 319 只(群)动物出现"①。这些故事大多是关于劝诫人们放弃杀生的故事,或者是一些具有保护动植物的生态寓意的传说。

佛教不杀生的戒律直接衍生出官方禁止屠杀的政策举措。学者指出,唐朝时期,由于受佛教和道教的影响,从唐高祖到唐哀帝,大多数皇帝都颁布过"禁屠"令②。

佛教戒律还规定素食。客观来看,佛教徒的素食传统对保护我国古代生态环境起了积极作用,尤其是动物物种多样化方面。因为,今日野生动物资源日益受到破坏,动物种类大量消亡,很重要的一个原因就是人类的食用和捕杀。

当今,反思佛教的戒律,尤其是戒杀的戒律,对生态文明建设是有益处的。学人指出,"佛教的戒杀、放生、素食实践从生态环保角度而言,不仅具有动物保护的意义,而且倡导素食对于缓解当前全球暖化、全球粮食危机及环境污染等生态环境问题具有重要意义"③。

五、佛教的生态理想——净化心灵的思想

从现实层面来看,在青山绿水间筑庵建庙,可以为僧侣精进修行提供良好的环境。佛教活动场所大多树木葱郁,鸟语花香,是生态保护的典范场地。并且,名僧在传播佛教过程中,除了向人们传播保护动植物等思想,也义务充当护山员和山林美化者的角色。实际上,"历代《高僧传》中均有僧人种植树木的记载"④,这种对寺院的绿化措施,不自觉地保护了生态环境。比如,峨眉山的大量寺庙兴建于唐代,"自那以后,植被一直得到较好的保护"⑤。晋唐时期高僧修行的地方常常呈现出林木郁郁葱葱的景象,此类记载很多。比如唐末行修禅师

---

①张岂之:《环境哲学前沿(第一辑)》,陕西人民出版社,2004 年,第 381 页。
②赵安启、胡柱志主编:《中国古代环境文化概论》,中国环境科学出版社,2008 年,第 189 页。
③陈红兵:《佛教生态哲学研究》,宗教文化出版社,2011 年,第 215 页。
④陈红兵:《佛教生态哲学研究》,宗教文化出版社,2011 年,第 230 页。
⑤罗桂环、舒俭民编著:《中国历史时期的人口变迁与环境保护》,冶金工业出版社,1995 年,第 120 页。

修行时就是"独栖松下"①;郑愚也指出大圆禅师在长沙郡大沩山修行之处"蟠林穷谷,不知其岚几千百重"②,等等。

为了修行成功,佛教重视净化人们的内心,扫除贪、嗔、痴三毒,使心灵得到解脱自在。佛教教义认为"心净则国土净",强调克服贪欲,合理利用自然资源,这具有重要生态意义。佛教修行最根本的是要达到心灵上的美丽,就是要回到生命本身的状况,那是一种人与万物和谐、人的内心宁静的状况。这样,"生态美就是恢复生命的本来面目,把握生态自我,欣赏人与环境同生共运的和谐关系"③。对于整个人类的命运而言,过多的欲望是破坏人与自然和谐关系的罪魁祸首。世界的和谐,最终归结到人类心灵的和谐。从根本上说,人类不良生活方式和无休止的占有欲加剧了世界上的环境污染和生态危机。

第二节　晋唐道教的生态思想

道教是在中国土生土长的宗教,以"道"为最高信仰,主要宗旨是追求长生不死、得道成仙、济世救人。晋唐时期道教具有非常丰富的生态思想。比如,改造和利用自然的思想,神学化的生态思想,重视生命的生态伦理思想,身心和谐的生态实践思想等。

一、晋唐道教的兴盛

在汉魏两晋南北朝时期,道教多流行在下层民间。道士们结茅隐修,形成了遍布各名山的洞天福地。至隋唐时期,基本上实行"三教"并用的政策,统治者大多重视道教。尤其是唐代,重点扶持道教,道教发展遇到一个辉煌期。从隋唐时候特别是唐代的情况来看,道教的兴盛和发展表现在多个方面,但道教兴盛和发展"都和当时封建统治者对道教的扶植有一定关系"④。

---

①[明]朱时恩:《佛祖纲目》,见蓝吉富主编:《禅宗全书》第15册,北京图书馆出版社,2004年,第234页。

②《全唐文禅师传记集》,见蓝吉富主编:《禅宗全书》第1册,北京图书馆出版社,2004年,第413页。

③邓绍秋:《禅宗生态审美研究》,百花洲文艺出版社,2005年,第164页。

④卿希泰:《中国道教思想史纲·第二卷·隋唐五代北宋时期》,四川人民出版社,1985年,第349页。

隋文帝尊崇道教。隋文帝即皇帝位前就与道教教徒张宾、焦子顺等有密切交往,即位后以"开皇"做年号,此年号也是采自道书。唐朝建都之后,以老子为李氏皇帝远祖,道教自然受到唐代皇室的崇奉。唐朝皇帝多有征召各名山高道至京城的情况。比如唐太宗召孙思邈,唐高宗召刘道合,武则天召胡慧超。唐玄宗对道教也很是推崇,亲注《老子》,令读书人学习它,把《老子》作为明经考试的内容之一,还制作了道教乐舞《霓裳羽衣曲》等。唐玄宗还多次征召道教名流,罗公远、叶法善、何思达、史崇、尹崇等皆被礼请入京,"清净无为之教,昭灼万宇"①。唐代的皇帝,差不多都是相信炼丹方术的,但实际上炼丹并没有给他们带来长生不死,"唐代皇帝因服丹药中毒而死的很多,其中就有唐太宗本人。而且为他炼制长生不死之药的,还有外国方士"②。皇帝尊崇道教,对当时的道教发展产生了重要影响。

唐代道教不仅为皇帝所尊崇,唐代公主、宫嫔也入道成风,这也是唐代历史上的一个奇特的现象。比如,睿宗之女玉真公主入道之后号为上清玄都大洞三景师,天宝时期乞求去掉公主名号;玄宗之女万安公主没有出嫁,在天宝年间也成为道士;代宗之女华阳公主没有出嫁,入道之后号为琼华真人;顺宗之女寻阳公主也为道士,此外,"宪宗女永嘉公主、永安公主、穆宗女义昌公主亦均为道士。李唐家法,真不可解"③。唐朝公主中,多有因为信仰道教而为道教道观的设立提供赞助的情况。比如,万安观,系"天宝七载,永穆公主出家,舍宅置观"④。

晋唐时期道教名山众多。唐代《洞天福地岳渎名山记》曾对我国众多道教名山作了梳理和记载,比如九华山虽为我国四大佛教名山之一,但在唐末五代前也为道教圣地之一,"九华山,在池州青阳县,窦真人上升处"⑤。

---

① [宋]李昉等:《太平广记》卷三十三《申元之》,中华书局,1961年,第210页。

② 卿希泰:《中国道教思想史纲·第二卷·隋唐五代北宋时期》,四川人民出版社,1985年,第365页。

③ [清]方濬师撰,盛东铃点校:《蕉轩随录·续录》卷六,中华书局,1995年,第247页。

④ [宋]宋敏求:《长安志》,见《中国方志丛书》第290号,成文出版社(台湾),1970年,第181页。

⑤ [唐]杜光庭编,王纯五译注:《洞天福地岳渎名山记全译》,贵州人民出版社,1999年,第69页。

在尊崇道教的社会氛围下,唐代都城宫观林立,形成都市道教的新格局。这与汉晋时期道教多活动在下层民间有别。此时道教开始影响到社会上层,不仅有山林道教,还存在都市道教。

晋唐特别是隋唐时期,道教理论化建设也有诸多成绩,其中包含着丰富的生态思想的内容。

二、万物由道而生:道教生态思想的哲学基础

道教理论中有丰富的生态思想,这离不开其哲学基础。"道生万物"构成道教生态思想的哲学基础。道教哲学以自然为本,崇尚自然无为,可以说它是一种自然主义哲学。道家主张道是先天地而生的宇宙本原,是万物之根本。《道德经》第四十三章载:"道生一,一生二,二生三,三生万物。"在道教看来,人和万物不是相互割裂的,而是共同构成一个有机的整体。"道"是万物产生的根本,世间万物若要生长和繁殖,也必须遵循着顺乎自然的原则,正如《道德经》五十一章云:"道生之,德畜之,物形之,势成之,是以万物莫不尊道而贵德。"所以,万物必须尊"道"而贵"德"才能生长,这是对世间万物发展规律的高度浓缩和概括。

对道教来说,"气"是有形物之根本,元气由道而生,由元气进而产生阴阳二气,阴阳和合,产生精、气、神,这样才会滋生万物。孙思邈《存神炼气铭》提到了"气"的重要性:"神气若存,身康力健;神气若散,身乃死焉","若欲存身,先安神气","神气若俱,长生不死"[1]。所以,"气"是道教宇宙生成论基础。这里的元气以自然之道为根本,"气"是指自然之气,以自然为法。

万物由"道"而生,道教哲学自然就要关注人与自然的关系。《无能子·析惑》认为:"夫性者神也,命者气也,相须于虚无,相生于自然"[2]。道教把人与自然之间的关系看成是一个相互联系、不可分割的有机统一体。《道德经》第二十五章云:"故道大,天大,地大,人亦大。域中有四大,而人居其一焉"。这就说明人在宇宙中禀赋天地之灵而诞生,成为宇宙中四大之中的一大。

道教典籍反复强调人类并不是天地中唯一主宰。专家研究指出,在自然哲学的基础上,道教生态学进一步提出了"天人合一""天父地母""道法自然"三

---

①孙思邈:《孙思邈保健著作五种》,西北大学出版社,1985 年,第 103 页。
②王明校注:《无能子校注》,中华书局,1981 年,第 7 页。

个基本的理论要素。"天人合一",把人与天地自然统一起来,强调人与自然之间的和谐性,此为道教生态学理论的逻辑起点①。可以说,"天人合一"是道教人与自然关系的生动体现。《庄子·齐物论》说"天地与人并生,而万物与我为一",《庄子·知北游》还指出:"汝身非汝有也,……生非汝有,是天地之委和也;性命非汝有,是天地之委顺也;子孙非汝有,是天地之委蜕也。"既然人及人的子孙不为人自身所拥有,而是天地和顺之气变化产生的产物,那么人类就没必要盲目自大,应尊重自然,与自然和谐相处。《庄子·秋水》指出了个人在自然中的渺小:"自以比形于天地,而受气于阴阳,吾在于天地之间,犹小石小木之在大山也。"在这里,庄子把人与石头、林木相提并论,从生命的有限性和渺小性来说,正是说明了"人生一世,草木一春"的智慧。

发展到隋唐时期,道教的人与自然关系的思想没有变化。此时期,道教继续从天地万物与人同源、同构的角度表达"天人合一"思想②。

三、道教改造和利用自然的思想

道教主张天地万物均为"道"所生,如此一来,天地万物之间并不是互不相干的,而是相互联系的整体。在此基础上,道教衍生出"三才相盗"思想和"道法自然"思想,这生动体现了道教关于改造和利用自然思想的智慧,对我们有很大的启发。

(一)天、地、人相互利用的思想

《黄帝阴符经》提出了一个以"三才相盗"为核心的天人理论③。"盗"即盗窃、利用的意思。《黄帝阴符经》曰:"天生天杀,道之理也。天地,万物之盗。万物,人之盗。人,万物之盗。三盗既宜,三才既安。"④"天地,万物之盗"是指天地被万物所盗取、利用,人与万物都是由元气产生。阳气上浮为天,天给万物赋予了气,阴气下沉为地,地赋予了万物形质。万物是有气、形、质所成,万物之所以能够形成,是由于盗取了天地阴阳之气而生成。"万物,人之盗"是说世间万

---

①乐爱国:《道教生态学》,社会科学文献出版社,2005 年,第 127 页。

②乐爱国:《道教生态学》,社会科学文献出版社,2005 年,第 130 页。

③"关于《阴符经》的作者与时代,历史上曾有过各种不同的看法,上自轩辕黄帝,下至唐代李筌,或言为战国著作,或指为南朝文献,一时难以确定。"见李远国,陈云:《衣养万物:道家道教生态文化论》,巴蜀书社,2009 年,第 142 页。

④任法融:《黄帝阴符经·黄石公素书释义》,东方出版社,2012 年,第 32 页。

物被人所盗取、利用,人是万物之灵,为了维持生存和满足自己的欲望,必然要向自然界索取利用。这句话揭示了人的主观能动性,人要生存,就要开发自然、向自然索取。但道教的智慧之处在于,虽然肯定了人对万物具有开发、利用的能动性,但人与自然的关系还有另外一面,就是人要回馈自然,就是人也是"万物之盗"。"人,万物之盗"指人也被万物所盗取,人并不是绝对自由的。比如,人体内的寄生虫、细菌等就是依靠其所依附的人而得以存活;还有,人如果过分耽溺于外物,就可能受外物所累,甚至被其奴役,这也是被外物所盗取、利用;另外,万物的生长、繁殖有时也需要借助人的力量和帮助,比如,饲养动物、种植农作物等就要依靠人的力量。

这就表明,一方面,天地滋养了万物,万物能被作为万物之灵的人类利用;另一方面,人类也不是完全自由的,也被万物所盗取、利用。这里面包含着人与自然界相互联系、相互依存的观点。而人类中心主义把人类的生存和发展作为最高目标的思想,它要求人的一切活动都应该遵循这一价值目标。两相对比,更可见道教生态哲学充满辩证法的智慧,时时提醒人类在天地万物之间要保持一定程度的谦卑,具有一定的科学价值。

（二）"道法自然"思想

道教主张"道法自然",而不是纯粹的"征服自然"。"道法自然"这一老子《道德经》名言具有深刻的改造自然的方法论的意义。《道德经》第二十五章云:"人法地,地法天,天法道,道法自然",很显然,既然世界万物统一于道,而道以自然为法,所以万物也应该"法自然"。在道教看来,天地万物不仅是由"道"产生,而且都具有自然的特性。这样,从环境保护的角度来说,"道法自然"意味着自然生态环境存在本身就是"道"完美、圆满地展现自身的"自然"境界和状态,那么人类就应该努力维持这种"自然"境界和状态,而不要破坏它。[①]

这种万物具有自然的特性贯彻在各个方面。比如,花开花落、天生天杀是天道之理,是自然之理,人不可勉强。这样的话,道家不反对"杀",只要不违背自然的本性就可以。客观来说,万物有其自然而然的生杀,如果万物违背自然"天生天杀"的道理,则会破坏天人之间的统一,就会出现人类与生态环境不和

---

①蒋朝君:《道教生态伦理思想研究》,东方出版社,2006年,第161页。

谐的局面。这样，就启示我们，一方面不能对自然界过分地索取或违背时令地捕杀动物，以免引起其他物种资源的匮乏。另一方面，也不可过多地干预自然界本身的生态平衡，比如盲目放生就是人对自然界原有生态平衡的人工干预，也是不可取的。

人是自然的一部分，人生的目的就在于顺应自然。但是，人并不是无所作为，而是可以在认识自然、掌握自然运行规律的基础上加以利用。《黄帝阴符经》指出："观天之道，执天之行，尽矣。"①这里，人可以发挥主观能动性作用，但需要归结于遵守自然界的规律。唐末时期的张弧在《素履子·履仁》指出："春不伐树覆巢，夏不燎田伤禾，秋赈孤恤寡，冬覆盖伏藏，君子顺时履仁而行，仁功著矣。"②这也明显表现出，自然可以为人类所利用，但人类对万物的利用要遵循自然之道。

所以，道教并不是无条件地反对捕杀动物和利用植物，而是需要做到在天地收藏之时获取，并且要适度，不得滥杀，要顺应自然。道教要求人们对正处在生长旺盛时期之生命不得捕杀，"勿杀任用者、少齿者，是天所行，神灵所仰也"③。

虽然道教认为穿凿大地是对"天父地母"理论的违背，实际上，道教也不是一味地反对穿凿大地。比如，道教对采矿也不是一概反对，道士的炼丹实践实际上就是一种采矿和冶炼行为。晋唐时期道教典籍多处记载了人们掘地采矿等穿凿大地的活动，并分析了地下矿物的功用。比如《抱朴子内篇》云：

> 余亡祖鸿胪少卿曾为临沅令，云此县有廖氏家，世世寿考，或出百岁，或八九十，后徙去，子孙转多夭折。他人居其故宅，复如旧，后累世寿考。由此乃觉是宅之所为，而不知其何故，疑其井水殊赤，乃试掘井左右，得古人埋丹砂数十斛，去井数尺，此丹砂汁因泉渐入井，是以饮其水而得寿，况乃饵炼丹砂而服之乎？④

四、神学化的生态思想

（一）人与天地、自然相感应的思想

道教既然是宗教，便离不开有神论。对宗教而言，宗教实践活动若与低概

---

①任法融：《黄帝阴符经·黄石公素书释义》，东方出版社，2012年，第24页。
②[唐]张弧：《素履子》，中华书局，1985年，第5页。
③王明：《太平经合校》，中华书局，1960年，第581页。
④[晋]葛洪著，冯国超编：《抱朴子内篇》，吉林人民出版社，2005年，第165页。

率的偶然性事件同步发生,在人们难以用科学来解释这种偶然事件发生原因的时候,人们会产生诧异甚至惊恐的情绪,便会把宗教活动与偶然事件联系起来解释。这时如果应用宗教的逻辑和思想对此偶然事件给予必然性的解释,将会强化人们对宗教的信仰。比如,一方面是道士对病人的祈祷,另一方面,是病人久治不愈的疾病得到痊愈,这二者的同时发生无疑强化了人们对道教神圣性的认可。试举一例:在唐初,龙兴观的建造,系"贞观五年,太子承乾有疾,敕道士秦英祈祷获愈,遂立此观"①。

神学化色彩自然也是道教生态思想的重要特征。道教眼里的自然界并不是毫无生命的实体,《抱朴子内篇》云:"山无大小,皆有神灵,山大则神大,山小即神小也。"②道教认为人和天地以及自然是息息相通的,因为他们都有灵性或神性,所以可以相互感应。《太平经》如此谈到人与自然感应的情况:"甲者,阳也,与木同类,故相应也。乙者,阴也,与草同类,故与乙相应也。"③《太平经》还指出:"人命在天地,天地常悦喜,乃理致太平。"④又指出:"夫人命乃在天地,欲安者,乃当先安其天地,然后可得长安也。"⑤

正因如此,道教强调人类现世的命运和境遇与人类对待天地、动植物的情况息息相关。若人类对自然界动植物随意加以戕害,则会遭到"天"的惩罚。道教把"天"人格化为有意志、能主宰人间一切的力量,主张"人取象于天,天取象于人","自今以往,天乃兴用群神,使行考治人"⑥。

正因如此,在道教看来,司过之神、三尸神、灶神等神灵在时刻监控人们的言行举止。《太上感应篇》指出:

> 太上曰:祸福无门,惟人自召;善恶之报,如影随形。是以天地有
> 司过之神,依人所犯轻重,以夺人算。算减则贫耗,多逢忧患,人皆恶
> 之,刑祸随之,吉庆避之,恶星灾之,算尽则死。又有三台北斗神君在

---

① [宋]宋敏求:《长安志》,见《中国方志丛书》,第290号,成文出版社(台湾),1970年,第246页。

② [晋]葛洪著,冯国超编:《抱朴子内篇》,吉林人民出版社,2005年,第241页。

③ 王明:《太平经合校》,中华书局,1960年,第670页。

④ 王明:《太平经合校》,中华书局,1960年,第122页。

⑤ 王明:《太平经合校》,中华书局,1960年,第124页。

⑥ 王明:《太平经合校》,中华书局,1960年,第673页。

人头上,录人罪恶,夺其纪算。又有三尸神在人身中,每到庚申日,辄上诣天曹,言人罪过,月晦之日,灶神亦然。凡人有过,大则夺纪,小则夺算。其过大小有数百事,欲求长生者先须避之。……所谓善人,人皆敬之,天道佑之,福禄随之,众邪远之,神灵卫之,所作必成,神仙可冀。欲求天仙者,当立一千三百善。欲求地仙者,当立三百善。

这段经文鲜明体现了道教具有的神学特征,即人类所做事情的善恶,上天神灵会施以相应奖赏或惩罚。

这种道教神学思想甚至被唐朝官方诏令所认同。《唐大诏令集》卷一百十三《禁三元日屠宰敕》云:

道家三元,诚有科诫,朕尝精意,祷亦久矣,而物未蒙福,念不在兹。今月十四日、十五日是下元斋日,都城内应有屠宰,宜令河南尹李适之句当,总与赎取。……自今以后,两都及天下诸州,每年正月、七月,十月三元日,起十三日至十五日,兼宜禁断。(开元二十二年十月)①

这里,唐朝官方对道教神学化的斋戒条规予以认同。

在道教神学体系之下,人类的善行或恶行并不是不受任何监督、奖惩的,毕竟司过之神、三尸神、灶神等各种神灵掌管着奖惩之权。道教通过大量的因果报应的事例劝告人们去恶从善,保护动植物。无论所说的故事是否存在一定的夸张成分,还是把偶然性强调成必然性,这种故事化的宣传传播活动,都会对百姓的宗教认识有很大的强化作用。

(二)天地父母观念及水土保持思想

道教的早期经典《太平经》把天比喻为人之父,把地比喻为人之母,反对随意烧山破石,损毁草木。《太平经》写道:"道者,天也,阳也,主生;德者,地也,阴也,主养。"②《太平经》对天地父母观有如此阐释:

天者养人命,地者养人形。今凡共贼害其父母。四时之气,天之按行也,而人逆之,则贼害其父;以地为母,得衣食养育,不共爱利之,反贼害之。人甚无状,不用道理,穿凿地,大兴土功,其深者下及黄泉,

---

① [宋]宋敏求:《唐大诏令集》,学林出版社,1992年,第540页。
② 王明:《太平经合校》,中华书局,1960年,第218—219页。

浅者数丈。独母愁患诸子大不谨孝,常苦忿忿悒悒,而无从得道
其言。[1]

道教强调天地有生命,认为天地应该为人类所敬畏。人类若堵塞四时之气
的运行就是贼害天;若任意穿凿大地,大兴土木,就是贼害地、伤害了大地母亲。
在当时科技水平低下的时代背景下,人们在应对水旱、地震等灾害方面显得很
脆弱、无助甚至绝望,自然而然地便会认为这种灾害是天地对人类各种不适当
行为的警告或者惩罚,犹如父母等大人对任性、无知小孩的警告、惩罚一样。由
此,便会产生敬畏天地以及把天地作为父母的思想。

传统道教善于进行事物之间的类比,以把抽象的道教思想通过形象化的事
物表达出来,帮助百姓理解教义,促进宗教的传播。比如《太平经》把大地的石
头、土壤以及泉水看成人的筋骨和血液:

> 泉者,地之血;石者,地之骨也;良土,地之肉也。洞泉为得血,破
> 石为破骨,良土深凿之,投瓦石坚木于中为地壮,地内独病之,非一人
> 甚剧,今当云何乎? 地者,万物之母也,乐爱养之。……妄穿凿其母而
> 往求生,其母病之矣。[2]

如此,天地既然是人之父母,人们自然不能随意戕害天地了,毕竟,人不应
做不孝不敬之事以祸害其父母。在天地父母观的基础上,《太平经》劝告人们不
要任意"烧山破石",并指出任意破坏水土资源的后果:

> 慎无烧山破石,延及草木,折华伤枝,实于市里,金刃加之,茎根俱
> 尽。其母则怒,上白于父,不惜人年……天地生长,如人欲活,何为自
> 恣,延及后生。有知之人,可无犯禁。[3]

在道教戒律里有众多保护水土等自然资源的宗教道德律令和行为规范,兹
不赘述。这种反对任意烧山、掘地的思想,无疑对保护林木资源、鸟兽资源以及
防止水土流失具有重要作用。

道教还非常重视自然生态环境的营造问题,有亲近自然、美化自然的生态
思想。比如,《抱朴子内篇》指出了生态良好的水源会使人长寿的情况:

---

① 王明:《太平经合校》,中华书局,1960 年,第 115 页。
② 王明:《太平经合校》,中华书局,1960 年,第 120 页。
③ 王明:《太平经合校》,中华书局,1960 年,第 572 页。

南阳郦县山中有甘谷水,谷水所以甘者,谷上左右皆生甘菊,菊花堕其中,历世弥久,故水味为变。其临此谷中居民,皆不穿井,悉食甘谷水,食者无不老寿,高者百四五十岁,下者不失八九十,无夭年人,得此菊力也。①

道教对大地有敬畏之心,并且上升到了神学化的高度。可以认为,"道教所信奉、崇拜的神灵对象具有强烈的自然崇拜色彩,这与基督教所信奉的上帝不一样"②。这种在神学化基础上对自然的敬畏、亲近的态度,无疑对生态环境的保护以及人与自然的和谐,具有积极的作用。

五、重视生命的生态伦理观

（一）道教对万物生命权利的尊重

道教生态伦理思想强调自然界生命价值的平等,即"物无贵贱"。《庄子·秋水》曰:"以道观之,物无贵贱。"道教认为人与自然物都是天地所产生的,既然为同根所生,没有贵贱之分自是应有之义。《无能子·圣过》也认为人与其他动物在生命价值上具有共性:"人者,裸虫也。与夫鳞毛羽虫俱焉,同生天地,交炁而已,无所异也。"③

在道教看来,不仅人有灵性,自然界生命与人一样都具有灵性。所以,道教重视人的生命,可贵的是,在此基础上,又进一步扩展到对自然界一切生命的重视。

既然道教把尊重生命的思想推广到一切动植物,人类对动物的爱护便顺理成章,"中国道教的规矩至今仍要求道士把善待动物作为他们的义务。例如,他们应该避免用开水浇地,因为昆虫由此可能会被烫死或烫伤"④。

道教强调要仁慈地对待动物。唐末时期的张弧在《素履子·履仁》中指出:"士有杀身以成仁,亡命以成仁,设食于翳桑,版筑于危径,或救黄雀,或放白龟,惠药于伤蛇,探喉于鲠虎,博施无倦,惠爱有方。"⑤

①[晋]葛洪著,冯国超编:《抱朴子内篇》,吉林人民出版社,2005年,第164页。

②蒋朝君:《道教生态伦理思想研究》,东方出版社,2006年,第3页。

③王明校注:《无能子校注》,中华书局,1981年,第1页。

④(法)阿尔贝·史怀泽著,[德]汉斯·瓦尔特·贝尔编,陈泽环译:《敬畏生命》,上海社会科学院出版社,1995年,第73页。

⑤[唐]张弧:《素履子》,中华书局,1985年,第5页。

这样看来,"基于对大自然的热爱,对万物生命的尊重,道家、道教中人非常重视对物种的保护,希望建立一个万物均安的世界"①。

说到尊重生命的思想,也许会想到阿尔贝·史怀泽提出的"敬畏生命"的生命中心主义。史怀泽强调把爱的原则扩展到一切动物,并指出,善是保持生命、促进生命,恶则是毁灭生命、伤害生命,压制生命的发展。②

道教的敬重生命思想与阿尔贝·史怀泽的思想有类似之处。但五代时期谭峭在《化书》卷四《仁化》中有这样一段话:

> 夫禽兽之于人也何异?有巢穴之居,有夫妇之配,有父子之性,有死生之情。乌反哺,仁也。隼悯胎,义也。蜂有君,礼也。羊跪乳,智也。雉不再接,信也。孰究其道?万物之中,五常百行无所不有也。而教之为网罟,使之务畋渔。且夫焚其巢穴,非仁也;夺其亲爱,非义也;以斯为享,非礼也;教民残暴,非智也;使万物怀疑,非信也。③

所以,与阿尔贝·史怀泽不同的是,道教对生命的敬畏,有时是把这种思想与儒家的仁义礼智信这"五常"结合了起来,这样的处理方式在儒家文化深厚的传统中国会更有说服力。这种对敬畏生命的阐释便会显示出新意。

道教非常重视"生"的问题,重视人的生命,力求修道成仙,长生不死。神仙不死思想,是道教的基本特征之一,"许多道士以此博得了统治者的欢心,从而也换取了他们对道教的支持和扶植,促进道教的发展,特别是对道教外丹方术的流行有很大的刺激和影响,使之得以风靡于一时"④。

因为重视生命的价值,道教以拥有物种的多少作为分别贫富的标准,这与以拥有金钱的多少作为贫富标准有区别。《太平经》说:

> 富之为言者,乃毕备足也。天以凡物悉生出为富足,故上皇气出,万二千物具生出,名为富足。中皇物小减,不能备足万二千物,故为小

①李远国、陈云:《衣养万物:道家道教生态文化论》,巴蜀书社,2009年,第248页。

②(法)阿尔贝·史怀泽著,[德]汉斯·瓦尔特·贝尔编,陈泽环译:《敬畏生命》,上海社会科学院出版社,1995年,第9页。

③[五代]谭峭撰,丁祯彦、李似珍点校:《道教典籍选刊·化书》,中华书局,1996年,第41、42页。

④卿希泰:《中国道教思想史纲·第二卷·隋唐五代北宋时期》,四川人民出版社,1985年,第382页。

贫。下皇物复少于中皇,为大贫。无瑞应,善物不生,为极下贫。子欲知其大效,实比若田家,无有奇物珍宝,为贫家也。万物不能备足为极下贫家,此天地之贫也。……此以天为父,以地为母,此父母贫极,则子愁贫矣。①

(二)道教戒律对动植物的保护

道教具有尊重万物生命权利、重视万物生命价值的情怀,自然而然地,重视生命的思想便会付诸道教的教规制定等实践之中。道教制定了各种戒律,编写了各种善书来规范人们的行为,并劝告人们尊重生命。

道教戒规、戒律的制定有些也许是出于神学上的需要,但这些针对宗教实践的规定丰富了当时生态伦理的内容。需要指出的是,道教戒律具有丰富的生态文化内涵,"但通过对道教戒律类文献的考察可以发现,所有戒律之下的具体条款都涉及维护自然生态环境的完整性、引导百姓珍视怜悯动物生命等与生态伦理的主题密切相关的内容"②。

道教戒律中有大量保护动植物的内容。这里我们来看一下《老君说一百八十戒》的记载。对该书的成书年代,学界看法不一③。伍成泉认为:"《老君说一百八十戒》的出世年代当在晋末至宋初之间。"④《老君说一百八十戒》对动植物的保护条文有:第四戒,不得杀伤一切物命。第十四戒,不得烧野田山林。第十九戒,不得妄摘草花。第三十六戒,不得以毒药投渊池江海中。第四十七戒,不得妄凿地,毁山川。第七十九戒,不得渔猎,伤煞众生。第九十五戒,不得冬天发掘地中蛰藏虫物。第九十七戒,不得妄上树探巢破卵。第九十八戒,不得笼罩鸟兽。第一百戒,不得以秽污之物投井中。第一百一戒,不得塞池井。第一

---

①王明:《太平经合校》,中华书局,1960年,第30页。

②蒋朝君:《道教生态伦理思想研究》,东方出版社,2006年,第204页。

③对于《老君说一百八十戒》的形成年代,目前学术界还没有一致的看法。吉冈义丰认为它形成于梁陈之间,而小林正美则主张在刘宋初、中期;施舟人(KristoferSchipper)则认为它发源于3世纪的中国南方,这中间相去很远。国内几本权威著作对此看法也不一:任继愈主编的《中国道教史》认为该经与《大道家令戒》《阳平治》的形成年代大致相当,即约在曹魏时期,而《道藏提要》认为陆修静《道门科略》提到过《老君百八十戒》,故恐出于晋时;胡孚琛主编的《中华道教大辞典》则认为它约出于南北朝。据伍成泉:《汉末魏晋南北朝道教戒律规律研究》,巴蜀书社,2006年,第107页。

④伍成泉:《汉末魏晋南北朝道教戒律规律研究》,巴蜀书社,2006年,第114页。

百十六戒,不得便溺生草上及人所食之水中。第一百三十二戒,不得惊鸟兽。第一百七十二戒,若人为己杀鸟兽鱼等,皆不得食。第一百七十六戒,不得绝断众生六畜之命。

这里,我们发现,道教戒律除了"不杀生"以及保护水源外,甚至还反对惊吓、虐待动物,不得惊鸟兽。反对惊吓动物的条文在中国出现之早,当会使当代动物保护者感到惊异。

六、身心和谐的生态实践思想

珍视生命,追求修道成仙,是道教区别于其他宗教之处。为了达到此目的,道教推崇安贫、节欲、心静,追求身心和谐的生活方式。

(一)倡导追求适度的生活方式

道教重视人的身心和谐,重视善待自己。《太平经》说:"夫人能深自养,乃能养人。夫人能深自爱,乃能爱人。有身且自忽,不能自养,安能厚养人乎哉?有身且不能自爱重而全形,谨守先人之祖统,安能爱人全人?"①这段话启发我们要注意到修身养性,这才是道教所追求的健康长寿甚至成仙的根本。

道教还对人们怎样更好修身养性的问题有各种思考,比如追求适度的生活方式。斋戒行为体现了适度的思想:"斋乃洁净之务,戒乃节约之称,有饥即食,食勿令饱,此所谓调中也。"②道教要求人们过安贫寡欲的生活。《太平经》言:"五守已强不死亡,安贫乐贱可久长……强求官位道即亡,不若除卧久安床。不食而自明,百邪皆去远祸殃。守静不止不丧,幸可长命而久行,无敢恣意失常。"③谭峭《化书》云:"是知王好奢则臣不足,臣好奢则士不足,士好奢则民不足,民好奢则天下不足。"④道教的这种修养方法,强调人类要回归人类纯真本性,不可对自然界过分掠夺和索取,这对保护生态环境具有积极意义。毕竟,人类发展的历史是物质生活不断丰富的历史,这种物质上的进步所带来的幸福是不持久的,真正持久的幸福是精神上的幸福。

(二)顺应自然的思想

道家崇尚自然之美,主张按照自然的规律来生存,返璞归真,从自然中汲取

①王明:《太平经合校》,中华书局,1960年,第56页。
②[唐]司马承祯:《天隐子》,中华书局,1985年,第5页。
③王明:《太平经合校》,中华书局,1960年,第306页。
④[五代]谭峭撰,丁祯彦、李似珍点校:《道教典籍选刊·化书》,中华书局,1996年,第63页。

人生的智慧。《太白阴经》里说：

> 天贵持盈，不失阴阳四时之纲纪；地贵定倾，不失生长均平之土
> 宜；人贵节事，调和阴阳，布告时令，事来应之，物来知之，天下尽其忠
> 信，从其政令。故曰："天道无灾，不可先来；地道无殃，不可先倡；人事
> 无失，不可先伐。"①

道教要求人们要依照自己的本性来生活，所以，养性非常重要。《备急千金
要方》指出："天有四时五行，以生长收藏，以寒暑燥湿风。人有五脏，化为五气，
以生喜怒悲忧恐。故喜怒伤气，寒暑伤形；暴怒伤阴，暴喜伤阳。故喜怒不节，
寒暑失度，生乃不固。人能依时摄养，故得免其夭枉也。"②在道教看来，人们若
能做到心态上的顺其自然，便会看轻荣辱得失，人类在日常生活中的喜怒哀乐
不符合顺应自然的要求。

既然要养性，人的本性究竟是什么状况呢？道教的回答是人的本性包括灵
气、善良等方面。司马承祯认为"神仙亦人也，在于修我灵气"，勿为世俗所污
染③。孙思邈认为："夫养性者，欲所习以成性，性自为善，不习无不利也。性既
自善，内外百病皆悉不生，祸乱灾害亦无由作，此养性之大经也。"④道家、道教追
求返朴归真，"朴""真"是道本质的反映，是为人德性的最高境界⑤。

第三节　魏晋玄学的生态思想

一、魏晋玄学

玄学是魏晋时期兴起的重要的学术思潮。魏晋玄学之所以称之为"玄"，是
因为他们所有的论谈都是以《老子》《庄子》《周易》三本号称"三玄"的著作为指

---

①［唐］李筌撰，陈国勇编：中华古典文学丛书之44，《太白阴经》，广州出版社，2003年，
第19页。

②［唐］孙思邈撰，鲁兆麟等点校：《备急千金要方》卷第二十七《养性》，辽宁科学技术出
版社，1997年，第409页。

③［唐］司马承祯：《天隐子》，中华书局，1985年，第3页。

④［唐］孙思邈撰，鲁兆麟等点校：《备急千金要方》，辽宁科学技术出版社，1997年，第
408页。

⑤李远国、陈云：《衣养万物：道家道教生态文化论》，巴蜀书社，2009年，第235页。

导思想的。关于"玄",《说文·玄部》云:"玄,幽远也。"玄学即幽远之学。玄学的思想基础是以老庄为代表的道家思想。李泽厚指出:他们从"名教"的束缚中解脱出来,获得了相对独立自由的发展,因此愈是感到人生的无常,也就愈想抓住或延长这短暂的人生。[1]

魏晋玄学以文学思想和哲学思想著名,但也蕴含着丰富的生态思想。魏晋玄学的生态思想集中体现在对山水自然等的认识上。他们在文学及音乐里赞叹自然的美,在现实生活中,他们徜徉于山水。在玄学看来,山水不仅仅是作为自然之物的山水,而是可以参悟幽远之学的载体;并且玄学思想所引导的生活方式就是崇尚山水自然;在玄学自然山水观的影响下,园林也纷纷兴起。这些都是玄学生态思想的生动体现。

二、"山水"与"道"的一致——玄学的山水自然观

魏晋玄学所讨论的核心问题是名教和自然的关系问题。所谓"名教",指封建社会的礼乐制度和道德规范;"自然"的意思是自然无为。玄学家反对受到束缚,阮籍言:"夫名利者,总人之网,集衢之门也"[2]。从魏晋玄学家们的论述中可以看到,魏晋玄学家们崇尚自然、推崇自然,以自然作为精神家园的旨趣[3]。

魏晋玄学认为,山水本身就是"道"的体现。魏晋时的玄学家主张自然无为,他们依据《老子》《庄子》《周易》阐发人生观和生态观,"以玄对山水"[4]。那么,玄学的自然观与之前的自然观有什么差异呢?

《老子》第二十五章曰:"人法地,地法天,天法道,道法自然。"这种对"道""自然"的求索有时显得非常玄奥,需要深入的哲理思考。但进入魏晋时期,"山水"虽然仍然指现实的客观自在之物,但玄学的"山水"和"道"二者之间具有了一定的一致性。"天道"具有超越于客观景物的自然规律的特征,但在魏晋时期的玄学家看来,这种规律性不是必然要纯粹通过哲学思辨来得到,这种规律性是"万物"自身所固有的。正如阮籍在《达庄论》中所言:"天地生于自然,万物生于天地。自然者无外,故天地名焉。天地者有内,故万物生焉。"[5]这样一来,

---

①李泽厚、刘纲纪:《中国美学史(魏晋南北朝编)》,安徽文艺出版社,1999年,第103页。
②[三国魏]阮籍著,郭光校注:《阮籍集校注》,中州古籍出版社,1991年,第52页。
③赵安启、胡柱志主编:《中国古代环境文化概论》,中国环境科学出版社,2008年,第113页。
④张全明、王玉德等:《生态环境与区域文化史研究》,崇文书局,2005年,第60页。
⑤[三国魏]阮籍著,郭光校注:《阮籍集校注》,中州古籍出版社,1991年,第80页。

对魏晋玄学来说，"道"不是神秘异常的认识对象。

这样的话，魏晋玄学家对"道"的追求，就不再是仅仅对万物进行高度抽象，"道"不是神秘莫测、玄奥思辨的。因为"道"就在我们所处的大自然里，不需要向外求索。阮籍在《达庄论》中说"夫山静而谷深者，自然之道也；得之道而正者，君子之实也"①，就是这个意思。

正是因为自然山水被认为是"天道"的外在表现，所以，人们若要体悟"道"，就不是仅仅通过冥想便可以达到，而是要以领悟自然山水作为手段或工具。《开元天宝遗事》记载："王休高尚不亲势利，常与名僧数人，或跨驴，或骑牛，寻访山水，自谓结物外之游。"②玄学家遨游山水与普通人旅游有本质的区别，玄学家并不是仅仅观赏自然、游山玩水、感悟自然之美，而是对"道"的体验。

三、人与自然融合的生态思想

魏晋玄学以全新的眼光来看待自然山水。在魏晋玄学这里，山水与人浑然一体："他们不只把山水当作一种客观的欣赏对象，而且把自己与山水同样地都当成了自然的表现。"③魏晋名士们多有啸傲山林者，在他们看来，人与自然是亲密无间的，只有把自己融入自然，才能找回自己的本质。

《世说新语》把大量植物、山川地貌等形象作为记述对象，这表现了人与自然融合、亲近自然的生态思想。比如，《世说新语·赏誉篇》载："王公目太尉，岩岩清峙，壁立千仞。"④这里以山川地貌与所评论的人相联系。又如《世说新语·言语》言："王武子、孙子荆各言其土地人物之美。王云：'其地坦而平，其水淡而清，其人廉且贞。'孙云：'其山崔巍以嵯峨，其水㳽漫而扬波，其人磊砢而英多。'"⑤陶渊明在《始作镇军参军经曲阿作》中也云："望云惭高鸟，临水愧游鱼。"⑥在这里，自然山水成为谈论的主题或意象。

谢灵运在《游名山志（并序）》中说："夫衣食，人生之所资；山水，性分之所

---

① ［三国魏］阮籍著，郭光校注：《阮籍集校注》，中州古籍出版社，1991年，第81页。
② ［五代］王仁裕撰，曾贻芬点校：《开元天宝遗事》，中华书局，2006年，第19页。
③ 王瑶：《中古文学史论》，北京大学出版社，1998年，第271页。
④ ［南朝宋］刘义庆著，黄征、柳军晔注：《世说新语》，浙江古籍出版社，1998年，第174页。
⑤ ［南朝宋］刘义庆著，黄征、柳军晔注：《世说新语》，浙江古籍出版社，1998年，第30页。
⑥ ［东晋］陶渊明著，吴泽顺编注：《陶渊明集》，岳麓书社，1996年，第30页。

适。"①他遍游各地名山,把自然山水看作是颐养性情、寄托精神的理想场所,可见人与自然的融合在他身上得到了充分的体现。

玄学自然观独到的特点在于,因为自然山水里有"道","道"不再是玄奥莫测的东西,所以玄学对于自然界的山水景物具有真正亲近和喜爱的情感。比如,《世说新语·言语》载:"简文入华林园,顾谓左右曰:'会心处不必在远,翳然林水,便自有濠、濮间想也,觉鸟兽禽鱼自来亲人。'"②《世说新语·任诞》也载:"王子猷尝暂寄人空宅住,便令种竹。或问:'暂住何烦尔?'王啸咏良久,直指竹曰:'何可一日无此君?'"③这种对竹木的一日不可或缺的心态,正是对自然界的植物真正亲近的表现。

魏晋以来的文人喜爱山水田园蔚然成风。比如,刘宋有隐逸之士宗炳,被高祖任命为主簿,但宗炳"不起",高祖问其原因,宗炳答曰"栖丘饮谷,三十余年"。其人"妙善琴书,精于言理,每游山水,往辄忘归"④。隐逸之士孔淳之的事迹为:"居会稽剡县,性好山水,每有所游,必穷其幽峻,或旬日忘归。尝游山,遇沙门释法崇,因留共止,遂停三载。"⑤另如,众所周知的陶潜,字渊明,曾书此言志"性刚才拙,与物多忤","少年来好书,偶爱闲静,开卷有得,便欣然忘食。见树木交荫,时鸟变声,亦复欢尔有喜"⑥。

此时的自然山水景物不仅仅是人类欣赏的对象,还是与人的存在、生活、体悟密不可分的一种伴侣,这里的自然与人类自身是相互依赖、平等又和谐的关系,玄学家们真正体会到了人与山水自然之间的和谐以及融合。

四、顺乎自然的生活方式

玄学兴起以后,隐士对自然的亲近逐渐成了一种不可缺少的需求。对于这种所谓玄学化的生活方式,汤用彤指出,对于老庄学说,"方技虽常为世人所讥,然其全身养生之道,亦旨在顺乎自然,亦《老》《庄》玄学之根本义"⑦。在玄学思

①李运富编注:《谢灵运集》,岳麓书社,1999 年,第 396 页。
②[南朝宋]刘义庆著,黄征、柳军晔注:《世说新语》,浙江古籍出版社,1998 年,第 45 页。
③[南朝宋]刘义庆著,黄征、柳军晔注:《世说新语》,浙江古籍出版社,1998 年,第 324 页。
④[南朝梁]沈约:《宋书》卷九十三《隐逸列传》,中华书局,1974 年,第 2278 页。
⑤[南朝梁]沈约:《宋书》卷九十三《隐逸列传》,中华书局,1974 年,第 2283—2284 页。
⑥[南朝梁]沈约:《宋书》卷九十三《隐逸列传》,中华书局,1974 年,第 2289 页。
⑦汤用彤:《汉魏两晋南北朝佛教史(上)》,中华书局,1983 年,第 86 页。

想体系里,儒家具有繁文缛节的特征,这种约束不符合个性自由,不符合顺其自然的生活旨趣,而玄学所要追求的,就是摒弃各种外在束缚,达到顺应自然的境界。

同时要注意的是,魏晋玄学家并不是完全摒弃欲望,因为,人是生而有欲望的。在这个意义上,人不是虚无的实体存在。嵇康在《黄门郎向子期难养生论一首》中对人类不会完全摒弃欲望这一点有明确阐述:"有生则有情,称情则自然。若绝而外之,则与无生同,何贵于有生哉? 且夫嗜欲,好荣恶辱,好逸恶劳,皆生于自然。"①即使嵇康认可人具有"嗜望""有情"的特征,同时还强调要知道满足,这是玄学的高明之处、智慧所在。嵇康在《答难养生论一首》中言:"故世之难得者,非财也,非荣也,患意之不足耳。"②

嵇康在《养生论》中指出,善于养生的人的生活方式是:"清虚静泰,少私寡欲;知名位之伤德,故忽而不营,非欲而强禁也;识厚味之害性,故弃而弗顾,非贪而后抑也。"③嵇康等玄学家不热衷于名位此类寻常人梦寐以求的事物,这是一种自然而然的状态,是顺乎人本性的状况,而不是心有所想却勉强摆脱这种欲望。他们认识到,人之本性原本就没有这些过多的欲望。追求顺乎自然、符合本性的生活方式,才是回到人的本真,这是嵇康等玄学家的主张。与此相反,无论是追求外在名利的人,还是有追求外在名利的欲望而"强禁"者,都已经是背离了人的自然的本性了,都是人的"异化"。

魏晋时期人们追求玄学化的生活方式,表现在追求个性自由和隐士情趣等方面。著名的"竹林七贤"就是玄学崇尚自然、追求个性自由的典型。六朝名士在玄学风气的熏染下,大都存有一种爱慕隐士的心理。谢灵运在《逸民赋》中对隐士描述道:"弄琴明月,酌酒和风。御清风以远路,拂白云而峻举。"④另如,《开元天宝遗事》记载"逸人王休,居太白山下,日与僧道异人往还。每至冬时,取溪冰敲其精莹者煮建茗,共宾客饮之"⑤。

我们可以说,"魏晋人的人生观是以人性的觉醒为基础,而以个人主义为其

①《嵇康集》,山东画报出版社,2004 年,第 26 页。

②《嵇康集》,山东画报出版社,2004 年,第 28 页。

③《嵇康集》,山东画报出版社,2004 年,第 24 页。

④李运富编注:《谢灵运集》,岳麓书社,1999 年,第 282 页。

⑤[五代]王仁裕撰,曾贻芬点校:《开元天宝遗事》,中华书局,2006 年,第 18 页。

归宿"①。这种生活方式主张追求个性自由,反对受到外在羁缚。比如"不为五斗米折腰"的陶渊明,追求的是一种热爱自然、充满诗情画意的美感生活。陶渊明在《与子俨等疏》中言:"尝言五六月中,北窗下卧,遇凉风暂至,自谓是羲皇上人。"②其《答庞参军并序》也言:"衡门之下,有琴有书;载弹载咏,爰得我娱。岂无他好,乐是幽居。"③陶渊明作品中大量是描写菊、云、风、飞鸟等自然景物的,典型地表现出了一种人与自然融合的体验。

五、魏晋玄学与自然山水园林

魏晋时期,部分受到玄学自然山水观的影响,山水园林纷纷兴起,这些园林建设起到了美化生态环境的作用。

魏晋玄学家以及名士与园林有密切关系。比如《世说新语·言语》载:"桓公北征,经金城,见前为琅邪时种柳,皆已十围,慨然曰:'木犹如此,人何以堪!'攀枝执条,泫然流泪。"④在这里,园林生态之美令后人感叹。另如,《世说新语·栖逸》载:"康僧渊在豫章,去郭数十里立精舍,旁连岭,带长川,芳林列于轩庭,清流激于堂宇。乃闲居研讲,希心理味。庾公诸人多往看之。观其运用吐纳,风流转佳,加已处之怡然,亦有以自得,声名乃兴。后不堪,遂出。"⑤

永嘉南渡之后,玄学名士和文人们纷纷南迁,他们对山水田园之美景情有独钟。比如,《世说新语·言语》载:"顾长康从会稽还,人问山川之美,顾云:'千岩竞秀,万壑争流,草木蒙笼其上,若云兴霞蔚。'"⑥《世说新语·言语》也载:"王子敬云:'从山阴道上行,山川自相映发,使人应接不暇。若秋冬之际,尤难为怀。'"⑦这些都是当时文人名士在江浙一带山水旅游活动兴盛的例证。

可以看出,一些玄学名士过着自给自足、欣赏田园美景的生活。这种玄学化的生活方式在魏晋以后被隐士群体所继承。有记载云:"太白山有隐士郭休,

---

① 刘大杰:《魏晋思想论》,上海古籍出版社,1998年,第129页。
② [东晋]陶渊明著,吴泽顺编注:《陶渊明集》,岳麓书社,1996年,第98页。
③ [东晋]陶渊明著,吴泽顺编注:《陶渊明集》,岳麓书社,1996年,第72页。
④ [南朝宋]刘义庆著,黄征、柳军晔注:《世说新语》,浙江古籍出版社,1998年,第42页。
⑤ [南朝宋]刘义庆著,黄征、柳军晔注:《世说新语》,浙江古籍出版社,1998年,第281页、282页。
⑥ [南朝宋]刘义庆著,黄征、柳军晔注:《世说新语》,浙江古籍出版社,1998年,第54页。
⑦ [南朝宋]刘义庆著,黄征、柳军晔注:《世说新语》,浙江古籍出版社,1998年,第55页。

字退夫,有运气绝粒之术。于山中建茅屋百余间,有白云亭、炼丹洞、注《易》亭、修真亭、朝玄坛、集神阁。每于白云亭与宾客看山禽野兽,即以槌击一铁片子,其声清响,山中鸟兽闻之,集于亭下,呼为唤铁。"①另有隐士蓄养猿类等宠物的记载,这种生活方式体现了人与自然之间的和谐。比如,《开元天宝遗事》记载云:

> 商山隐士高太素,累征不起,在山中构道院二十余间。太素起居
> 清心亭下,皆茂林秀竹、奇花异卉。每至一时,即有猿一枚诣亭前,鞠
> 躬而啼,不易其候。太素因目之为"报时猿"。其性度有如此。②

---

① [五代] 王仁裕撰,曾贻芬点校:《开元天宝遗事》,中华书局,2006 年,第 17 页。
② [五代] 王仁裕撰,曾贻芬点校:《开元天宝遗事》,中华书局,2006 年,第 43 页。

结　语

　　历史地理学专家朱士光对学界见解分歧的"生态环境"的定义给出了自己观点,他认为:"生态环境是由人或人类社会与其周围之自然环境要素及人文环境要素组成的互动性复合。"[1]笔者对此定义高度认同,并深受启发。正因如此,本书在对晋唐生态环境变迁作综合性研究时高度关注人类社会的因素,注意到社会、人文因素与自然环境变迁的互动性。生态环境史研究的内容非常广泛[2]。可以说,本书的探讨没有囊括晋唐时期生态环境状况的全貌。下面仅就本书所论述的内容作一些思考和总结。

一、晋唐时期生态环境演变概况

　　魏晋南北朝时期总体上可以被认作是一个寒冷干燥的时期,黄河仍沿袭着东汉王景治理后所固定的河道,黄河下游河道出现相对稳定的局面。淮河干流相对稳定,独流入海。有些原本通流的水道已变得不复通流,也有一些原本缺水的河道在魏晋时期又重新通流,一些沙质海岸,受河流、波浪、潮汐等动力作用的影响,岸线较此前此后有所不同。魏晋南北朝时期,泗水、商河等河流出现了泥沙堆积而需要疏通的情况;同时由于先前垦区被废弃、气候变干变冷、水源缺乏,一些原有平原地区土地出现沙化现象,一些沙漠地带的绿洲分布区也开始出现沙化现象。总体来看,水土环境变化不大,植被相对比较丰富。其时,由于北方少数民族内迁,北方地区牧进农退,农牧分界线南移,这种农牧业消长状况促使北方地区植被得到一定程度的恢复。而南方地区由于气候、人口、技术

---

　　①朱士光:《遵循"人地关系"理念,深入开展生态环境史研究》,《历史研究》2010 年第 1 期。

　　②朱士光认为生态环境史研究的主要内容为:农业生态环境史;森林生态环境史;水生态环境史;海滨生态环境史;沙漠及其邻近地区生态环境史;野生动物生态环境史;城镇与工矿区生态环境史;此外,导致重大灾疫发生,并影响经济、社会发展之一定区域内气候寒暖干湿变化及异常气象现象之变化状况也可纳入生态环境史研究范畴。见朱士光:《遵循"人地关系"理念,深入开展生态环境史研究》,《历史研究》2010 年第 1 期。

等适宜因素,农业得到开发,随着土地不断垦殖和农田水利建设规模日益扩大,以水稻生产为中心的南方水田农业迅速发展。与此同时,南方农业开发对生态环境也产生了一定的破坏。比如,外延式扩张性的山地开垦使得部分森林被砍伐;所建设的陂塘由于忽视排涝措施的配置,所以若遇多雨灾害,泄水受阻,容易导致水灾;由于过量开垦,长江流域出现淤沙堆积现象,从而形成了沙洲。总体来看,魏晋南北朝时期南方森林有破坏,但相对来说不太严重,主要是部分丘陵山地森林遭到破坏。

隋唐五代时期,学界一般认可呈现温暖气候的总体趋势的看法。随着研究的深入和细化,一些学者提出了唐代中期以后气温有所转冷的观点,注意到了800年后气候有一个转寒的情况。此时期河道变迁不太大,动植物分布仍较广。北方大规模改牧为农使得农牧分界线北移,黄土高原农业和牧业活动有发展。农牧业的发展,加剧了山林砍伐,对森林资源造成破坏,负面影响很大,加剧了水土流失,导致黄土高原的生态环境恶化,以干旱化、沙漠化等为突出。比如盐州(今陕西省定边县)在唐代已经被沙漠包围;由于毛乌素南缘地区过度开垦和放牧,唐代夏州沙漠的记载就渐渐多了起来。隋唐时期黄河及其支流总体上呈现更为浑浊的状况,在唐后期及五代时期黄河决溢发生的频率也呈加大趋势。这种情况存在自然原因,但经济过度开发对生态环境造成的人为破坏是主要原因。隋唐南方经济得到大力开发,茶叶垦殖、畲田农业等耕作方式对森林资源有破坏,"与水争地"的经济开发活动导致湖泊蓄水能力减弱。隋唐时期南方地区冶炼行业、造船业、狩猎活动、架设栈道等经济活动的开展,使采伐的林木日渐增多,侵蚀了不少森林资源。这些都对生态环境造成了破坏,但若与后代相比较,南方生态破坏不算太严重,深山地带仍有大片森林。

人类的生存和农业开垦进行到哪里,哪里的动物资源的生存空间便会受到挤压,物种资源便会受到影响。人口因素直接关系到森林面积的减少以及对动物的捕杀、售卖的严重程度。在唐代,犀牛分布与人口密度有直接关系,在以往有犀牛生存的地区,当人口密度超过 4.0 人$/km^2$ 以后,就不再看见有犀牛的踪影。人口密度的增加之所以会使得动物资源变得稀少,除了动物的生存环境变得比以前更为艰难外,人类的捕杀是重要因素。

二、气候变迁与农业生产及朝代更替

不能否认,晋唐时期民族迁徙及农牧分界线的变化存在经济、军事及政治等方面的因素,但我们也要高度重视自然生态环境因素尤其是气候因素的影响。研究表明:"暖期利于农业发展,冷期则相反。当气候温暖时(如秦汉、隋唐时期),北方农业种植界线北移,农耕区扩大,同时农作物生长期增长,熟制增加,粮食产量提高;而当气候寒冷时(如魏晋南北朝、唐后期至五代时期),农业种植界线南退,宜农土地减少,农作物生长期缩短,熟制区域单一,粮食产量下降。古代稻作区的分布也具有类同的变化。"①

人们注意到了气候对农业生产及战争的影响,甚至将气候与我国古代人口变化以及朝代变迁之间的关系作了阐释,这些研究很值得我们关注。李伯重认为:"20世纪以前的两千年中,气候变化是引起我国人口变化的决定性的因素之一。"在东汉晚期至隋朝中期的四个多世纪中,我国的人口一直未有增加,这个时期恰好是气候寒冷持续最久的时期②。章典等对中国唐末到清朝的战争、社会动乱和社会变迁进行了系统地对比分析,"结果发现冷期战争率显著高于暖期,70%—80%的战争高峰期,大多数的朝代变迁和全国范围动乱都发生在气候的冷期"③。

为什么气候寒冷期更容易出现社会动乱和改朝换代? 一些人认为:"由于冷期温度下降导致土地生产力下降,从而引起生活资料的短缺,在这种生态压力和一定的社会背景下,战争高峰期和全国范围内的社会动乱随之产生。"④寒冷天气与动乱发生频率加大的关联如此密切,对这种状况,农牧业生产的衰退

---

①何凡能、李柯、刘浩龙:《历史时期气候变化对中国古代农业影响研究的若干进展》,《地理研究》2010年第12期。

②李伯重:《气候变化与中国历史上人口的几次大起大落》,《人口研究》1999年第1期。

③章典、詹志勇、林初升、何元庆、李峰:《气候变化与中国的战争、社会动乱和朝代变迁》,《科学通报》2004年第23期。

④章典、詹志勇、林初升、何元庆、李峰:《气候变化与中国的战争、社会动乱和朝代变迁》,《科学通报》2004年第23期。

是一种主要解读角度。学界认为,气候寒冷会导致粮食的减产①。还有学者对干旱、寒冷气候会导致粮食减产、饥荒以及王朝更替现象作了解读②。

寒冷干旱的气候对饥荒的影响可以通过两种途径起作用:一是作物产量的衰减,二是灾害发生频率的加大。寒冷对谷物产量有直接的影响,一种预测表明温度下降约0.6℃,生长季节将缩短两周左右,在谷物地带的产量将下降890千克/公顷③。受气候寒冷的影响,霜雪发生的提前会使作物生长受到影响,从而减低了作物的产量;冰雹等灾害的发生对农业生产也有减产作用。

海外学者对气候变迁与朝代更替的关系也有研究。比如2007年1月4日《自然》杂志发表的德国科学家小组的论文指出,由湖泊沉积物分析发现季风变化和长期干旱导致中国唐朝灭亡。但中国专家随后在《自然》杂志发表了反驳文章,该文依据中国历史气候记载和研究成果对德国学者的观点提出多项质疑,认为中国历史朝代之更迭有其十分复杂的因由,中华文明的兴衰也决不会简单到由降水量的突然变化所导致④。

改朝换代常常是由于社会动乱所致,而社会动乱往往伴随着大面积的饥荒。不可否认饥荒的发生与自然界灾害发生之间存在密切联系。比如陈光、朱诚关注到自然灾害是导致农民战争的直接导火索,指出,"虽然每一次农民战争

①李伯重考察了气候变冷对农业生产的影响:"一旦气候变冷变干,农业生产受到的影响最为显著。这不仅会导致原有耕地减产,而且会使得大量耕地被放弃或弃农就牧,从而不能养活原有的人口。"并且,"气候变冷变干,不仅会使农业区域南移,而且也会使北亚牧业区域相应南移。由于北亚半沙漠半草原地区的生态基础非常脆弱,所以更难承受气候恶化的后果。牧业生产条件的恶化,迫使游牧民族不得不南下求生。在许多情况下,这种南下是通过武力强行进入农耕地区的。这当然不可避免地要引起持久的暴力冲突乃至大规模破坏,并且进一步激化内地的社会矛盾,加剧社会解体"。参阅李伯重:《气候变化与中国历史上人口的几次大起大落》,《人口研究》1999年第1期。

②许靖华指出:"中国第一次向较冷气候的转变发生在公元前后,王莽是一个有能力的统治者,但当寒冷与干旱引起大面积的饥荒时,他强有力的政府也不能阻止农民起义。在东汉王朝期间,很少有和平和繁荣,气候继续明显恶化,纷乱最终导致了汉王朝崩溃"。"随后而来的是魏晋南北朝时期(221—589年),在3世纪末,中国北部和中部大面积干旱,饥荒引起了大量饥民的死亡,甚至有人吃人的现象"。参阅许靖华:《太阳、气候、饥荒与民族大迁移》,《中国科学(D辑)》1998年第4期。

③Albert Sasson:《饥荒:气候和经济的原因》,《科学对社会的影响》1982年第3期。

④张德二:《关于唐代季风夏季雨量和唐朝衰亡的一场争论:中国历史气候记录对Nature论文提出的质疑》,《科学文化评论》2008年第1期。

都有其深刻的社会原因,但多数都发生在出现了自然灾害的时候"①。严重的干旱造成社会饥荒的事例也很多,实际上,公元 297 年"秦、雍二州大旱,疾疫,关中饥,米斛万钱,因此氐、羌反叛",463 年、464 年东部诸郡连续发生干旱,"民饥死者十六七";753 年"水旱相继,关中大饥",等等。

可以认为,在中国北部,气候变冷会导致饥荒发生频率高,反之则相反②。与此同时,也要注意到,除了寒冷干旱最容易造成饥荒外,水灾、蝗灾也是常常引致饥荒的灾害种类,一些非自然灾害的因素也是导致严重饥荒的原因③。实际上,史籍对战争导致饥荒的情形多有记载,比如"永嘉丧乱,百姓流亡,中原萧条,千里无烟,饥寒流陨,相继沟壑";"至德之后,天下兵起,始以兵役,因之饥疠"。南朝刘宋时期,沈庆之以征讨形式使部分蛮民出山,当时蛮民被围困时间很久,从而出现了饥荒的情况。

三、人类活动、森林破坏和环境影响

唐纳德·沃斯特注意到了环境变迁的经济因素④。确实,在阐释晋唐时期森林资源的破坏问题上,我们需要考察人类活动的因素。

实际上,不能认为气候变化仅仅是太阳辐射、大气环流等自然因素所致,从

---

①陈光、朱诚:《自然灾害对人们行为的影响——中国历史上农民战争与中国自然灾害的关系》,《灾害学》2003 年第 4 期。

②仇立慧、黄春长对黄河中游近 2000 年来发生的 306 次饥荒进行统计分析指出:"饥荒的发生与气候变化、自然灾害以及环境变化之间有显著的关系。主要表现为:气候寒冷时期,农业生产受到影响,饥荒发生频率较高;气候温暖时期,农业生产发展,饥荒发生频率较低。历史上严重的自然灾害常常引发饥荒,尤其是旱灾与饥荒的发生关系最为密切。历史时期黄河中游环境的恶化也是饥荒发生的重要原因。频繁发生的饥荒对社会经济及城市发展建设都造成一定的影响。"见仇立慧、黄春长:《古代黄河中游饥荒与环境变化关系及其影响》,《干旱区研究》2008 年第 1 期。

③比如,Albert Sasson 注意到饥荒救援工作的重要性:"由太阳现象引起的气候变化能给作物有害的影响并导致饥荒,尤其是援救工作管理不当更会发生这种情况。"参阅:Albert Sasson:《饥荒:气候和经济的原因》,《科学对社会的影响》1982 年第 3 期。

④他指出"环境史可以给予我们一种复杂的关于我们的经济文化和机构及其对地球的影响的知识。我发现,最难以被理解的观点之一就是,环境问题可能有非常深刻复杂的'经济原因'"。见唐纳德·沃斯特著,侯深译:《为什么我们需要环境史》,《世界历史》2004 年第 3 期。

长时段来看,人类开发活动会导致森林减少,气候更为干燥①。总体看来,隋唐的森林资源破坏程度远过前代,天然森林已较前减少许多,但仍有部分森林分布在人烟稀少、坡度陡峭的高山地区;若与宋明清相比,仍不能说很严重。

具体到晋唐时期,人类活动对森林资源的破坏表现在多个方面。

第一,森林资源的破坏与人类大力从事农业垦殖活动密切相关。

毫无疑问,人类开发因素对生态环境变迁和持续恶化具有关键性作用,这在古代重农政策和土地开拓法令的实施中表现得尤为明显。晋唐时期统治阶级重视农业生产,在农耕开始的时候会举行一定的仪式,以示对农耕的重视。杜佑撰《通典》对耕籍仪式有详细的记载。

农业政策因素对生态环境的变化有重要的影响。比如唐朝仅在陇右、河西、西域等地常年驻军的总数就有几十万人之多,很大一部分是军事需要的因素,由此边疆屯田开发进入新一轮高潮。这点在西域的个案考察中也得到了体现。西域的农业开发继续得到发展,对西域的生态环境产生了重要影响,再加上其干旱多风的极端气候条件,促使了西域部分绿洲的消失。晋唐时期西域农业开垦促进了当地粮食产量的增加,但人类屯垦和林木砍伐若超过一定限度,则严重破坏森林和草原状况,还会加剧水资源的紧张,导致一些绿洲被废为沙地。

从纵向对比来看,魏晋南北朝由于北方存在改农为牧的情况,河患发生频率减轻了。而隋唐五代十国时期河患发生频率加大,甚至高于秦汉。这种情况与唐代在黄河流域进行过度屯垦以及森林破坏程度更为严重有密切关系。

第二,人类的日常活动也加剧了林木资源的消耗及生态破坏。晋唐时期,木炭作为食物燃料和冬季取暖之用,仅仅在唐长安城,年消耗薪柴便多达40万吨。除薪炭消耗外,此时期的建筑、殡葬、日常制造等活动对林木也有大量的需求,这些均导致了森林资源的破坏。林木采伐加速了关中地区森林资源的破坏。到隋唐时期,在林木供应方面,北方已逐渐开始依赖南方,这种森林资源的

①近代就有学者认为,"中国北部气候转变干燥,颇为显著,仅受日球之影响不足以至此",注意到人类活动对气候变迁的影响,指出历史上北方人口激增导致森林的面积日见减少,森林的砍伐与气候的变化存在关系。他认为森林的荒废导致山洪奔放而下,水量奔腾入海,导致"蒸发之时期缩短,蒸发之数量随之而减少",加剧了北方气候的干燥。见黄瑞采:《中国北部森林之摧残与气候变为沙漠状况之关系》,《江苏月报》1935年第3卷第4期。

破坏还会造成水土流失严重、自然灾害加剧等严重后果。

人类的日常活动对物种资源的变迁也有明显影响。在古人看来，天上飞的、地上跑的动物，只要人类能捕杀到，往往会成为人类利用或食用的对象。以老虎这一山林之王来说，帝王狩猎行为主要是捕获鹿等食草类动物，但也会捕获老虎等山林猛兽；此外，在人虎在山林地带争夺生存空间的冲突中，最后结果都是人类经济开发活动取得胜利。狩猎过程中的焚毁林木的行为，不仅对整个狩猎场地的动物资源来说，是一场生命的浩劫，而且，焚毁林木的人类活动对森林资源有明显的破坏，也导致对空气的污染。

第三，战争行为也对林木资源有很大的破坏。人类活动因素对森林资源减少以及生态环境的改变还源于战争这一方面。晋唐时期的火攻战术常有焚毁战船、桥梁、城池、城门的情况，在行军过程中也存在砍伐林木、烧毁林木以及伐木开道的情况，这些会造成林木资源的破坏，滚滚浓烟还会污染大气的生态环境；而且，此后对被烧毁的战船、宫观等木质建筑的重建以及修缮活动也会造成林木资源额外的消耗。

人类经济活动导致森林资源减少，若从长时段角度考察，我们会发现晋唐时期的森林破坏没有之后的宋元明清时期严重。据研究，对长江流域来说，"长期以来长江流域森林破坏、水土流失的后果是，长江洪水一年比一年更严重。大小水灾，唐代平均18年一次，宋元两代6年一次，明清4年一次，民国以后平均2.5年一次"[①]。对北方来说，也是隋唐以后森林覆盖率变低，黄河水患也更为频繁[②]。之所以森林破坏的严重程度与水患发生的频率升高具有正相关的关系，这是因为，"在同一个流域里，上游地区的森林破坏必然会加剧下游地区洪

---

①樊宝敏、董源、张钧成、印嘉佑：《中国历史上森林破坏对水旱灾害的影响——试论森林的气候和水文效应》，《林业科学》2003年第3期。

②樊宝敏等研究指出："隋唐对于森林和黄河洪水都是一关键时期。此前，全国森林覆盖率高达37%以上，洪水为害的频率也较低，秦汉时期虽较严重，也只是平均27.56年发生一次。而经过隋唐以后，从五代开始，全国森林覆盖率降低到33%以下，此时黄河中游地区的森林覆盖率可能降至20%以下（根据史念海研究资料估计），黄河水患的周期已缩短到不足1年了。"见樊宝敏、董源、张钧成、印嘉佑：《中国历史上森林破坏对水旱灾害的影响——试论森林的气候和水文效应》，《林业科学》2003年第3期。

水发生的频度和强度"①。

森林减少对生态环境的影响是多方面的,"中国森林的大面积消失,除了会造成洪水灾害,而且也会导致气候干旱、黄河断流、沙尘暴肆虐和土地沙漠化"②。

四、灾害、饥荒等生态性事件的应对方式分析

晋唐时期生态环境的变化不可能不对人类的行为模式及思想观念产生影响,这突出地表现在两个方面。一是水旱灾害、饥荒等问题,二是人类在山地开发过程中与其他动物之间争夺生存空间的问题。

先来看第一个问题。在干旱等气候的背景下,森林资源消耗以及旱灾等灾害日益严重,常常直接引致民众饥荒,这便会衍生出一个问题,政府、皇帝、官员的态度是怎么样的? 他们是消极无为,是诚惶诚恐,还是积极应对呢?

可以认为,晋唐时期官民重视对灾害和饥荒的应对。旱灾和蝗灾对民食问题影响甚剧,我们以此两种灾害为例对官民灾害应对问题作了考察。

面对晋唐时期生态环境变迁尤其是自然灾害的发生,官民群体非常重视。官府对旱灾的赈济尤为重视。开皇十四年(594 年)发生一场旱灾,有人对隋文帝的救灾政策进行了分析,指出隋文帝并非如唐太宗所言不顾灾情,并且,这次旱灾还带来民间义仓的历史性改革③。本书也指出,面对蝗灾等虫害,晋唐时期常常采取捕杀的态度。

汉武帝以来,"天人感应"成为对灾异解读的常用理论。在魏晋时期,这种灾异政策中的"天"的警告所对应的重点是旱灾④。天人感应的作用不仅仅是对君主的权威予以一种论证,它还对人君的不当行为作出警告,可以说也是一种权力制约机制。由此,帝王也时不时在灾害发生时采取自省为政弊端的

①樊宝敏、董源、张钧成、印嘉佑:《中国历史上森林破坏对水旱灾害的影响——试论森林的气候和水文效应》,《林业科学》2003 年第 3 期。

②樊宝敏、董源、张钧成、印嘉佑:《中国历史上森林破坏对水旱灾害的影响——试论森林的气候和水文效应》,《林业科学》2003 年第 3 期。

③官德祥:《隋文帝与开皇十四年旱灾》,《中国农史》2016 年第 1 期。

④日本的井上幸纪指出,封建君主应付灾异时所采取的灾异政策,在两汉时期形成,这种灾异政策内容包括灾异对策与灾异仪礼,分别起回答"天"的谴告、调节阳阴的作用。到魏晋南北朝时期,仍然人事优先于天事,这时的灾害应对重点"由日食移到旱灾"。见井上幸纪:《两汉魏晋南北朝的灾异政策》,《南京师范专科学校学报》2000 年第 1 期。

举动。

这些是官方对旱灾发生的能动性的一面。另一方面，由于缺乏当代人工降雨、远距离输水、现代灌溉设施和工具，再加上农田水利建设存在缺陷，中国古代在发生严重旱灾的情况下，实际上是无能为力的。皇帝、大臣面对民众饥荒的紧迫局面常常是焦虑万分，熟谙儒家学说的帝王和地方官吏也会束手无策，只得借助祈祷的途径。在这种情况下，巫觋、道士、僧侣等群体便会粉墨登场，祈祷包括结坛祈请、咒语使用甚至责骂等多种方式。宗教在中国社会具有强大的、无所不在的影响力①，这一点在晋唐灾害尤其是旱灾的应对问题上表现很突出。

晋唐时期，人类在山地开发过程中不可避免地会与其他动物争夺生存空间。对这个问题，若从伦理和生态的角度作解读会帮助我们认识传统中国的文化特征。在人类山地开发过程中，毁林开荒会造成对物种资源的破坏，还会出现大型动物比如虎豹等动物与人类争夺生存空间的问题。本书以虎患问题为切入点，解读了人与动物之间生存空间争夺的问题。魏晋南北朝隋唐时期虎患在南北均有分布，若从纵向对比的角度考察，虎患在晋唐时期没有在宋元时期严重。虎是山林中的凶猛动物，被称为百兽之王。中国古代对虎的认识有一种神秘的因素，比如虎能变化为人的故事在古代史籍中常得到记载，《太平广记》卷四百二十六有多条关于捕虎及虎化为人等神异的故事。正因如此，此时期高僧、道士、官员都有利用宗教祈祷作为消弭虎患的措施，还存在以道德教化的观点来解读虎患的情况。即便如此，官民还是存在生态性解读方式，在这种角度下，人们把虎作为动物的一种，这样一来，捕杀措施便不值得奇怪了。这表现在，官方多次派遣专人捕杀为害之虎，民间也有临时捕杀虎类的诸多记载。

从以上所述可知，中国古代对生态灾害的应对呈现出一种有趣的现象。一方面帝王和官员以儒家"治国平天下"作为治国的思想，主张积极入世，对自然灾害、饥荒和人虎冲突等生态性事件采取一系列能动的措施。面对饥荒，官府

①杨庆堃指出："低估宗教在中国社会中的地位，实际上是有悖于历史事实的。在中国广袤的土地上，每个角落都有寺院、祠堂、神坛和拜神的地方。寺院、神坛散落于各处，比比皆是，表明宗教在中国社会强大的、无所不在的影响力，他们是一个社会现实的象征。"见[美]杨庆堃著，范丽珠等译：《中国社会中的宗教：宗教的现代社会功能与其历史因素之研究》，上海人民出版社2006年，第24页。

也会采用未雨绸缪的预防性措施,包括兴修水利、调剂粮食余缺等措施。

另一方面,在人力难以解决的生态事件的情况下,帝王和官员便会采取一种伦理性和宗教性的解读方式,不仅希冀利用宗教力量来应对危机,还会根据天人感应学说进行自省,看上去有点像"病急乱投医",但不能排除这种行为存在某种程度的真诚性。杨庆堃曾指出:"现代人已经发展了播云降雨和控制传染病的知识,他们也许会嘲笑这些社区宗教仪式的愚蠢,但在中国民众还没有掌握科学技术知识的时代,他们只能用宗教仪式来支持自己去面对饥饿和死亡的灾难,这表明他们并不完全放弃勇气和希望。"[1]在当时的时代背景下,上述两种方式的有机结合一方面充分发挥了人在生态环境变迁过程中的能动性,另一方面,也是对儒家所推崇的伦理教化的一种积极的实践。在当时的时代背景下,这种结合对官方的生态应对提供了一种较为成功的模式,也是一种可以被人理解的模式。

五、技术、文化因素对生态环境破坏的遏制作用

晋唐时期农业开发的发展无可避免地使生态环境出现恶化,这是客观存在的事实。实际上,世界上任何国家在开发自然的历史过程中都会不同程度地存在生态环境破坏。试图阐释在人类开发自然过程中存在哪些生态破坏的遏制因素以及分析其特点,无疑是有意义的。对晋唐时期生态环境变迁来说,值得欣慰的是,当时存在诸多遏制生态环境进一步恶化的各种因素,突出表现在农业技术体系、宗教戒律、文化思想等方面,这是我国传统社会自我调适机制的一种体现。看不到这一点,就难以充分认识我国古代环境变迁史的内在发展规律。

国外学者多有感叹我国千年地力不衰及长期以来经济发展与生态环境之间大致和谐的状况。比如日本流通经济大学的原宗子指出:"华北是人类诞生以来就有人持续活动的地区,而且是用同一种语言持续记录这些活动的唯一的地区。可见在中国,即使存在些问题,却还保持着能够让那么多的人口集聚和经济发展的环境。也就是说,在人类历史上,中国是能够在最长时期内实现社

---

① [美]杨庆堃著,范丽珠等译:《中国社会中的宗教:宗教的现代社会功能与其历史因素之研究》,上海人民出版社 2006 年,第 97 页。

会经济与自然环境的协调和持续发展的地方。"①马立博注意到了中国农业的可持续性的特征,指出:"事实上,中国历史中的一个悖论就在于,虽然环境的退化是长期而且明显的,但中国的农作制度又确实具有非凡的可持续性。"②笔者看来,对中国传统社会技术和文化因素的分析,对我们全面认识中国生态环境变迁的历史以及探索生态环境演变的规律有价值,也有助于我们更全面理解中国农业以及中国文明的可持续性问题。

魏晋南北朝时期,北方旱地精耕细作技术已基本成熟。作为丰富的农业实践经验的总结,农学名著《齐民要术》代表了当时世界农学最高水平,标志着我国北方精耕细作农业技术体系已经成型,蕴含有丰富的生态思想。这种生态思想表现在"三才"农业思想,抗旱保墒、合理用水思想,合理用地、养地思想,植树造林思想,对动植物生态习性的认识等方面。这种精耕细作技术在唐代仍得到传承,唐代农书《四时纂要》里面有诸多精细管理、生态农业技术的内容。晋唐时期这些农业生态技术的总结以及在农业生产实践上的应用有助于缓解北方干旱的气候条件对农业生产的制约,并且注重用地与养地相结合,有利于农业的可持续发展,体现了古人的生态智慧。

晋唐时期一些农业技术蕴含着当时的生态智慧。比如,水利建设技术成就体现了晋唐时期人们土地利用的进步。魏晋时期关中的盐碱地原来不适宜种植粮食,但时人利用泾水、渭水对其加以灌溉而得以利用,出现"百姓谣咏其殷实"的情况。隋朝卢贲也曾经开凿利民渠、温润渠,"以溉舄卤,民赖其利"。另如,公元829年,李茸筑海堤,使得福州长乐郡的盐碱地成为良田,"其地三百户皆良田"。在此时期,政府专门安排撩兵千人用于除掉葑草,浚治西湖。这些措施都会对我们当今的生态环境治理问题有所启发。

晋唐时期还重视生态环境保护的制度建设,制定了诸多环境保护方面的政策措施。这些措施可以帮助我们认识中国古代统治者的治理智慧和生态观念,对我们现今加强生态文明建设有启发价值。以唐代为例,可以看出生态环境保

①(日)原宗子:《我对华北古代环境史的研究——日本的中国古代环境史研究之一例》,《中国经济史研究》2000年第3期。
②(美)马立博著,关永强、高丽洁译:《中国环境史:从史前到现代》,中国人民大学出版社,2015年,第446页。

护的制度建设有多方面的表现,比如林木资源保护、水利建设、动植物资源保护、园林建设及保护等多个方面。一些管理规定即使在现今看来也具有借鉴价值。比如隋唐时期重视进行庭院植树,提倡河堤两岸种植柳树以及在街巷植树,规定不得砍伐大路两侧的树木,禁止对部分山地林木任意樵采等。又比如,设立禁猎区有利于保护当时的动物物种资源,园林建设以及园囿的设置也有利于保存植物物种资源,有利于物种多样性的实现。

汉武帝"独尊儒术"使得儒家文化在中国政治文化中占据统治地位,但中国文化具有包容性和开放性的特点,比如继承老庄思想部分内容的玄学体系及道教,对儒家文化、外来佛教加以吸纳的中国佛教文化,都是我国晋唐时期生态文化的重要思想来源。这种开放性和包容性也是我国古代文化的特点和优势。佛学、道教以及玄学等思想体系均蕴含有丰富的生态思想的内涵。

佛教文化具有鲜明的生态保护价值。比如,面对饥荒,一些寺院会采取赈给贫乏的事宜,对于大量因灾害而死亡灾民的遗骸,高僧会帮助灾民对逝者进行入殓埋葬。唐中和年间杭州的幼璋禅师就是典型的一位,他收殓埋葬了几千具遗骸,当时被称为"悲增大士"。这类行为大大降低了因遗骸遍地而出现传染病大面积传播的可能性。高僧在深山修行的时候还会开掘泉水,这有利于对当地水资源生态环境的建设。一些佛教寺院还曾长期进行封山活动,不准人们进入寺院所在深山地带对森林乱砍滥伐,对生态环境保护起了重要作用。晋唐高僧还常常在所修行的山林地带进行植树造林,美化了山地生态环境。

佛教主张六道众生是平等的,由此就必然推导出自然界的一切动物同人一样具有自己的生命价值和生存权利,晋唐时期一些高僧对各种动物具有一种慈悲心,多有救护动物和劝人戒杀放生的事迹,这是关爱生命的典范。由于信仰"众生平等"的生命观,许多高僧大德在修行中能与猿猴、鸟类、麋鹿等山林动物和谐共处。甚至于,一些高僧在深山修行的时候会出现"猛虎舐足,毒蛇熏体"等人与猛兽和谐相处的情况,一些高僧在修行的过程中还会驯养虎豹等猛兽,佛教传记还宣扬深山的虎豹会对一些高僧加以护卫。据本人对佛教僧人传记的研读,这种事例绝非个别。佛典对此类人与猛兽之间和谐相处情况的解读,主要是宗教性的,但无疑反映出当时这些深山地带的森林资源在当时破坏还不是太严重。

　　至于道教,在两晋南北朝时期,道士们结茅清修,形成了遍布各名山的洞天福地。至隋唐时期,基本上是实行"三教"并用的政策,统治者大多重视道教。尤其是唐代,官方支持道教,道教发展遇到一个辉煌期。柯锐思(Russell Kirkland)指出,开元二十七年(739年),是玄宗对道教的支持近乎巅峰之时,"据说全国范围内有1687所道观,其中550座是女冠观。"①英国伦敦大学东方及非洲研究院宗教学系教授巴雷特(Timothy Hugh Barrett)也指出:"睿宗支持道教最明显的结果就是增加了道观的修建,在他短暂的统治时期京城里道观建造的速度明显快于唐代的其他时期。"②

　　道教具有丰富的生态思想,比如,改造和利用自然的思想,神学化的生态思想,道教"物无贵贱""重人贵生"的生态伦理观,身心和谐的生态实践思想等。这些思想有些仍然对我们当今的生态文明建设有启发。比如道教不是"人类中心主义",主张人类并不是天地中唯一主宰,强调人与自然之间的和谐性。道教主张"春不伐树覆巢,夏不燎田伤禾",强调对万物的利用要遵循自然之道。道教戒律中有诸多条文对保护生态环境具有现实价值,也是当今时代我们民众都可以而且应该遵守的基本行为规范,比如不得焚烧野田山林,不得妄摘草花,不得以毒药投渊池江海中,不得上树探巢破卵,不得以秽污之物投放在井中,不得惊吓鸟兽等。

　　道教主张司过之神、三尸神、灶神等各种神灵对人类行为掌管奖惩之权,对因果报应的事例作了大量记载。这些即使具有神学化因素,但无疑使得古代人们在征服、利用自然的过程中存在着一种敬畏之心。又如,道教以拥有物种的多少作为分别贫富的标准,与现在人们耳熟能详的"绿水青山就是金山银山"有一定的契合之处。

　　玄学是魏晋时期兴起的重要的学术思潮。魏晋玄学以文学思想和哲学思想著名,但也蕴含着丰富的生态思想。魏晋时期的玄学家不认为所谓"天道"是外在地凌驾于包括山水自然物的客体,而是"万物"自身所固有的。既然山水里面有"道",魏晋玄学家便会自然而然将大量的精力投注在山水上面,他们对山

---

　　①柯锐思(Russell Kirkland)著,曾维加、刘玄文译:《唐代道教的多维度审视:20世纪末该领域的研究现状(节选)》,《中国道教》2012年第2期。
　　②巴雷特著,曾维加译:《盛唐时期的道教与政治》,《宗教学研究》2011年第3期。

水有一种真正的喜爱和亲近。有人指出,"道家思想以亲近自然山水为悟道的手段,在魏晋南北朝开始对民间普通知识分子的园林观起作用"①。在玄学自然山水观的影响下,园林也纷纷兴起。这些都是玄学生态思想的生动体现。

综合以上五大方面的讨论,可以认为,一方面,两晋南北朝隋唐 600 多年生态环境的演变体现在气候变化等自然生态因素,气候等自然生态环境严重影响和制约着当地人民资源利用的方式,甚至有助于解释朝代更替等历史宏大叙事的最终原因。另一方面,晋唐 600 多年生态环境的演变还表现在农业开发、日常生活等人类活动对生态环境的破坏和局部性的恶化,这种生态环境的恶化是导致农业自然灾害的原因之一,由此导致自然生态环境进而又产生新的变化。晋唐时期生态环境破坏的主要致使因素是人类活动,同时,我们还要注意到,人类在生态环境破坏或者恶化的过程中并不是无能为力的,人类在这个过程中存在着技术上、管理上等诸多应对措施,并形成了佛教、道教、玄学等生态文化,有些生态文化还催生了丰富的生态实践。由此可见,传统社会在生态环境进一步破坏的应对方面虽然存在某种不足,但官方政策、民间应对、技术革新以及思想文化演变等方面均是抑制生态环境破坏的不可忽视的因素,这有助于我们更好地认识中国传统社会的运行机制。

①李莎:《从中国哲学美学看传统园林艺术思想》,《中国园林》2015 年第 11 期。

参考文献

一、古籍类

班固:《汉书》,中华书局,1962 年。

曹漫之、王召棠、辛子牛等:《唐律疏议译注》,吉林人民出版社,1989 年。

常璩:《华阳国志》,时代文艺出版社,2009 年。

陈旉:《农书》,中华书局,1985 年。

陈寿:《三国志》,中华书局香港分局,1971 年。

董诰等:《全唐文》,中华书局,1983 年。

杜光庭编,王纯五译注:《洞天福地岳渎名山记全译》,贵州人民出版社,1999 年。

杜佑:《通典》,中华书局,1984 年。

方濬师撰,盛东铃点校:《蕉轩随录·续录》,中华书局,1995 年。

房玄龄等:《晋书》,中华书局,1974 年。

范晔:《后汉书》,中华书局,1965 年。

樊绰撰,向达原校,木芹补注:《云南志补注》,云南人民出版社,1995 年。

范祖禹撰,贺次君、施和金点校:《读史方舆纪要》,中华书局,2005 年。

封演:《封氏闻见记》,中华书局,1985 年。

葛洪著,冯国超编:《抱朴子内篇》,吉林人民出版社,2005 年。

葛洪:《西京杂记》,中华书局,1985 年。

顾炎武著,陈垣校注:《日知录校注》,安徽大学出版社,2007 年。

郭凝之:《先觉宗乘》,见蓝吉富主编:《禅宗全书》第一五册,北京图书馆出版社,2004 年。

韩鄂撰,缪启愉校释:《四时纂要校释》,农业出版社,1981 年。

《嵇康集》,山东画报出版社,2004 年。

嵇含:《南方草木状》,广东科技出版社,2009 年。

贾思勰著,缪启愉校释,缪桂龙参校:《齐民要术校释》,农业出版社,1982 年。

静、筠二僧合编:《祖堂集》,蓝吉富主编《禅宗全书》第一册,北京图书馆出版社,2004 年。

净柱辑:《五灯会元续略》,蓝吉富主编《禅宗全书》第一六册,北京图书馆出版社,2004 年。

乐史:《宋本太平寰宇记》,中华书局,2000 年。

李延寿:《北史》,中华书局,1974 年。

李延寿:《南史》,中华书局,1975 年。

李运富编注:《谢灵运集》,岳麓书社,1999 年。

李昉等:《太平御览》,中华书局,1960 年。

郦道元著,陈桥驿注释:《水经注》,浙江古籍出版社,2001 年。

李泰等著,贺次君辑校:《括地志辑校》,中华书局,1980 年。

李昉等:《太平广记》,中华书局,1961 年。

李筌:《太白阴经》,广州出版社,2003 年。

李吉甫撰,贺次君点校:《元和郡县图志》,中华书局,1983 年。

令狐德棻等:《周书》,中华书局,1974 年。

刘昫等:《旧唐书》,中华书局,1975 年。

刘恂著,鲁迅校勘:《岭表录异》,广东人民出版社,1983 年。

刘义庆著,黄征、柳军晔注:《世说新语》,浙江古籍出版社,1998 年。

《柳宗元集》,中华书局,1979 年。

陆广微撰,曹林娣校注:《吴地记》,江苏古籍出版社,1986 年。

陆羽著,李勇、李艳华注:《茶经》,华夏出版社,2006 年。

莫休符:《桂林风土记》,中华书局,1985 年。

聂先:《续指月录》,见蓝吉富主编:《禅宗全书》第一三册,北京图书馆出版社,2004 年。

欧阳修、宋祁:《新唐书》,中华书局,1975 年。

欧阳修:《新五代史》,中华书局,1974 年。

瞿汝稷集:《指月录》,蓝吉富主编《禅宗全书》第一二册,北京图书馆出版社,2004 年。

任法融:《黄帝阴符经·黄石公素书释义》,东方出版社,2012 年。

阮籍著,郭光校注:《阮籍集校注》,中州古籍出版社,1991 年。

司马迁:《史记》,中华书局,1959 年。

司马承祯撰:《天隐子》,中华书局,1985 年。

司马光编著,胡三省注:《资治通鉴》,中华书局,1956 年。

沙知校录:《敦煌文献分类录校丛刊·敦煌契约文书辑校》,江苏古籍出版社,1998 年。

沈约:《宋书》,中华书局,1974 年。

释念常:《佛祖历代通载》,见《钦定四库全书》第1054 册,上海古籍出版社,1985 年。

释赞宁:《宋高僧传》,见《钦定四库全书》第 1052 册,上海古籍出版社,1985 年。

释慧皎撰,汤用彤校注:《高僧传》,中华书局,1992 年。

释觉岸:《释氏稽古略》,见《钦定四库全书》第 1054 册,上海古籍出版社,1985 年。

释道原:《景德传灯录》,见蓝吉富主编:《禅宗全书》第二册,北京图书馆出版社,2004 年。

释惠洪:《禅林僧宝传》,见《钦定四库全书》第 1052 册,上海古籍出版社,1985 年。

释智昇:《开元释教录》,见《钦定四库全书》第 1051 册,上海古籍出版社,1985 年。

宋濂:《元史》,中华书局,1976 年。

宋敏求编,洪丕谟、张伯元、沈敖大点校:《唐大诏令集》,学林出版社,1992 年。

宋敏求:《长安志》,见《中国方志丛书》第 290 号,成文出版社(台湾),1970 年。

孙思邈撰,鲁兆麟等点校:《备急千金要方》,辽宁科学技术出版社,1997 年。

孙思邈:《孙思邈保健著作五种》,西北大学出版社,1985 年。

谭峭撰,丁祯彦、李似珍点校:《道教典籍选刊·化书》,中华书局,1996 年。

陶渊明著,吴泽顺编注:《陶渊明集》,岳麓书社,1996 年。

脱脱等:《宋史》,中华书局,1977 年。

脱脱等:《辽史》,中华书局,1974 年。

王明校注:《无能子校注》,中华书局,1981 年。

王明:《太平经合校》,中华书局,1960 年。

王尧、陈践:《敦煌吐蕃文献选》,四川民族出版社,1983 年。

王溥:《唐会要》,中华书局,1955 年。

王谠撰,周勋初校证:《唐语林》,中华书局,1987 年。

王仁裕撰,曾贻芬点校:《开元天宝遗事》,中华书局,2006 年。

王钦若等:《册府元龟》,中华书局,1960 年。

魏收:《魏书》,中华书局,1974 年。

魏征等:《隋书》,中华书局,1973 年。

韦述:《两京新记》,中华书局,1985 年。

文绣集:《增集续传灯录》,蓝吉富主编《禅宗全书》第一六册,北京图书馆出版社,2004 年。

吴兢编著,王贵标点:《贞观政要》,岳麓书社,1991 年。

萧统编,李善注:《文选》,上海古籍出版社,1986 年。

萧子显:《南齐书》,中华书局,1972 年。

徐松撰,张穆校补,方严点校:《唐两京城坊考》,中华书局,1985 年。

玄奘著,芮传明译注:《大唐西域记全译》,贵州人民出版社,2008 年。

薛居正等撰:《旧五代史》,中华书局,1976 年。

杨衒之撰,韩结根注:《洛阳伽蓝记》,山东友谊出版社,2001 年。

姚思廉:《梁书》,中华书局,1973 年。

姚思廉:《陈书》,中华书局,2000 年。

元贤集:《建州弘释录》,蓝吉富主编《禅宗全书》第一六册,北京图书馆出版社,2004 年。

圆极居顶:《续传灯录》,蓝吉富主编《禅宗全书》第一六册,北京图书馆出版社,2004 年。

张弧:《素履子》,中华书局,1985 年。

张九龄等原著,袁文兴、潘寅生主编:《唐六典全译》,甘肃人民出版社,1997 年。

郑炳林:《敦煌地理文书汇辑校注》,甘肃教育出版社,1989 年。

《全唐诗》,中华书局,1999 年。

朱时恩辑:《佛祖纲目》,蓝吉富主编《禅宗全书》第一五册,北京图书馆出版社,2004 年。

二、近人著作部分

Robert B · Marks . China: *Its Environment and History*. Rowman & Littlefield Publishers , 2011.

Ling Zhang . *The River, the Plain, and the State: An Environmental Drama in Northern Song China*, 1048 – 1128. Cambridge University Press ,2016.

Lillian M · Li. *Fighting Famine in North China——State, Market, and Environmental Decline*, 1690s – 1990s. Stanford University Press,2007.

Micah S · Muscolino. *The Ecology of War in China*. Cambridge University Press , 2014.

Paul Richard Bohr. *Famine in China and the Missionary: Timothy Richard as Relief Administrator and Advocate of National Reform*, 1876 – 1884. Harvard University Asia Center,1972.

［法］阿尔贝·史怀泽著，［德］汉斯·瓦尔特·贝尔编，陈泽环译：《敬畏生命》，上海社会科学院出版社，1995 年。

白翠琴：《魏晋南北朝民族史》，四川民族出版社，1996 年。

柏贵喜：《四—六世纪内迁胡人家族制度研究》，民族出版社，2004 年。

白寿彝主编：《中国通史纲要》，上海人民出版社，1980 年。

白至德编著：《白寿彝史学二十讲：中古时代·三国两晋南北朝时期》，中国友谊出版公司，2011 年。

包茂红：《环境史学的起源和发展》，北京大学出版社，2012 年。

卜风贤：《周秦汉晋时期农业灾害和农业减灾方略研究》，中国社会科学出版社，2006 年。

陈曦：《宋代长江中游的环境与社会研究：以水利、民间信仰、族群为中心》，科学出版社，2016 年。

钞晓鸿：《环境史研究的理论与实践》，人民出版社，2016 年。

陈新海：《历史时期青海经济开发与自然环境变迁》，青海人民出版社，2009 年。

陈红兵：《佛教生态哲学研究》，宗教文化出版社，2011 年。

陈雄、桑广书：《地域经济开发与环境响应：古代浙北平原的环境变迁》，中国科学技术出版社，2005 年。

陈嵘：《中国森林史料》，中国林业出版社，1983 年。

陈吉余、王宝灿、虞志英等：《中国海岸发育过程和演变规律》，上海科学技术出版社，1989 年。

程民生：《中国北方经济史——以经济重心的转移为主线》，人民出版社，2004 年。

程遂营：《唐宋开封生态环境研究》，中国社会科学出版社，2002 年。

崔瑞德主编：《剑桥中国隋唐史（589 – 906 年）》，中国社会科学出版社，1990 年。

村松宏一:《中国古代環境史の研究》,日本汲古书院,2016 年。

邓拓:《中国救荒史》,武汉大学出版社,2012 年。

邓绍秋:《禅宗生态审美研究》,百花洲文艺出版社,2005 年。

丁煌:《汉唐道教论集》,中华书局,2009 年。

冻国栋:《中国人口史·第二卷·隋唐五代时期》,复旦大学出版社,2002 年。

董学荣、吴瑛:《滇池沧桑:千年环境史的视野》,知识产权出版社,2013 年。

樊宝敏、李智勇:《中国森林生态史引论》,科学出版社,2008 年。

樊自立主编:《新疆土地开发对生态与环境的影响及对策研究》,气象出版社,1996 年。

樊光春:《长安道教与道观》,西安出版社,2001 年。

方英楷:《新疆屯垦史》,新疆青少年出版社,1989 年。

富兰克林·H.金(F. H. King)著,程存旺、石嫣译:《四千年农夫》,东方出版社,2011 年。

傅筑夫:《中国封建社会经济史》,四川人民出版社,1986 年。

高敏主编:《中国经济通史(魏晋南北朝经济卷)》,经济日报出版社,1998 年。

高敏:《魏晋南北朝史发微》,中华书局,2005 年。

高敏主编:《魏晋南北朝经济史》,上海人民出版社,1996 年。

高明士主编:《中国史研究指南 2:魏晋南北朝史·隋唐五代史》,台湾联经出版事业公司,1990 年。

韩国磐:《北朝经济试探》,上海人民出版社,1958 年。

韩国磐:《南朝经济试探》,上海人民出版社,1963 年。

韩国磐:《魏晋南北朝史纲》,人民出版社,1983 年。

韩昭庆:《荒漠水系三角洲:中国环境史的区域研究》,上海科学技术文献出版社,2010 年。

赫治清主编:《中国古代灾害史研究》,中国社会科学出版社,2007 年。

贺昌群:《汉唐间封建的国有土地制与均田制》,上海人民出版社,1958 年。

何汉威:《光绪初年(1876—1879)华北的大旱灾》,香港:中文大學出版社,1980 年。

侯仁之、邓辉主编:《干旱半干旱地区历史时期环境变迁研究文集》,商务印书馆,2006 年。

侯全亮、孟宪明、朱叔君选注:《黄河古诗选》,中州古籍出版社,1989 年。

《黄河水利史述要》,黄河水利出版社,2003 年。

冀朝鼎著,朱诗鳌译:《中国历史上的基本经济区与水利事业的发展》,中国社会科学出版社,1981 年。

蒋福亚:《魏晋南北朝社会经济史》,天津古籍出版社,2004 年。

蒋福亚:《魏晋南北朝经济史探》,甘肃人民出版社,2004 年。

蒋朝君:《道教生态伦理思想研究》,东方出版社,2006 年。

蓝勇:《历史时期西南经济开发与生态变迁》,云南教育出版社,1992 年。

黎虎:《魏晋南北朝史论》,学苑出版社,1999 年。

李斌城、李锦绣、张泽咸、吴丽娱、冻国栋、黄正建著:《隋唐五代社会生活史》,中国社会科学出版社,1998 年。

李丙寅、朱红、杨建军编著:《中国古代环境保护》,河南大学出版社,2001 年。

李根蟠:《中国农业史》,文津出版社(台湾),1997 年。

李根蟠、(日)原宗子、曹幸穗编:《中国经济史上的天人关系》,中国农业出版社,2002 年。

李剑农:《魏晋南北朝隋唐经济史稿》,生活·读书·新知三联书店,1959 年。

李剑农:《中国古代经济史稿·魏晋南北朝隋唐部分》,武汉大学出版社,2011 年。

李景雄:《中国古代环境卫生》,浙江古籍出版社,1994 年。

李明珠著,石涛、李军、马国英译:《华北的饥荒:国家、市场与环境退化

（1690—1949）》，人民出版社，2016 年。

李令福：《关中水利开发与环境》，人民出版社，2004 年。

李亚农：《周族的氏族制与拓跋族的前封建制》，华东人民出版社，1954 年。

李健超：《汉唐两京及丝绸之路历史地理论集》，三秦出版社，2007 年。

李吉和：《先秦至隋唐时期西北少数民族迁徙研究》，民族出版社，2003 年。

李泽厚、刘纲纪：《中国美学史（魏晋南北朝编）》，安徽文艺出版社，1999 年。

李中清、郭松义主编：《清代皇族人口行为和社会环境》，北京大学出版社，1994 年。

李远国、陈云：《衣养万物：道家道教生态文化论》，巴蜀书社，2009 年。

梁家勉主编：《中国农业科学技术史稿》，农业出版社，1989 年。

林梅村：《汉唐西域与中国文明》，文物出版社，1998 年。

刘大杰：《魏晋思想论》，上海古籍出版社，1998 年。

刘翠溶、伊懋可主编：《积渐所至：中国环境史论文集》，"中央研究院"经济研究所（台湾），2000 年。

路遇、腾泽之编著：《中国人口通史》，山东人民出版社，1999 年。

罗桂环等主编：《中国环境保护史稿》，中国环境科学出版社，1995 年。

罗桂环、舒俭民编著：《中国历史时期的人口变迁与环境保护》，冶金工业出版社，1995 年。

吕思勉：《中国制度史》，上海教育出版社，1985 年。

马曼丽主编：《中国西北边疆发展史研究》，黑龙江教育出版社，2001 年。

马忠良、宋朝枢、张清华：《中国森林的变迁》，中国林业出版社，1997 年。

马立博著，关永强、高丽洁译：《中国环境史：从史前到现代》，中国人民大学出版社，2015 年。

马立博著，王玉茹、关永强译：《虎、米、丝、泥：帝制晚期华南的环境与经济》，江苏人民出版社，2011 年。

（美）杨庆堃著，范丽珠等译：《中国社会中的宗教：宗教的现代社会功能与其历史因素之研究》,上海人民出版社,2006 年。

梅雪芹:《环境史研究叙论》,中国环境科学出版社,2011 年。

孟泽思著,赵珍译,曹荣湘审校:《清代森林与土地管理》,中国人民大学出版社,2009 年。

孟宪实:《汉唐文化与高昌历史》,齐鲁书社,2004 年。

牟重行:《中国五千年气候变迁的再考证》,气象出版社,1996 年。

穆盛博著,胡文亮译:《近代中国的渔业战争和环境变化》江苏人民出版社,2015 年。

宁可主编:《中国经济通史(隋唐五代经济卷)》,经济日报出版社,2000 年。

宁业高、桑传贤选编:《中国历代农业诗歌选》,农业出版社,1988 年。

潘镛:《隋唐时期的运河和漕运》,三秦出版社,1987 年。

普度:《耗尽土地:1500—1850 年湖南的政府和农民》,哈佛大学出版社,1987 年。

齐涛:《魏晋隋唐乡村社会研究》,山东人民出版社,1995 年。

前岛信次:《丝绸之路的 99 个谜》,天津人民出版社,1981 年。

卿希泰:《中国道教思想史纲·第二卷·隋唐五代北宋时期》,四川人民出版社,1985 年。

邱国珍:《三千年天灾》,江西高校出版社,1998 年。

上田信著,朱海滨译,王振忠审校:《森林与绿色中国史》,山东画报出版社,2013 年。

史念海主编:《中国历史地理论丛(第一辑)》,陕西人民出版社,1981 年。

史念海:《河山集·二集》,生活·读书·新知三联书店,1981 年。

史念海:《黄土高原历史地理研究》,黄河水利出版社,2001 年。

史念海、曹尔琴、朱士光:《黄土高原森林与草原的变迁》,陕西人民出版社,1985 年。

史念海:《河山集·六集》,山西人民出版社,1997 年。

史念海:《唐代历史地理研究》,中国社会科学出版社,1998 年。

施和金:《中国历史地理研究》,南京师范大学出版社,2000 年。

斯坦因著,海涛编译:《斯坦因西域盗宝记》,西苑出版社,2009 年。

苏北海:《西域历史地理》,新疆大学出版社,2000 年。

孙冬虎:《北京近千年生态环境变迁研究》,北京燕山出版社,2007 年。

太史文著,侯旭东译:《幽灵的节日:中国中世纪的信仰与生活》,浙江人民出版社,1999 年。

唐大为主编:《中国环境史研究(第 1 辑):理论与方法》,中国环境科学出版社,2009 年。

唐长孺:《三至六世纪江南大土地所有制的发展》,上海人民出版社,1957 年。

唐长孺:《魏晋南北朝隋唐史三论——中国封建社会的形成和前期的变化》,武汉大学出版社,1992 年。

唐长孺:《魏晋南北朝史论丛》,河北教育出版社,2000 年。

谭其骧:《长水集》,人民出版社,1987 年。

汤用彤:《汉魏两晋南北朝佛教史》,中华书局,1983 年。

童丕著,余欣、陈建伟译:《敦煌的借贷:中国中古时代的物质生活与社会》,中华书局,2003 年。

王飞:《先秦两汉时期森林生态文明研究》,中国社会科学出版社,2015 年。

汪家伦、张芳:《中国农田水利史》,农业出版社,1990 年。

王尚义、张慧芝:《历史时期汾河上游生态环境演变研究:重大事件及史料编年》,山西人民出版社,2008 年。

王建革:《江南环境史研究》,科学出版社,2016 年。

王利华:《中古华北饮食文化的变迁》,中国社会科学出版社,2000 年。

王利华主编:《中国环境史研究(第二辑):理论与探索》,中国环境出版社,2013 年。

王利华主编:《中国农业通史·魏晋南北朝卷》,中国农业出版社,2009 年。

王利华主编:《中国历史上的环境与社会》,三联书店,2007 年。

王利华：《人竹共生的环境与文明》，三联书店，2013 年。

王寿南：《隋唐史》，台湾三民书局，1986 年。

王星光：《中国农史与环境史研究》，大象出版社，2012 年。

王星光：《生态环境变迁与夏代的兴起探索》，科学出版社，2004 年。

王星光等：《生态环境变迁与社会嬗变互动——以夏代至北宋时期黄河中下游地区为中心》，人民出版社，2016 年。

王大华：《崛起与衰落——古代关中的历史变迁》，陕西人民出版社，1987 年。

王玉德、张全明等：《中华五千年生态文化》，华中师范大学出版社，1999 年。

王子今：《秦汉时期生态环境研究》，北京大学出版社，2007 年。

王振堂、盛连喜：《中国生态环境变迁与人口压力》，中国环境科学出版社，1994 年。

王瑶：《中古文学史论》，北京大学出版社，1998 年。

文焕然：《中国历史时期植物与动物变迁研究》，重庆出版社，2006 年。

吴俊范：《水乡聚落：太湖以东家园生态史研究》，上海古籍出版社，2016 年。

吴忱等：《华北平原古河道研究》，中国科学技术出版社，1991 年。

吴宏岐：《西安历史地理研究》，西安地图出版社，2006 年。

吴松弟：《中国移民史·第三卷·隋唐五代时期》，福建人民出版社，1997 年。

吴祥定、钮仲勋、王守春等：《历史时期黄河流域环境变迁与水沙变化》，气象出版社，1994 年。

伍成泉：《汉末魏晋南北朝道教戒律规律研究》，巴蜀书社，2006 年。

夏明方、侯深：《生态史研究（第一辑）》，商务印书馆，2016 年。

夏明方：《近世棘途：生态变迁中的中国现代化进程》，中国人民大学出版社，2012 年。

夏训诚等编著:《新疆沙漠化与风沙灾害治理》,科学出版社,1991 年。

肖爱玲等:《古都西安·隋唐长安城》,西安出版社,2008 年。

严足仁:《中国历代环境保护法制》,中国环境科学出版社,1990 年。

杨伟兵:《云贵高原的土地利用与生态变迁(1659—1912)》,上海人民出版社,2008 年。

衣保中等:《区域开发与可持续发展:近代以来中国东北区域开发与生态环境变迁的研究》,吉林大学出版社,2004 年。

尹泽生、杨逸畴等主编:《西北干旱地区全新世环境变迁与人类文明兴衰》,地质出版社,1992 年。

伊懋可著,梅雪芹、毛利霞、王玉山译:《大象的退却:一部中国环境史》,江苏人民出版社,2014 年。

尹伟伦、严耕编:《中国林业与生态史研究》,中国经济出版社,2012 年。

殷晴:《丝绸之路与西域经济——十二世纪前新疆开发史稿》,中华书局,2007 年。

余谋昌:《环境哲学:生态文明的理论基础》,中国环境科学出版社,2010 年。

乐爱国:《道教生态学》,社会科学文献出版社,2005 年。

袁清林编著:《中国环境保护史话》,中国环境科学出版社,1989 年。

袁祖亮主编,张美莉、刘继宪、焦培民著:《中国灾害通史(魏晋南北朝卷)》,郑州大学出版社,2009 年。

袁祖亮主编,闫祥鹏著:《中国灾害通史(隋唐五代卷)》,郑州大学出版社,2008 年。

袁庭栋、刘泽模:《中国古代战争》,四川省社会科学院出版社,1988 年。

翟旺、米文精:《山西森林与生态史》,中国林业出版社,2009 年。

张步天:《中国历史地理》,湖南大学出版社,1988 年。

张芳:《中国古代灌溉工程技术史》,山西教育出版社,2009 年。

张家炎:《克服灾难:华中地区的环境变迁与农民反应(1736—1949)》,法律出版社,2016 年。

张伟然:《历史与现代的对接:中国历史地理学最新研究进展》,商务印书馆,2016 年。

张岂之:《环境哲学前沿(第一辑)》,陕西人民出版社,2004 年。

张全明:《两宋生态环境变迁史》,中华书局,2016 年。

张全明、王玉德等:《生态环境与区域文化史研究》,崇文书局,2005 年。

张泽咸:《汉晋唐时期农业》,中国社会科学出版社,2003 年。

赵琴华、秦建明:《陕西古代园林》,三秦出版社,2001 年。

赵安启、胡柱志主编:《中国古代环境文化概论》,中国环境科学出版社,2008 年。

赵冈:《中国历史上生态环境之变迁》,中国环境科学出版社,1996 年。

赵玉田:《环境与民生:明代灾区社会研究》,社会科学文献出版社,2016 年。

郑学檬:《中国古代经济重心南移和唐宋江南经济研究》,岳麓书社,2003 年。

周琼:《清代云南瘴气与生态变迁研究》,中国社会科学出版社,2007 年。

朱大渭、刘驰、梁满仓、陈勇著:《魏晋南北朝社会生活史》,中国社会科学出版社,1998 年。

朱士光:《黄土高原地区环境变迁及其治理》,黄河水利出版社,1999 年。

朱士光主编:《古都西安:西安的历史变迁与发展》,西安出版社,2003 年。

朱士光主编:《史念海先生八十寿辰学术文集》,陕西师范大学出版社,1996 年。

庄华峰:《魏晋南北朝史新编》,中国社会科学出版社,2016 年。

邹逸麟主编:《黄淮海平原历史地理》,安徽教育出版社,1997 年。

邹逸麟编著:《中国历史地理概述》,上海教育出版社,2005 年。

三、近人论文部分

巴雷特著,曾维加译:《盛唐时期的道教与政治》,《宗教学研究》2011 年第

3 期。

布雷特·辛斯基著，蓝勇、刘建、钟春来、严奇岩译：《气候变迁和中国历史》，《中国历史地理论丛》2003 年第 2 期。

蔡亮：《政治权力绑架下的西汉天人感应灾异说》，《社会科学文摘》2017 年第 11 期。

陈光、朱诚：《自然灾害对人们行为的影响——中国历史上农民战争与中国自然灾害的关系》，《灾害学》2003 年第 4 期。

程洪：《新史学——来自自然科学的挑战》，《晋阳学刊》1982 年第 6 期。

程遂营：《北宋东京的木材和燃料供应——兼谈中国古代都城的木材和燃料供应》，《社会科学战线》2004 年第 5 期。

程遂营：《12 世纪前后黄河在开封地区的安流与泛滥》，《河南大学学报（社会科学版）》2003 年第 6 期。

仇立慧、黄春长：《古代黄河中游饥荒与环境变化关系及其影响》，《干旱区研究》2008 年第 1 期。

董咸民：《唐代的自然生产力与经济重心南移——试论森林对唐代农业、手工业生产的影响》，《云南社会科学》1985 年第 6 期。

范家伟：《晋隋佛教疾疫观》，《佛学研究》，1997 年。

樊宝敏、董源：《中国历代森林覆盖率的探讨》，《北京林业大学学报》2001 年第 4 期。

樊宝敏、董源、张钧成、印嘉佑：《中国历史上森林破坏对水旱灾害的影响——试论森林的气候和水文效应》，《林业科学》2003 年第 3 期。

龚胜生：《唐长安城薪炭供销的初步研究》，《中国历史地理论丛》1991 年第 3 期。

官德祥：《隋文帝与开皇十四年旱灾》，《中国农史》2016 年第 1 期。

郭风平：《我国殡葬的木材消耗及其对策管见》，《中国历史地理论丛》2001 年第 2 期。

何凡能、李柯、刘浩龙：《历史时期气候变化对中国古代农业影响研究的若干进展》,《地理研究》2010 年第 12 期。

侯文蕙:《美国环境史观的演变》,《美国研究》1987 年第 3 期。

胡阿祥:《魏晋南北朝时期的生态环境》,《南京晓庄学院学报》2001 年第 3 期。

黄瑞采:《中国北部森林之摧残与气候变为沙漠状况之关系》,《江苏月报》1935 年第 3 卷第 4 期。

黄志繁:《"山兽之君"、虎患与道德教化》,《中国社会历史评论》,2006 年。

〔日〕井上幸纪:《两汉魏晋南北朝的灾异政策》,《南京师范专科学校学报》2000 年第 1 期。

柯锐思(Russell Kirkland)著,曾维加、刘玄文译:《唐代道教的多维度审视:20 世纪末该领域的研究现状(节选)》,《中国道教》2012 年第 2 期。

蓝勇:《唐代气候变化与唐代历史兴衰》,《中国历史地理论丛》2001 年第 1 期。

黎虎:《北魏前期的狩猎经济》,《历史研究》1992 年第 1 期。

李文澜:《唐代长江中游水患与生态环境诸问题的历史启示》,《江汉论坛》1999 年第 1 期。

李莎:《从中国哲学美学看传统园林艺术思想》,《中国园林》2015 年第 11 期。

李伯重:《气候变化与中国历史上人口的几次大起大落》,《人口研究》1999 年第 1 期。

刘礼堂:《唐代长江上中游地区的社会环境》,《武汉大学学报(人文科学版)》2007 年第 4 期。

刘静、殷淑燕:《中国历史时期重大疫灾时空分布规律及其与气候变化关系》,《自然灾害学报》2016 年第 1 期。

马雪芹:《历史时期黄河中游地区森林与草原的变迁》,《宁夏社会科学》1999 年第 6 期。

马雪芹:《隋唐时期黄河中下游地区水资源的开发利用》,《宁夏社会科学》

2001 年第 5 期。

满志敏:《关于唐代气候冷暖问题的讨论》,《第四纪研究》1998 年第 1 期。

宁可:《地理环境在社会发展中的作用》,《历史研究》1986 年第 6 期。

潘明娟:《汉唐灾异认识论初探》,《唐都学刊》2012 年第 2 期。

秦冬梅:《试论魏晋南北朝时期的气候异常与农业生产》,《中国农史》2003 年第 1 期。

仇立慧、黄春长:《古代黄河中游饥荒与环境变化关系及其影响》,《干旱区研究》2008 年第 1 期。

屈大成:《西晋僧众活动考》,《五台山研究》2012 年第 4 期。

任重:《绿州楼兰古城迅速消失现象的思考——试说毁于异常特大的沙尘暴气候》,《农业考古》2003 年第 3 期。

桑广书、陈雄:《灞河中下游河道历史变迁及其环境影响》,《中国历史地理论丛》2007 年第 2 期。

史念海:《隋唐时期农牧地区的演变及其影响(上)》,《中国历史地理论丛》1995 年第 2 期。

史立人:《长江流域水土流失历史发展过程探讨》,《水土保持通报》2002 年第 5 期。

(日)水口干记著,陈小法译:《日本所藏唐代佚书〈天地瑞祥志〉略述》,《文献季刊》2001 年第 1 期。

孙昌武:《唐长安佛寺考》,载《唐研究》(第二卷),1996 年。

孙正国:《中国义虎型故事的文化传承》,《西南民族学院学报(哲学社会科学版)》2002 年第 1 期。

谭其骧:《何以黄河在东汉以后会出现一个长期安流的局面——从历史上论证黄河中游的土地合理利用是消弭下游水害的决定性因素》,《学术月刊》1962 年第 2 期。

唐纳德·沃斯特著,侯深译:《为什么我们需要环境史》,《世界历史》2004 年第 3 期。

童恩正:《中国南方农业的起源及其特征》,《农业考古》1989 年第 2 期。

王广智:《晋陕蒙接壤区生态环境变迁初探》,《中国农史》1995 年第 4 期。

王守春:《历史上塔里木河下游地区环境变迁与政治经济地位的变化》,《中国历史地理论丛》1996 年第 3 期。

王星光、彭勇:《历史时期的"黄河清"现象初探》,《史学月刊》2002 年第 9 期。

王元林:《隋唐五代时期黄渭洛汇流区河道变迁》,《陕西师范大学学报(哲学社会科学版)》1997 年第 2 期。

王子今:《秦汉时期气候变迁的历史学考察》,《历史研究》1995 年第 2 期。

王子今:《秦汉时期的"虎患""虎灾"》,《中国社会科学报》2009 年 7 月 16 日。

萧平汉:《佛教慈悲心理与环境生态学》,《世界宗教文化》2003 年第 3 期。

许靖华:《太阳、气候、饥荒与民族大迁移》,《中国科学(D 辑)》1998 年第 4 期。

游修龄:《中国蝗灾历史和治蝗观》,《华南农业大学学报(社会科学版)》2003 年第 2 期。

于革、沈华东:《气候变化对中国历史上蝗灾爆发影响研究》,《中国科学院院刊》2010 年第 2 期。

[日]原宗子:《我对华北古代环境史的研究——日本的中国古代环境史研究之一例》,《中国经济史研究》2000 年第 3 期。

张朋川:《河西出土的汉晋绘画简述》,《文物》1978 年第 6 期。

张敏:《自然环境变迁与十六国政权割据局面的出现》,《史学月刊》2003 年第 5 期。

张小明、樊志民:《生态视野下长安都城地位的丧失》,《中国农史》2007 年第 3 期。

章典、詹志勇、林初升、何元庆、李峰:《气候变化与中国的战争、社会动乱和朝代变迁》,《科学通报》2004 年第 23 期。

张德二:《关于唐代季风夏季雨量和唐朝衰亡的一场争论:中国历史气候记录对 Nature 论文提出的质疑》,《科学文化评论》2008 年第 1 期。

赵雨乐:《唐末五代阵前骑斗之风——唐宋变革期战争文化考析》,《西北大学学报(哲学社会科学版)》2005 年第 6 期。

赵杏根:《魏晋南北朝时期的生态理论与实践举要》,《鄱阳湖学刊》2012 年第 3 期。

《历史地理(第四辑)》,上海人民出版社,1986 年。

周宏伟:《长江流域森林变迁的历史考察》,《中国农史》1999 年第 4 期。

竺可桢:《中国近五千年来气候变迁的初步研究》,《考古学报》1972 年第 1 期。

朱士光:《历史时期黄土高原自然环境变迁及其对人类活动之影响》,《干旱区农业研究》1985 年第 1 期。

朱士光:《汉唐长安城兴衰对黄土高原地区社会经济环境的影响》,《陕西师范大学学报(哲社版)》1998 年第 1 期。

朱士光:《遵循"人地关系"理念,深入开展生态环境史研究》,《历史研究》2010 年第 1 期。

后　记

　　说起这本书写作的缘起,还是刚来安庆工作不久接到一个电话,是旧友池州学院汪志国教授打来的。他说计划与几个南京农业大学农业史研究方向的教授和博士合作(惠富平教授、陈恩虎教授、张祥稳博士、胡孔发博士),两三年内写一本中国生态环境变迁的通史性的著作,让我参与撰写部分内容,我就同意了。后来合作撰写的几个人在一起开了一次会,对汪志国老师起草的书稿章节安排作了完善,并把各自的撰写任务作了分配,我承担的是魏晋南北朝隋唐五代阶段。之后我就着手进行资料的收集、查阅和写作工作。着手写作之后,我发现撰写工作面临着资料缺乏、学术功力不够等诸多问题,便逐渐认识到,当初接手这一任务确实是初出茅庐、不畏其难,有着一种初生牛犊不怕虎的因素。放在今天,如果再有类似的如此重要的研究课题,我是断不敢接受的。但既然允诺了,我就迎难而上,继续写作。

　　三年以后,我把初稿写完了。这时,问了其他合作者,都说因为承担其他科研项目或事务繁忙而没有完成初稿。之后我对相关内容作了修改。我就等其他合作者完成各自撰写任务的消息,以便各位参与者一并把书稿交给汪老师汇总、统稿、出版。

　　2014 年 9 月,汪老师积劳成疾,此后与病魔作顽强斗争,仍坚持科学研究。但天妒英才,汪老师还是在 2016 年 5 月 10 日离开了我们,给他的亲人、朋友、师生留下的是无尽的惋惜和思念。倘若汪老师不是这么早离开我们,由他提议撰写的中国生态环境史的通史性著作还有完成的可能。自此之后,《中国生态环境史》这一通史性著作的完成已没可能。于是,我把自己所承担撰写任务的章节安排作了调整,对内容加以修改和增加,现在予以出版。

　　在阅读生态环境史及相关领域诸多专家学者的研究成果时,我不时受到启发。本书写作过程参考、介绍了相关专家学者的已有研究成果,并在文中一一作了注明。在此,对这些专家学者的辛勤研究深表谢意。

　　本书虽说首次较系统探讨了晋唐时期生态环境变迁问题,但因为学力、精力及研究经费因素,我自己对这部书还有诸多不满意的地方。包括,限于学力,对有些内容的论述还不深入,尤其是自然生态变迁方面;有个别区域的生态环境问题涉及很少,甚至没有涉及;在资料应用方面,虽然能做到所有原始资料均由我本人完成搜集、整理、利用,但由于单位藏书不太丰富及研究过程缺乏经费资助,本书对碑刻、墓志等资料的利用还远远不够,实地调查也缺乏;对学界的少量最新研究成果没有在本书中加以吸收、评介。对这些不足我都是非常清楚的。我希望这本书能对中国生态环境史的研究工作起到抛砖引玉的作用。书中错误和不足之处在所难免,恳请专家学者批评指正。本书的出版受到安庆师范大学"中国史"学术型硕士点重点建设学科项目的资助,在此对资助单位谨致谢忱! 责任编辑代立媛为本书的顺利出版付出了辛勤劳动,在此一并致谢。

梁诸英

2019 年 8 月 16 日